THE
GLASS
UNIVERSE

How the Ladies of the Harvard Observatory
Took the Measure of the Stars

玻 璃 底 片 上
的 宇 宙

哈佛天文台与
测量星星的女士

［美］达娃·索贝尔/著

DAVA
SOBEL

肖明波/译

浙江教育出版社·杭州

我要满怀爱意与感激

将本书献给下面这些支持我的女士：

戴安娜·阿克曼、简·艾伦

K.C.科尔、玛丽·贾昆托、萨拉·詹姆斯、乔安妮·朱利安

佐薇·克莱因、西莉亚·迈克尔斯、洛伊丝·莫里斯

基娅拉·皮科克、萨拉·皮洛

丽塔·赖斯威格、莉迪娅·萨伦特、阿曼达·索贝尔

玛格丽特·汤普森以及温迪·宗帕雷利

目 录

中译本序 / i

前言 / iii

第一部分

星光的色彩

第一章　德雷伯夫人的意图 / 003

第二章　莫里小姐看到的东西 / 027

第三章　布鲁斯小姐的慷慨捐赠 / 051

第四章　新 星 / 071

第五章　贝利在秘鲁拍摄的照片 / 090

第二部分

哦，做个好姑娘，吻我！

第六章　弗莱明太太的头衔 / 111

第七章　皮克林的"娘子军" / 130

第八章　共同语言 / 153

第九章　莱维特小姐的关系 / 174

第十章　皮克林研究员 / 196

第三部分

头顶的深空

第十一章　沙普利的"千女"小时 / **219**

第十二章　佩恩小姐的学位论文 / **241**

第十三章　《天文台围裙》 **265**

第十四章　坎农小姐设立的奖金 / **286**

第十五章　恒星的一生 / **307**

致　谢 / **330**

资料来源 / **333**

哈佛学院天文台历史上的一些大事 / **338**

词汇表 / **346**

哈佛天文学家、助理与相关人士一览表 / **350**

注　释 / **359**

参考文献 / **367**

索　引 / **373**

译后记 / **400**

哈佛名镜的前世今生 / **407**

中译本序

　　为《玻璃底片上的宇宙》的中译本作序，有好几个方面的原因让我感到兴奋不已。当然，我很高兴看到这个真实的故事以另一种语言呈现给一批新的读者。更令我感到高兴的是，得知负责该书翻译工作的是我的老朋友肖明波——十多年前，他翻译了我先前撰写的《经度》（*Longitude*）一书，我们由此得以结识。

　　跟别的国家的其他译者不同，明波为了向我确认其中的几个术语，煞费苦心地通过互联网找到我，并给我写信。在随后的多封电子邮件往来中，我向他解释了一些习惯用语的含义，他也向我传授了中国神话传说方面的丰富知识。他在完成《经度》的翻译工作之后，又翻译了我的《一星一世界》（*The Planets*）。我们之间便有了更多的邮件往来，谈论的话题也超出了太阳系的知识范畴，甚至还交换了家人的照片。

　　在这种远程合作之后，我们终于有机会碰面了——我作为上海与香港文学节的嘉宾，在2008年访问了中国。相聚的时光非常美好，明波还特别安排我跟他的家人、同事和来自他的硕士母校上海交通大学的学生见面。明波当时在厦门大学通信工程系任教。他是出于对图书的热爱，才动手做点翻译工作的。

第二年，我跟一个旅行团重返上海，希望能看到2009年7月22日出现的日全食。明波加入了我们的行列。可惜的是，我们没有看到这一大自然最壮观的奇迹之一逐渐展露真容的全过程，而只是透过厚厚的云层，看到了日全食发生时的宝贵瞬间。但是，因为明波担任了翻译，让这一天变成了令人难忘的日子。我们团里一位老太太因为哮喘发作，被救护车送进了医院，医生希望她住院治疗几天。她知道她需要得到这种救助，但是因为语言不通，倍感无援。明波志愿在她的病床前陪护了数日，并谢绝了她家人提出的酬劳。他告诉他们说，能在这种情况下施以援手，深感荣幸。

展望未来，我知道2024年4月8日将出现一次日全食，届时从南部的得克萨斯州到东北部的缅因州，美国大部分地区都可以观看到。日全食带将贯穿印第安纳州，距离明波曾留学五载的普渡大学不远。也许此次日全食会吸引明波重返美国，再跟我展开一趟日食之旅。

前　言

小小的一片天堂。那是观看撑在她面前的这块玻璃片①的一种方式。它只有相框那么大，宽 8 英寸②，长 10 英寸，厚度与窗玻璃差不多。它一面涂着一层薄薄的感光乳剂，如今那上头定格着数千颗星星，就像被困在琥珀中的小昆虫。天文台的某个男人在室外待了一整晚，转动着望远镜，捕捉了这幅图像，以及其他十来幅星空图。当她在上午 9 点抵达天文台时，这些图像就在那堆玻璃底片上，等着她来处理。室内温暖而干燥，她身穿羊毛长裙，在群星间"奔波"。她要确定它们在天穹中的位置，测量它们的相对亮度，研究它们的星光随时间发生的变化，提取有关它们化学成分的线索，偶尔也会做出一项可以上新闻的新发现。在她身边，还坐着 20 位女士，都在做着同样的工作。

哈佛天文台从 19 世纪末开始，就给女士们提供了这一独特的工作机会。对一家科研机构而言，这是很难得的；对哈佛大学

---

① 这里指照相底片（photographic plate），它以平整的玻璃板为载体，将照相乳剂涂布于其表面，干后用作照相感光材料。由于玻璃几乎不变形，可用于需求精密的天文摄影等场合。与以聚酯为载体的胶片相比，照相底片质量大而易破碎，除特殊需要外，现已不多见用。——译者注

② 1 英寸 ≈ 2.54 厘米。——译者注

这样一个男性主导的世界而言，也许更是非同寻常的。但是，台长在用人方面富有远见，再加上他要在长达几十年的时间里，致力于对夜空进行系统的拍摄，这为女性开创了一片在玻璃宇宙中工作的天地。这些项目的经费，主要来源于两位始终对天文学情有独钟的女性巨额财产继承人：安娜·帕尔默·德雷伯（Anna Palmer Draper）和凯瑟琳·沃尔夫·布鲁斯（Catherine Wolfe Bruce）。

这个庞大的女职工团队，有时被戏称为"娘子军"，其成员有老有少。她们或者擅长数学，或者是专心致志的观星者，也有一些人在两方面都很擅长。她们中一些人是新近成立的一些女子学院的毕业生，而另外一些人只有高中文凭，她们依靠的是天赋才能。甚至在女性赢得投票权之前，她们中的好几位就已凭着自己做出的贡献，在天文学史上取得了崇高的地位：威廉明娜·弗莱明（Williamina Fleming）、安东尼娅·莫里（Antonia Maury）、亨丽埃塔·斯旺·莱维特（Henrietta Swan Leavitt）、安妮·江普·坎农（Annie Jump Cannon）以及塞西莉亚·佩恩（Cecilia Payne）。本书讲述的就是她们的故事。

第一部分

星光的色彩

在一个小时左右的时间里，我四处扫视，搜寻彗星，然后我自得其乐地注意到了色彩的多样性。我惊奇地发觉，自己这么久以来，竟然对天空中这个充满魅力的景象熟视无睹，不同的星星在色调上存在着如此微妙的差异……我们的制造商没法从星星那里窃取配制染料的秘方，真是太令人遗憾了。

——玛丽亚·米切尔（Maria Mitchell，1818—1889）

瓦萨学院（Vassar College）天文学教授

月球上的白海母马*在天空中飞奔
用金色的马蹄叩击着玻璃天堂

——埃米·洛厄尔（Amy Lowell，1874—1925）

普利策诗歌奖获得者　1

第一章

德雷伯夫人的意图

1882 年 11 月 15 日晚，位于麦迪逊大道和第四十街路口住宅区的德雷伯公馆，在电灯的映照下焕发出了新的光彩，洋溢着节日的气氛。那个星期适逢美国国家科学院在纽约举行会议，于是亨利·德雷伯（Henry Draper）博士夫妇邀请了大约 40 位院士来家里参加晚宴。公馆外面还是跟通常一样点着煤气灯，室内却亮起了新奇的爱迪生白炽灯——有些还漂浮在水碗里——只为给客人们用餐时更添几分乐趣。

托马斯·爱迪生（Thomas Edison）本人也坐在他们中间。几年前，他就结识了德雷伯夫妇——那是在前往怀俄明领地野营旅行并观看 1878 年 7 月 29 日的日全食的途中。在那段令人难忘的白日昏暗期间，爱迪生先生和德雷伯博士忙着进行他们预定的观测，德雷伯夫人却躲进了一座帐篷里，尽心尽责地为整个远征队报出日全食所持续的秒数（共计 165 秒）——她一直待在看不到日食的地方，以免因看到那令人心神不宁的景象而计错时间。

长着一头红发的德雷伯夫人是一笔巨额财产的女继承人，也是一位大名鼎鼎的女主人，她满意地巡视着自己举办的这场"电

气化"沙龙。就连切斯特·阿瑟（Chester Arthur）总统在白宫
举行晚宴时，都还没用上电灯，而且，总统也无法吸引这样一批
耀眼的科学巨星前去参加聚会。这次，她迎来了两位著名的动
物学家：从马萨诸塞州剑桥市南下的亚历山大·阿加西（Alexan-
der Agassiz），以及从华盛顿的史密森学会北上的斯潘塞·贝尔
德（Spencer Baird）。她还将自家的朋友、任职于《纽约论坛报》
（*New York Tribune*）的怀特洛·里德（Whitelaw Reid），介绍
给了以发现火星的两颗卫星而享誉世界的阿萨夫·霍尔（Asaph
Hall）、太阳研究专家塞缪尔·兰利（Samuel Langley），以及东
海岸每座知名天文台的台长。整个美国都找不出一位天文学家，
会拒绝到亨利·德雷伯家做客的邀请。

　　这是她的家，事实上，也是她幼年时的家，由她已故的父
亲、铁路与房地产大亨科特兰·帕尔默（Cortlandt Palmer）建
造——当时，周边地区还远远没有成为高档住宅区。如今，她尽
全力确保这所房子像她一样非常适合亨利——整个三楼都变成了
他的加工车间；马厩上的阁楼也被改造成了他的化学实验室，而
且可以通过一条带顶棚的走廊，由住处直达。

　　遇见亨利之前，她几乎没怎么留意过天上的星星，就像没怎
么留意过海滩上的沙粒一样。正是亨利，为她指出了它们含蓄的
色彩和亮度上的差异——就在他低声诉说要放弃医学、转投天文
学的梦想时。如果说刚开始，她只是假装感兴趣，以便取悦他。
那么如今，她发现自己早已对此同样充满着激情，而且也证明
了，无论是在婚姻中，还是在观测方面，自己都心甘情愿地成为
他的伴侣。究竟有多少个夜晚，她置身于寒冷与黑暗之中，跪在

他身旁，为他自制的望远镜所使用的玻璃照相底片，涂抹着那臭气熏天的感光乳剂？

　　看一眼亨利的餐盘就会明白，他根本没有碰晚宴上的食物。他在与感冒斗争，也许已患上了肺炎。几个星期以前，他和联邦军中的一些老战友在落基山脉狩猎时，遭遇了一场暴风雪；当时他们被困在林线以上，远离庇护所。那次受冻带来的寒气和体力耗竭，仍在深深地困扰着亨利。他看上去脸色很差，就像是在45岁时突然变老了似的。但他继续亲切地与来宾交谈，每次有人问起，他都从头开始解释：如何用自己的燃气动力发电机，为爱迪生灯泡发出稳定的电流。

　　不久，她和亨利就要离开纽约，前往位于上游的哈得孙河畔黑斯廷斯（Hastings-on-Hudson）的私人天文台。因为他已辞去纽约大学的教授之职，他们终于可以全身心地投入到他最重要的使命之中了。在他们共度的15年岁月里，她看到，他在恒星拍摄方面所取得的具有里程碑意义的成就，已为他赢得了各种荣誉：1874年亨利被国会授予金质奖章，当选了美国国家科学院院士，还取得了美国科学促进会（American Association for the Advancement of Science）会士的头衔。要是她的亨利解开了"恒星化学组成"这个貌似自古以来就让人束手无策的谜团，世人又该对他有怎样的评说呢？

　　在那个光彩夺目的夜晚结束时，亨利·德雷伯向客人们道过晚安，洗了个热水澡，然后被扶上了床。岂料他这一躺倒，就再也没有爬起来。5天后，他与世长辞了。

* * *

在她丈夫的葬礼后表达哀悼的人中，安娜·帕尔默·德雷伯觉得，哈佛学院天文台（Harvard College Observatory）的爱德华·皮克林教授在来信中说的话令她感到了一些欣慰——在亨利倒下的那个晚上，他也是参加了科学院聚会的客人之一。

皮克林在1883年1月13日写道："我亲爱的德雷伯夫人，［来自著名望远镜制造商阿尔万·克拉克父子公司（Alvan Clark & Sons）的］克拉克先生告诉我，您准备完成德雷伯博士未竟的事业，我对此很感兴趣，这也是我给您写信谈及此事的原因。对于您采取的这一义举，我无须表示有多满意，因为很显然，您不可能竖立一座比这更为不朽的丰碑来纪念他。"

这确实是德雷伯夫人的本意。她和亨利没有孩子来继承他的遗志，于是她决定亲自承担这项任务。

皮克林继续写道："我完全理解您的任务会有多艰巨。在这个国家里，没有哪位天文学家的工作比德雷伯博士的事业更难以完成。他所具有的非凡毅力和高超技能，保证他在经历过许多足以让其他人灰心丧气的尝试与失败之后，取得了丰硕的成果。"

皮克林特别谈到德雷伯博士最近给最亮的那些恒星拍摄的照片。这一百来幅照片，是透过一面三棱镜拍摄的，星光都被分解成了组成其颜色的光谱。尽管摄影处理会让彩虹般的色调退化成黑白的，但图像中仍然保留了每道光谱中能透漏秘密的谱线图案——这些谱线暗示了恒星的构成元素。在11月那次盛会的餐后交谈中，皮克林曾向德雷伯博士提议，可以用哈佛的专业设备对谱线图案进行测量，以帮助解读这些图案。德雷伯博士谢绝了他的好意，并信心满满地表示，在摆脱了纽约大学的教学任务、重获自由之后，他会有时间搭建自己的测量设备。但是如今一切都变了，于是皮克林又向德雷伯夫人重提旧议。他这样写道："如果我可以做点什么，来纪念这位其才华一向令我仰慕不已的朋友，我会感到无比高兴。"

"对于您从事的这项伟大事业，无论您最后如何安排，"皮克林在信的结尾处写道，"我都祈求您记得，如果可以在任何方面给您提供建议或帮助，我都愿尽绵薄之力，以报德雷伯博士的情谊于万一。他那份深情厚谊将永远珍藏在我心中，永远无可替代。"

几天后，就在1883年1月17日，德雷伯夫人连忙用一张带黑边框的信纸写了一封回信。

我亲爱的皮克林教授：

非常感谢您写来这封充满善意且鼓舞人心的信件。我余生唯一的兴趣就是让亨利的工作继续下去，但是我痛感自己的能力不足，无力承担这项重任。有时想到这一点，我都会完全失去勇气——我也许比任何人都要更了解亨利的诸多计划和工作方式，但是在没有助手协助的情况下，我无法继续开展工作；我的主要困难是找不到一位足够熟悉物理、化学和天文学的人才，来开展各种研究。我可能得找两位助手，一位负责天文台的工作，一位负责实验室的工作，因为我不太可能找到这样一位掌握亨利所独具的多学科知识的全才。

她打算开出可观的薪水，吸引最合格的人来应聘助手职位。她和她的两位兄弟继承了父亲的巨额房地产股份，而亨利对她那份资产一直管理得不错，取得了很好的收益。

"想来真令人难过啊，正当他将各项事务都安排得妥妥当当，好腾出时间来从事自己真正热爱且本应大有作为的工作之际，病魔却夺走了他的生命。无论如何，我都不甘心接受这样的结局啊。"尽管如此，她还是希望在她本人的指导下，能让这项工作尽快开展起来，"并在我买下黑斯廷斯那块建有天文台的土地后，就切实地开展工作。"

在父亲约翰·威廉·德雷伯（John William Draper）博士拥有的一个乡间庄园上，亨利建起了天文台设施。老德雷伯博士在行医的同时，还积极开展化学与天文学研究；在这个家族中，他是头一位这样做的内科大夫。前一年的1月，他在鳏居中去世了。他在遗嘱中将自己全部的财产，都遗赠给了他亲爱的终身未婚的姐姐多萝西·凯瑟琳·德雷伯（Dorothy Catherine Draper）——她年轻时曾创办了一所女子学校，来资助他上学。目前，还不清楚亨利的遗孀是否能如愿地获得黑斯廷斯庄园的控制权，以便将麦迪逊大道的实验室搬到那里，然后再把这个地方捐献出来，创设一家支持原创性研究的学术机构，并将其命名为亨利·德雷伯天文与物理观测台。

"我将尽可能亲自执掌这家机构，"她告诉皮克林，"这似乎是我可以为亨利建立的唯一一座合适的纪念碑；我也只能用这样一种方式，让他的英名永垂不朽、工作后继有人。"

在信的结尾处，她恳请皮克林提出忠告。"在这个世界上，我无比孤单，要不是感觉到对亨利的工作感兴趣的那些朋友还会给我提供建议，我真的只能一事无成。"

皮克林鼓励她发表她丈夫迄今为止的所有发现，因为她可能还需要很长一段时间，才能对此有所增益。他再次提出，如果她可以非常好心地借给他一些玻璃照相底片，他很愿意用哈佛的测量仪器对它们进行仔细的核查。

德雷伯夫人同意了，但是觉得照相底片最好还是当面递交。它们都是很小的玻璃片，每片只有1平方英寸①左右。

"在接下来的10天里，我也许得去一趟波士顿，跟我一位兄弟处理一下生意上的事务，"她在1月25日写道，"如果能够成行，我会随身带些底片过去，并抽出半天时间去一下剑桥市。如果您恰好也方便，我想跟您一道查看一下这些照片，看您对它们有什么想法。"

正如预定的那样，她于2月9日（星期五）的早上，抵达了哈佛广场上方的萨默豪斯山（Summerhouse Hill），陪同她前来的是她丈夫的密友兼同事，宾夕法尼亚大学的乔治·F. 巴克（George F. Barker）。巴克当时正准备给亨利写一部传记体的回忆录，因此，举行科学院晚宴的那天，他就住在德雷伯家。那天深夜，亨利在洗澡时猛然间感受到一阵寒意，当时就是巴克帮忙将他从浴缸中抬起来，送进卧室的。然后，他又促请另一位参加晚宴的客人——德雷伯家的邻居梅特卡夫大夫（Dr. Metcalfe），马上返回公馆。梅特卡夫大夫诊断，德雷伯患上了双侧胸膜炎。

---

① 约为6.45平方厘米。——编者注

尽管亨利确实得到了最精心的护理，而且也一度表现出好转的迹象，但感染最后还是扩散到了心脏。星期天，这位大夫注意到了心包炎的症状，这更加速了亨利的死亡。他最终在11月20日（星期一）凌晨4点与世长辞。

＊ ＊ ＊

德雷伯夫人曾随丈夫参观过欧洲和美国的多座天文台，但是她已有好几个月没有踏入天文台了。在哈佛，这座巨大的圆顶建筑里安放着好几架望远镜，台长居所也安置在里面。皮克林教授夫妇将她领进了舒适的房子，让她感到宾至如归。

皮克林夫人的闺名是莉齐·沃兹沃思·斯帕克斯（Lizzie Wadsworth Sparks），她是哈佛前校长贾里德·斯帕克斯（Jared Sparks）的千金。她没有像德雷伯夫人那样协助丈夫进行观测，而是成了这家天文台充满活力与魅力的女主人。

爱德华·查尔斯·皮克林（Edward Charles Pickering）管理天文台的独特风格，带着一种真诚而夸张的彬彬有礼。虽说天文台捉襟见肘的经费，迫使他给充满热望的年轻助手们开出了吝啬的工资，他仍然坚持尊称他们为温德尔先生（Mr. Wendell）、卡特勒先生（Mr. Cutler）之类。他称呼资深的天文学家为罗杰斯教授（Professor Rogers）和瑟尔教授（Professor Searle），而对桑德斯小姐（Miss Saunders）、弗莱明太太（Mrs. Fleming）、法勒小姐（Miss Farrar）和其他一些每天早上都过来对夜间观测进行必要计算的女士，礼节周全得就差脱帽鞠躬了。

德雷伯夫人想知道，雇用女性担任计算员是不是一种很普遍的做法？皮克林告诉她：这并不普遍，据他所知，只有哈佛这样做，目前雇用了6位女性计算员。皮克林承认，用望远镜进行天文观测也许不适合女士，因为会让她们受累，更何况冬天还要挨冻，但是那些善于进行数字计算的女士，可以待在计算室内，为这项职业添光增彩。比如说，塞利娜·邦德（Selina Bond）是本天文台德高望重的首任台长威廉·克兰奇·邦德（William Cranch Bond）的女儿，也是他同样受人敬重的接班人乔治·菲利普斯·邦德（George Phillips Bond）的妹妹。目前，她正在协助威廉·罗杰斯（William Rogers）教授，确定哈佛天空区域中数千颗恒星的精确位置（相当于恒星在天空中的经度和纬度，即赤经和赤纬），这是德国天文学会主持的一个全球恒星测绘项目的一部分。每个晴朗的夜晚，罗杰斯教授都在这台大型的中星仪（transit instrument）上度过，记录每颗恒星穿越目镜中那些"蛛丝"的时间。因为空气——哪怕是澄澈的空气——会让光波的传播路径发生弯曲，导致恒星的视位置发生偏移，邦德小姐的任务就是运用数学公式校正罗杰斯教授记录中的大气效应。她使用另外一些公式和表格，来解释其他影响因素，其中包括地球每年在其轨道上的行差、它运行的方向和地轴的摆动。

安娜·温洛克（Anna Winlock）也跟邦德小姐一样，是在这座天文台里长大的。她是富有创新精神的第三任台长（皮克林的前任）约瑟夫·温洛克（Joseph Winlock）的长女。温洛克在1875年6月患急病去世，就在安娜从剑桥高中毕业的那个星期。不久之后，她就开始担任计算员，以帮着供养母亲和抚养弟妹。

威廉明娜·弗莱明则与她们不同，无论是家庭方面还是就学方面，都与这座天文台没什么关系。她受雇于 1879 年，先是在台长居所那边担任二等女佣（second maid）。她在苏格兰老家当过老师，但后来出现的一些状况 —— 她与詹姆斯·奥尔·弗莱明（James Orr Fleming）结了婚，移民到美国，她丈夫又突然从她的生活中消失 —— 迫使她在身怀六甲的情况下外出找工作。在皮克林夫人觉察出这位新女佣能力出众之后，皮克林先生给她重新安排了工作，让她到这座建筑的另一侧，去担任兼职抄写员和计算员。弗莱明太太刚熟悉天文台里的工作，就因预产期临近，而不得不回到了邓迪（Dundee）的家中。分娩后，她又在那里待了一年多，然后在 1881 年重返哈佛，并将儿子爱德华·查尔斯·皮克林·弗莱明托付给她母亲和祖母照看。

* * *

在德雷伯夫人看来，哈佛天文台正在开展的项目，没有一个是自己熟悉的。亨利的业余身份和私人收入来源，让他得以自由地根据自己的兴趣，在恒星摄影和光谱学的前沿领域开展工作；而剑桥市这边的专业人士，则遵循着更为传统的学术道路。他们绘制星图，监视行星与卫星的轨道，追踪彗星的运行轨迹并与其他研究者进行通信，还通过电报向波士顿市、六大铁路公司和沃尔瑟姆钟表公司（Waltham Watch Company）之类的多家私有企业提供时间信号。这些工作既要求对细节予以一丝不苟的关注，也要求对单调乏味有巨大的耐受力。

当而立之年的皮克林在1877年2月1日继任台长一职时，他的主要任务是募集足够的资金，让这家天文台能收支平衡。天文台没有从哈佛学院获得经费支持来支付工资、采购设备或出版它的研究成果。除掉捐赠的利息和得自精确时间服务的收入之外，这家天文台完全依赖私人馈赠和遗赠。距离上次募集资金活动已有10年了。皮克林很快就说服了70多位天文爱好者，在未来5年里，保证每年捐助50美元到200美元。在这些捐助陆续到账的同时，他还出售了从天文台6英亩①土地上收割的野草，小赚了一笔（每年大约收入30美元，足够支付120小时计算时间的费用）。

土生土长在比肯山②的皮克林，在波士顿富有的上层社会和哈佛大学的学术殿堂之间游刃有余，左右逢源。他在羽翼渐丰的麻省理工学院担任过10年物理教师，在此期间，他对教学进行了彻底的变革——建立实验室，让学生在里面通过他设计的实验解决问题，进而学会独立思考。与此同时，他也开展了自己的研究工作，对光的性质进行了探索。他还在1870年制造了一种通过电信号传送声音的设备并进行了演示。这与亚历山大·格雷厄姆·贝尔（Alexander Graham Bell）在6年后完善并申请专利的设备，原理完全相同。但是，皮克林从未想过要为自己的任何一项发明申请专利，因为他相信科学家应该自由地分享思想。

在哈佛，皮克林选择了一个至关重要却被大多数天文台忽视

10

---

① 1英亩 ≈ 0.4公顷。——编者注
② 比肯山（Beacon Hill）是波士顿一处古老的高级住宅区。——译者注

的研究课题：光度测量（photometry），即对一颗颗恒星的亮度
进行测量。

亮度上显著的差别向天文学家们提出了挑战，要求他们解
释：为什么一些恒星会比另外一些明亮。正如恒星在颜色上会有
个变化范围，它们在大小上显然也存在一个范围，而且到地球的
距离也各不相同。古代的天文学家按照亮度的连续变化，对它们
进行了划分，从最亮的"一等星"往下，直到肉眼分辨的最低极
限"六等星"。1610年，伽利略用望远镜揭示了一系列前所未见
的恒星，将亮度标度的最低极限向下推到了"十等星"。到19世
纪80年代，哈佛大折射望远镜（Harvard's Great Refractor）之
类的大型望远镜，能够探测到像"十四等星"那么黯淡的恒星。
但是，在缺乏统一标度或标准的情况下，所有的星等估计仍然有
赖于天文学家的个人判断。亮度，就像美一样，要由注视者的眼
睛来确定。

皮克林试图将光度测量的精度，置于一个可以被所有人接
受的牢固的新基础之上。他首先从当前使用的几种亮度标度中选
择了一种——英国天文学家诺曼·波格森（Norman Pogson）的
标度，他假设一等星刚好比六等星亮100倍，并据此对古代的恒
星等级进行了标定。按照这种标度，星等每差一级，亮度就差
2.512倍。

接着，皮克林选定了一颗指示方向的星——勾陈一，即所谓
的北极星——作为所有比较的基础。他的一些前辈在19世纪60
年代，曾经以通过针孔观看的煤油灯火苗作为参照物，去测定星
光的亮度，这在皮克林看来无异于拿苹果与橘子做比较。尽管不

是天空中最亮的恒星，但北极星被认为会始终如一地发出恒定的光芒。它还会一直保持在地球北极上方的固定位置，刚好就处于天球旋转的轴心之上，而出现在那个位置的东西，其外观最不容易被中间的气流扭曲。

在波格森星等标和北极星的指引下，皮克林设计了一系列的实验仪器——光度计（photometer），用于测量恒星亮度。阿尔万·克拉克父子公司制造出了十来种皮克林设计的这类仪器。早期的几台就安在大折射望远镜上——那是这座天文台的主力望远镜，是当地市民在1847年馈赠的礼物。最终，皮克林和克拉克父子制造出了一种性能优越的独立式型号，他们称之为中天光度计（meridian photometer）。那是一台双物镜望远镜，两个物镜被并排安在同一个长镜筒里。镜筒保持静止，这样在同一次观测过程中，就不需要浪费时间去重新瞄准了。一对可旋转的反射式棱镜，可以让北极星通过一个物镜进入视野，再让目标恒星通过另一个物镜进入视野。用目镜进行观测的观测者（通常都是皮克林），转动一个带标号的转盘，控制仪器里的其他棱镜，以这种方式对两路光线进行调整，直到北极星和目标恒星看起来同样明亮。另一位观测者——通常是阿瑟·瑟尔（Arthur Searle）或奥利弗·温德尔（Oliver Wendell），读取转盘上的标号，并将它记录在笔记本上。两人观测组对每一颗恒星重复此过程4次，每晚观测几百颗恒星，他们每个小时换一次位置，以避免因眼部疲劳而出错。早晨，他们将笔记本交给妮蒂·法勒（Nettie Farrar）小姐——她是其中的一名计算员——由她将数据制成表格。法勒小姐先将北极星的星等任意设定为2.1，以此为基础得出其他恒星的相对值，进行平均并修正到小数点后两位。皮克林和他的团队以这种方式工作了3年，终于将哈佛这个纬度上能看得到的所有恒星都定出了星等。

皮克林光度测量研究的对象，包括两百来颗已知会随时间改变光输出的恒星。这些可变的恒星（"变星"）需要进行最密切的监视。皮克林在写给哈佛校长查尔斯·埃利奥特（Charles Eliot）的1882年年度报告中指出：要确定任何一颗变星的光周期，都需要进行成千上万次观测。有一次，"一个晚上就进行了900次测量，从晚上7点一直不间断地测到第二天凌晨2点30分——此时这颗变星达到了它的最大亮度"。

为了对这些变星进行持续观测，皮克林需要增援。可惜，在1882年时，他连新雇一名职员的钱都掏不起。他没有向这家天文台忠实的定期捐款者索取更多的捐款，而是向业余观测者团体发出了招募志愿者的请求。他相信女性可以像男性一样从事这项工作："许多女士都对天文学感兴趣，并拥有望远镜，但除了两三个值得一提的特例之外，她们对这门科学做出的贡献几乎为零。她们中许多人都有时间和意愿从事这种工作，特别是在女子学院的毕业生中，有许多人受过充分的训练，可以成为优秀的观测者。因为这项工作可以在家里完成，甚至可以在敞开的窗户边完成，只要室内的温度跟室外的相同就行，所以没有理由相信她们不能在这方面尽其所长。"

此外，皮克林觉得，参加天文学研究会提高女性的社会地位，并可以证明当前女子学院的大量涌现是合乎情理的："反对女性接受高等教育的人经常批评说，她们可以跟男人一样亦步亦趋,但是几乎没有任何原创的东西,因此她们的工作不会推动人类的知识水平向前发展。如果我们指着一长串将在下面详细论述的这类观测说,它们都是女性观测者完成的,那么就可以对这种批评进行很好的反击了。"

皮克林印制并分发了数百份公开邀请函,而且还说服好几家报纸的编辑将它刊登了出来。1882年12月收到了最早的两份回信,分别来自纽约州波基普西市(Poughkeepsie)瓦萨学院的伊丽莎·克兰(Eliza Crane)和玛丽·斯托克韦尔(Mary Stockwell);接着又收到了马萨诸塞州丹弗斯市(Danvers)的萨拉·温特沃思(Sarah Wentworth)的回信。皮克林开始给每个人分配特定的变星进行观测。虽然他的志愿者都没有中天光度计这类高级仪器,但是她们可以将她们的变星与附近的其他恒星进行比较,并估计其亮度随时间的变化。他在信中向她们建议说:"如果任何一颗恒星变得太黯淡,请告知,这样我们也许可以试着在这里(用大型望远镜)进行观测。"

有些女性写信请求得到实用天文学或理论天文学方面的正规培训,但是哈佛天文台不提供这种课程;而且在夜晚,也不能接纳好奇的观众,无论是男性还是女性都不行。白天,台长倒是会很乐意领着访客们参观这座建筑。

作为台长,皮克林白天的职责是定期与其他天文学家进行通信,为天文台的图书馆采购图书和杂志,参加科学会议,编辑和出版《哈佛学院天文台纪事》①(*Annals of the Astronomical*

---

① 简称为《哈佛天文台纪事》或《纪事》。——编者注

Observatory of Harvard College），监督财务状况，回答大众在信件中提出的问题，接待来访的达官显贵，还要订购大大小小的物品——从望远镜配件到燃煤、办公用品、钢笔、账簿，甚至是厕所的手纸。天文台每一项事务都要他亲自过问，至少也需要他签字。只有在乌云密布、无星无月的夜晚，他才能睡个安稳觉。

* * *

德雷伯夫人的玻璃底片得在白天查看。尽管皮克林经常听人说起这些照片，甚至在11月那次科学院宴会当晚，他还和德雷伯博士讨论过它们，但是此前他一直没有亲眼见过。他习惯于通过望远镜观看光谱——星光拆分开之后形成的彩色光带，使用的是名为分光镜（spectroscope）的附加装置。那是前台长约瑟夫·温洛克在19世纪60年代购买的，当时光谱学正时兴。通过分光镜进行现场观测时，恒星会变成一条黯淡的彩色光带，从红色一端开始，经过橙色、黄色、绿色和蓝色，直到另一端的紫色。另外，还可以看到许多黑色的竖条，穿插在彩色光带中间。天文学家们相信，这些谱线的宽度、强度和间距里面暗藏着重要信息的密码。尽管这种密码还没有破解开，但是一些研究者已经提出了一些方案，根据谱线图案的相似性，对恒星进行分类。

14 　在德雷伯的玻璃底片上，每一条光谱看上去就像一道灰色的污迹，还不到半英寸长，但是有些包含了多达25条谱线。当皮克林将它们放在显微镜下进行观察时，它们展现出的细节让他惊呆了。拍摄这些照片需要多么高超的技巧，又需要多么好的运气啊！他知道世界上只有另一个人——英格兰的威廉·哈金斯（William Huggins）教授，曾经成功地将恒星光谱拍摄在照相底片上。在皮克林熟悉的人里面，除了德雷伯博士之外，也唯有哈金斯发现自己的妻子玛格丽特·林赛·哈金斯（Margaret Lindsay Huggins），还是一位能干的天文助手。

德雷伯夫人同意将她的这些底片留给皮克林保管，以便进行彻底的分析，然后就返回了纽约。她向皮克林夫人许诺，她将在春天或夏天再来拜访，希望到时候能看到这座天文台遍地盛开着鲜花——皮克林夫人被认为是剑桥市技艺最高超的园艺师之一。

皮克林用螺纹千分尺对每一条光谱进行了测量。到1883年2月18日，他已经可以向德雷伯夫人报告说，他发现"这些照片上包含的信息比初看时多出了许多"。每次他将千分尺的螺纹转动半周，就够那些计算员忙乎好久——先要将得到的读数绘制出来，然后运用一个公式计算，再将它们转换成波长。很显然，德雷伯博士已经表明，使用摄影方法研究恒星光谱是可行的，而通过仪器观测再将看到的东西记在纸上则不然。

皮克林又鼓动德雷伯夫人发表一份带插图的记录，不只是为了确立她丈夫成果的首权，更重要的是，要向其他天文学家展示他这种技术前途无量。

为了帮忙准备这篇论文，德雷伯夫人请求太阳光谱研究方面的一位权威——普林斯顿大学的查尔斯·A. 扬（Charles A.

Young）写了一篇导言，对亨利的那些方法进行了概述。同时，她对所有78张底片依照光谱系列编制目录，并根据亨利的笔记，给出了每张照片的拍摄日期和时间、恒星的名字、每次曝光的时长、使用的望远镜，以及分光镜狭缝的宽度，再加上偶尔对观测条件给出的评论，比如"天空中有蓝色的雾气"或"今夜风太大，绕着圆顶吹"。

皮克林将他仔细研究过的21张底片，总结在10张表格里，并附上了解释。他报告了谱线间的距离，说明了将谱线位置转换成光的波长时，用到的方法和数学公式。他还对威廉·哈金斯在伦敦进行的类似工作予以评价，并大胆地根据哈金斯的准则，对德雷伯的一些光谱进行了归类。当他将初稿发给德雷伯夫人审核时，她反对在文中提到哈金斯。

1883年4月3日，她就该系列中的两颗恒星，给皮克林写信说："德雷伯博士并不认同哈金斯博士的观点。"它们的光谱几乎相同，都显示出了很宽的光带，哈金斯据此将这两颗恒星归为一类，但是德雷伯的照片显示，其中的一颗恒星在光带之间还有许多细线，这将它与另一颗区分开来。"有鉴于此，我不愿意接受以哈金斯先生的分类准则作为标准，因为德雷伯博士不同意这样做。"皮克林原来也看到了不少她谈及的那种细线，但是他发现它们过于纤细，没法进行满意的测量。

德雷伯夫人补充说："我希望您不会因为我的批评而感到恼火，不过我感觉，在发表德雷伯博士的任何工作成果时，我都想尽可能准确地表达出他的观点，因为如今他已不能亲自来对它们做出解释了。"

德雷伯夫妇在1879年6月访问伦敦期间，在位于塔尔斯山（Tulse Hill）上的哈金斯家庭天文台里，见到过威廉与玛格丽特·哈金斯夫妇。德雷伯夫人回忆说，哈金斯夫人是一位娇小的女人，一头乱蓬蓬的短发，直接往外爹，像通了电似的。她的年纪只有她丈夫的一半，但是全面参与了他的研究，在望远镜前和实验室里都参与了。

这两对夫妇好像注定要么成为对手，要么成为密友。威廉利用他经验更丰富的优势，就分光镜设计向亨利提出了有益的建议。他还推荐了一种最近刚上市的、经过预处理的新型照相干版底片。①这些底片不需要在曝光前向表面涂布液态的感光乳剂，因此可以经受更长的曝光时间。在离开英格兰前，德雷伯夫妇购买了一批拉滕与温赖特公司（Wratten & Wainwright）生产的伦敦普通明胶干板，结果证明确实受益匪浅。它们对人眼视觉范围之外的紫外波段的光线特别敏感。跟原来那种湿感光板不同，干感光板可以拍摄出适合精确测量的永久性记录。干感光板为德雷伯夫妇拍摄恒星光谱提供了必要的工具。

16

* * *

"已故医学博士、法学博士亨利·德雷伯"那篇宣告恒星光

---

① 本段出现的"干版底片"是用于干版摄影的感光底片（感光板），这种底片又称"干板"或"干感光板"。原文用词为 dry plate。因19世纪末，干版摄影法代替了湿版摄影法，本书中哈佛天文台玻璃底片库所藏底片为"干版底片"。又因全书中作者绝大多数情况下只用 plate 一词，故本书出现 plate 一词时译为"底片"。——编者注

谱发现的论文刊登在1884年2月的《美国艺术与科学院院刊》
(*Proceedings of the American Academy of Arts and Sciences*)上
面。皮克林将这篇论文寄给了世界各地的知名天文学家。通过
一封标注日期为3月12日的回信，他收到了威廉·哈金斯愤愤
不平的回应。哈金斯在信中强调说，他觉得皮克林的某些测量
"非常轻率"。"如果您能设法对此进行深入调查，我会感到高兴
的，因为最好是您自己发现错误并发表勘误信息，而不是由其
他人给您指出来……我妻子同我一道向您和皮克林夫人致以亲
切的问候。"

　　皮克林确信自己没有弄错。而且，因为哈金斯从未阐述过
他的测量过程，皮克林当然会寸步不让。在他们相互指责的过程
中，皮克林将哈金斯的来信统统转给了德雷伯夫人。

　　如今，轮到她变得愤愤不平了。她在1884年4月30日写给
皮克林的信中说："我很抱歉您竟然因为对德雷伯博士的工作感
兴趣，而遭到如此没有绅士风度的攻击。"在将这些回信还给皮
克林之前，她自作主张地抄写了其中的一封，因为"作为书信文
学中的异数，它有保存下来的价值"。

　　与此同时，皮克林正在物色助手，以便帮德雷伯夫人将她丈
夫的工作推进到下一个阶段。他认为前任台长约瑟夫·温洛克的
儿子——现任职于美国海军天文台的威廉·克劳福德·温洛克
(William Crawford Winlock)，是一个很有希望的候选人，但是
德雷伯夫人拒绝了他。让她感到遗憾的是，她没能说服自己属意
的候选人托马斯·门登霍尔(Thomas Mendenhall)舍弃他在俄
亥俄州立大学的教授职位。为了排遣掉一些挫败感，她设立了亨

利·德雷伯金质奖章，由美国国家科学院定期授予在天体物理学方面做出杰出成就的人。她拿出 6 000 美元给科学院，创立了奖励基金，又花了 1 000 美元，委托一位巴黎的艺术家，照着亨利的肖像，为奖章塑造了一个模具。

1884 年的春天为皮克林带来了新的财务困扰。慷慨的天文爱好者持续 5 年的捐赠到期了，往常那每年 5 000 美元的补贴即告终结。台长自掏腰包支付了各种运营费用，就这样，他还是不得不解聘了 5 位助手。有一次，天文台的同事们表现出了感人的齐心协力——他们集资留住了一位被解聘的人；皮克林告诉他的一群心腹顾问说："大家都从微薄的收入中挤出钱来，提供了部分所需的资金。"他感谢"观测者们所做出的巨大努力，因为他们在没有助手的情况下，完成了原来需要记录员协助才能完成的工作。这需要增加花在观测上的时间，让这项工作变得费力了不少。虽然所表现出来的这种对科学的热情和投入非常令人高兴，但长此以往显然会对健康造成损害。确实，过度疲劳和去年那些漫长而寒冷的冬夜里挨的冻，在不止一个人身上造成了显著的影响"。

皮克林家族纹章上的箴言"*Nil desperandum*"（永不绝望），加上他本人 37 年来养成的长期习惯，促使台长用足智多谋与灵活变通来代替绝望。他开始构想通过什么途径，将德雷伯夫人的愿望和财富，与天文台的力量和需求结合在一起。

他在 1885 年 5 月 17 日的一封信中告诉她说："我在计划一项涉及面有些广泛的恒星拍摄工作，我希望您对此感兴趣。"

皮克林打算让这座天文台的大多数项目都改弦易辙，转向摄　　18

影方向。他的两位前任——邦德父子，已经意识到了摄影术的前景，并在1850年拍下了第一张恒星照片，但是湿感光板的局限性阻碍了他们进一步的尝试。使用新型的干感光板，成功的可能性将会倍增。肯定可以证明，在照片上确定恒星的亮度和可变性，会更容易，也更准确。因为照片可以看了再看，还可以任意比对。一个有条不紊地拍摄整片天空的计划，会让分区域绘制星图的艰苦过程大为改观。作为一项额外的收获，这些照片还将揭示无数未知的黯淡恒星——就连世界上最大的望远镜也看不见它们，因为敏感的干感光板跟人眼不同，它不仅可以收集光线，还可以随着时间的流逝聚合图像。

皮克林的弟弟威廉，刚从麻省理工学院毕业不久，就已经在那里教授摄影技术，并通过拍摄运动物体，对这项艺术的极限进行了测试。27岁的威廉答应帮助爱德华·皮克林，用哈佛天文台的望远镜进行几次摄影实验。在他们拍摄的一张照片上，一片原本只记录过55颗恒星的区域，展现出了462颗恒星。

皮克林的计划中最有希望引起德雷伯夫人兴趣的部分是一种拍摄恒星光谱的新方法。皮克林不像德雷伯或哈金斯那样，一次只关注一颗目标恒星，而是期待着在宽阔的视野中，为所有最亮的恒星拍一张集体照。为了完成这项任务，他构想出了一种新的仪器结构——将望远镜和分光镜，与人像摄影师工作室里使用的那种镜头组合在一起。

他向德雷伯夫人保证说："我觉得，没有您的援助，我们也可以毫无困难地执行这项计划。从另一方面来说，如果您觉得它有可取之处，我们有把握让它满足您可能提出的任何条件。"

　　她在 1885 年 5 月 21 日回信说："感谢您还好心地记得，对于任何可以与德雷伯博士的名字联系起来，并让对他的记忆得以延续的工作，我都很愿意产生兴趣。如果可以的话，我会很高兴与您合作完成您所建议的那件事，因为它与恒星光谱摄影的关联，对我产生了强烈的吸引。"此时距离亨利去世，已经过去两年多了。她仍然无法让他的天文台产出成果，在这种情况下，将他的名字借给哈佛用一用，她觉得也没什么不妥。

　　皮克林缓慢而谨慎地向前推进，直到可以送给她一些用他的新仪器拍摄的恒星光谱样本，才告知她自己所取得的进步。她觉得它们"极为有趣"。她在 1886 年 1 月 31 日说："如果这个计划可以满意地执行，我愿意授权每月向你们提供 200 美元的资助，如果有必要，还可以再多一点。"皮克林认为需要更多一点。他们在情人节那天，谈妥了亨利·德雷伯纪念项目的条款——这一项目将通过收集在玻璃底片上的信息，完成一份规模宏大的恒星光谱摄影目录。其目标是根据不同的光谱类型，对几千颗恒星进行分类——正如亨利已经计划要做的那样。所有的成果都将发表在《哈佛学院天文台纪事》上。

　　1886 年 2 月 20 日，德雷伯夫人交给皮克林一张 1 000 美元的支票，这是多次分期付款中的第一笔。皮克林将这项新任务公布在所有常见的地方，包括《科学》杂志、《自然》杂志以及波士顿与纽约的各大报纸上。

　　那年春天的晚些时候，德雷伯夫人决定在她已经很慷慨的馈赠之外，再追加捐献亨利的一台望远镜。她在 5 月到访剑桥市时，对此做了稳妥的安排。因为这台仪器需要一个新的底座——

19

亨利原本想自己打造这样一个东西的 —— 她请阿尔万·克拉克父子公司的乔治·克拉克，以2 000美元的造价，制作相关部件；并在他的监督下，将这台设备从黑斯廷斯运送到哈佛。运达之后，它需要一间带18英尺①直径的圆顶的小房子；德雷伯夫人也打算支付这笔费用。她跟皮克林夫妇一道，漫步在天文台四周种植的稀有乔木和灌木之间，为即将新增的建筑选址。

---

① 1英尺 =30.48厘米。——译者注

第二章

莫里小姐看到的东西

有了亨利·德雷伯纪念项目注入的资金，哈佛学院天文台生气勃勃，迎来了新成员，准备"大展宏图"。为德雷伯博士的望远镜加盖小房子的建设工作在1886年6月正式动工，德雷伯夫人去欧洲夏季旅游期间都一直在继续。10月，这台仪器就安装到了新的圆顶建筑里。如今，台里配备了两架可用于夜间光谱摄影的望远镜——德雷伯11英寸望远镜，以及用美国国家科学院贝奇基金（Bache Fund）提供的2 000美元拨款所购买的8英寸望远镜。赫赫有名的大折射望远镜，尽管在1850年就拍下了有史以来第一张恒星照片，后来却被证明不太适合拍照；它15英寸的镜头是专为目视观测而制造的，也就是说，是专为适应黄绿光波长的人眼而制造的。相反，这两台新仪器的镜头，适合更蓝的波长，而照相底片恰好对这种光线很敏感。8英寸的贝奇望远镜，还难能可贵地具有广阔的视野，一次就可以让大片天空尽收眼底，而不是仅能追踪单个天体。

在爱德华·皮克林掌权的不到10年的这段时间里，他将这座天文台的研究重点，从以确定恒星位置为中心的旧天文学，转向了研究恒星物理性质的新领域。虽然仍然有一半的计算员继续计算天体的位置和轨道动力学参数,这些女性中已经有好几位在学习解读现场制作的玻璃底片了;除了算术之外,这还会磨炼她们进行图案识别的技能。一种新的星表很快就会从这些活动中产生出来。

已知最早数星星的人是尼西亚的喜帕恰斯(Hipparchus of Nicaea),他在公元前2世纪,对1 000颗星星进行了编目。后来的天文学家们对天空中的天体进行了更详尽的罗列。计划中的亨利·德雷伯星表将有史以来第一次完全依赖对天空拍摄的照片,它除了确定无数恒星的位置、亮度之外,还会给出它们的"光谱类型"。

德雷伯博士夫妇使用放置在望远镜目镜上的一块棱镜,对每颗恒星的光线进行了分离,再一颗一颗地收集起它们的光谱。皮克林和他的助手们急于加快操作的进度,就改变了德雷伯的方法。他们将棱镜安装在物镜(望远镜收集光线那端的镜头)上,而不是放在目镜上,这样每张感光板上就可以拍下二三百条光谱的合影。棱镜是一大块方形的厚玻璃,具有楔形横截面。皮克林发现:"将棱镜放进方形的黄铜盒子里,让它像抽屉一样滑到位,就可以大大地增加使用棱镜的安全性和便利性。"哈佛的照片库增长迅速。当德雷伯夫人在感恩节后不久再次到访时,皮克林向她保证,在剑桥市看得到的每一颗恒星,至少会出现在其中的一张玻璃底片上。

临近1886年12月底,正当职员们已克服了新流程带来的大部分困难时,妮蒂·法勒的男友向她求婚了。皮克林当然完全支持他们结婚,但是他也很不愿意失去法勒小姐,因为她是计算团队中拥有5年经验的熟手，他曾亲自培训她对照相底片上的光谱进行测量。在新年前夜，他写信将法勒小姐订婚的消息告知了德雷伯夫人，并提名以前的女佣威廉明娜·弗莱明接她的班。

弗莱明太太在1881年从苏格兰返回之后，一直在协助皮克林进行测光工作。她经常接过台长及其助手夜间观测时用铅笔记下的数据，并使用他指定的公式计算恒星的星等。1886年，皮克林因为用摄影法进行测光的工作而被英国皇家天文学会授予金质奖章。截至此时，他已经开始并行地采用这种方法进行测光了。这一改变要求弗莱明太太，在非常习惯阅读黑夜中草草记下的一列列数字之后，还要能从玻璃底片上的星域中判断出星等来。

弗莱明太太告诉过皮克林，摄影在她的家族是有传统的。她父亲罗伯特·史蒂文斯（Robert Stevens）是个雕刻工兼镀金工，他制作的金叶画框很受追捧，而且还是邓迪市最早试用达盖尔银版照相法（daguerreotyping）的人——在她小时候人们就是这样称呼摄影的。在她还是一个年仅7岁的孩子时，她父亲就因为心脏衰竭遽然离世。在他去世后的一段时间里，她母亲和哥哥姐姐们试图保住这份生意，但没能成功。她的哥哥们一个接一个地远渡到了波士顿，最后她也追随他们来到了这里。如今，她29岁了，有个7岁的孩子需要照顾和扶养。儿子爱德华很快就会过来，她母亲正在预订旅程，他们准备乘坐"普鲁士号"班船离开格拉斯哥。

法勒小姐尽心尽责地向弗莱明太太介绍恒星光谱的玻璃底片，并教她如何测量那堆细线。弗莱明太太倒是可以向法勒小姐传授一两件关于婚姻和生育的事，但她对光谱一无所知，一切都需要学。

* * *

年轻的艾萨克·牛顿在1666年创造了"光谱"这个词，来描述太阳光穿过玻璃或水晶三棱镜时如幽灵般出现的彩虹色彩。尽管他的同时代人都认为，是玻璃水晶破坏了纯净的光线，将颜色传给了它，但牛顿坚持认为这些颜色属于太阳光本身。一面三棱镜只不过揭示了白光的组成成分，让它们以不同的角度进行折射，这样每一种成分都可以独立地呈现出来。

弗莱明太太现在开始将注意力转向了恒星光谱中那些极为细微的暗线；这些暗线被称为夫琅和费谱线，以它们的发现者——巴伐利亚的约瑟夫·冯·夫琅和费（Joseph von Fraunhofer）命名。夫琅和费是一个玻璃工的儿子，在一家镜子作坊当过学徒，后来成了望远镜镜头制作方面的工艺大师。1816年，为了测量不同玻璃配方和镜头配置中的精确折射率，他制造了一种设备，将一块三棱镜和一架测量员用的小望远镜组合在一起。当他将一束来自三棱镜的光导入一条狭缝，并让它进入这台仪器经过放大的视野时，他看到了长长窄窄的一条彩虹，中间分布着许多暗线。重复试验让他确信，这些线条跟彩虹颜色一样，都不是穿过玻璃时产生的伪影，而是本身就存在于太阳光中。夫琅和费的镜头测试设备是世界上第一台分光镜。

夫琅和费在对他的发现进行绘图时，用字母对最明显的线条进行了标记：A代表彩虹最红端中的宽黑条，D代表橙黄色区域中的双暗条，如此等等，最后越过蓝紫色区被命名为H的双线，在紫色的远端以I结束。

在他去世后的几十年里，夫琅和费谱线还保留了它们原来的字母记号；而且随着后来的科学家对它们进行观察、测绘、阐释、测量并用尖头笔进行描绘，它们的重要性也日益彰显。1859年，化学家罗伯特·本生（Robert Bunsen）和物理学家古斯塔夫·基尔霍夫（Gustav Kirchhoff），在海德堡携手合作，将太阳光谱的夫琅和费谱线，解译为某些特定地球物质出现的证据。他们将多种经过提纯的化学元素加热到白炽化的程度，表明每一种元素产生的火焰都会具有自身独特的光谱特征。比如，钠会发射出一对紧靠在一起的明亮的橙黄色条纹。它们在波长上与夫琅和费标记为D的双暗条相关，就像是实验室燃烧的钠样本在太阳彩虹条中那些特定的黑暗间隙处涂上了颜色。从一系列这样的吻合中，基尔霍夫得出结论，太阳一定是一个燃烧多种元素的火球，包裹在一层气态的大气之中。当光线辐射通过太阳的外层时，太阳燃烧所产生的明亮发射谱线，被外围较冷的大气吸收，在太阳光谱中留下了这些可泄露秘密的黑暗间隙。

天文学家得知太阳热如地狱后，都大感震惊，他们中许多人原来还以为太阳是个温和的、具有宜居潜力的地方。不过，他们很快就平静了下来，甚至感到欣慰，因为光谱学起到了揭示天空化学成分的启示性作用。1866年，亨利·德雷伯在纽约基督教青年会发表演讲时表示："光谱分析已经让化学家的手臂伸到了几百万英里①之外。"

整个19世纪60年代，威廉·哈金斯之类的先驱光谱学家，

---

① 1英里≈1.6千米。——译者注

都在其他恒星的光谱中辨别夫琅和费谱线。1872年，亨利·德雷伯开始对它们进行拍摄。尽管星光中的谱线数目，与织锦般丰富的太阳光谱相比相形见绌，但仍然呈现出了几种可识别的图案。长久以来，人们只是根据亮度或颜色，对恒星大致地进行了分类，如今，似乎可以根据光谱特征做进一步的分类，因为这些光谱特征揭示了它们的真实面目。

1866年，梵蒂冈天文台的安吉洛·西奇神父（Father Angelo Secchi）将400条恒星光谱明确地划分成了4类，并用罗马数字进行了命名。西奇的第Ⅰ类包含了天狼星和织女星之类的蓝白色明亮恒星，它们的光谱都有4条粗线，表明了氢的存在。第Ⅱ类包含了太阳以及与之类似的黄色恒星，其谱线充满了众多的细线，是存在铁、钙和其他一些元素的标志。第Ⅲ类和第Ⅳ类包含的都是红色恒星，但它们的暗色谱带具有不同的图案。

皮克林要弗莱明太太接受挑战，对这种初步的分类体系进行改进。西奇是在直接观测几百颗恒星时随手勾勒出这些谱线的，而她却可以充分利用亨利·德雷伯纪念项目的照片，有成千上万条光谱可供她端详审视。玻璃底片更为忠实地记录了夫琅和费谱线的位置，这是任何手绘都无法比拟的。而且，感光板还可以拍下远紫端的谱线，那个区域的波长都是人眼看不到的。

* * *

弗莱明太太将每张玻璃底片从牛皮纸封套中取出来，尽可能小心地不在它8英寸×10英寸表面的任何一处留下指纹。其诀窍

是将这种脆弱小袋的侧边轻轻地夹在两掌之间，将封套开口的底 25
边放置在特制底座的口上，然后将纸封套上上下下地弄松，注
意不让底片掉出来，就像给小婴儿脱衣服一样。确保涂有感光乳
剂的那一面朝向自己之后，她松开夹持的双掌，让玻璃底片落到
位。木质的底座使底片置于一个以45°角倾斜的相框里。一面固
定在平台底座上的镜子，接收来自计算室大窗户的日光，并将这
些光导向上方，穿过玻璃底片，用于照明。弗莱明太太在眼窝上
套着小型放大镜，身体前倾，这样她就可获得一睹恒星世界奥秘
的特权。她经常听台长说："用一面放大镜看到的照片上展示出
来的东西，比从一架高性能的望远镜在天空中看到的还要多。"

成百上千条光谱印在玻璃底片上。所有的光谱都非常小：比
较亮的恒星的光谱也只有1厘米多一点那么长，而比较黯淡的则
只有半厘米长。每一条都需要标记为亨利·德雷伯星表上的一个
新号码，而且还要用它的坐标来进行识别——这些坐标都是弗莱
明太太根据刻在木质底片框边上的厘米与毫米刻度确定出来的。
她将这些数字读给坐在她身边的一位同事，由同事用铅笔将这些
信息记在记录本上。晚些时候，她们会将亨利·德雷伯星表上的
号码，与原来一些星表流传下来的现有恒星名或恒星编号（如果
存在的话）进行匹配。

在如符咒般的谱线中，弗莱明太太读出了太多的变化，足以
使西奇神父识别出的恒星类别的数量增加4倍。她用夫琅和费风
格的字母次序，替代了他的罗马数字编号，因为罗马数字很快就
变得累赘不堪了。大多数恒星都归入她的A类，因为它们仅仅显
示出了氢元素产生的那些粗暗线。除了这些氢谱线之外，B类光

谱还带有一些其他的暗线；而到了她的G类，会出现更多其他的
谱线。O类只有明亮的谱线，而Q类被她当成了收纳盒，将无法
归入其他类型的特殊光谱统统纳入其中。

皮克林对弗莱明太太的努力表示赞赏，尽管他也承认她的分
类有武断和凭经验的倾向。他预计，随着更多恒星得到研究，它
们呈现出不同光谱的根本原因，将会适时地显露出来。也许是因
为不同的恒星温度，或是因为不同的化学组成、不同的恒星发展
26　阶段，要不然是这些因素的某种组合——也有可能是目前还无法
想象的一些因素在起作用。

1887年1月，皮克林突然想出了一个好办法，将某些光谱
由污迹一样的印痕放大成令人印象深刻的图片：宽4英寸，长
24英寸。他寄给德雷伯夫人的几张样图，让她大吃一惊。她在
1月23日的信中写道："看起来都觉得不可思议，拍摄下来的恒
星光谱竟然能放大成您寄给我的这些图片。我在想，要是哈金
斯先生看到了这些，又会怎么说？"这个问题促使她加强了对
亨利·德雷伯纪念项目的支持，这一项目目前每个月有200美
元左右的经费，她承诺将每年提供8 000或9 000美元的永久性
支持。

德雷伯夫人似乎没有理由再坚持梦想，去亲自继续开展她丈
夫的研究了。她认为最好是取回他留在黑斯廷斯天文台的那些望
远镜，统统捐给哈佛。其中最大的那一架，带有28英寸口径的
反射镜，它很可能会对皮克林的研究起到较大的帮助作用。但她
仍然犹豫不决。告别如今安置在哈佛的那架口径为11英寸的折
射式望远镜，跟这一次不可同日而语，因为这架28英寸反射式

望远镜保留了她结婚那天的珍贵记忆。

亨利生前一直更喜欢用反射式望远镜，因为它用反射镜而不是透镜来采集光线，不会像折射式望远镜那样产生色差效果。他在读完医学院之后就开始动手自制望远镜，总共制作了一百来架，这架28英寸的是其中最大的反射式望远镜。1867年11月12日，也就是他和安娜在她父亲的客厅里缔结婚约的第二天，他们一同前往市区，购买了一块可用作天窗的那种玻璃盘片，它的尺寸足够大，可以加工成一面直径为28英寸的镜子。从此以后，他们就称这次外出为"我们的结婚旅行"。他们花了好几年的时间来磨制、抛光这块玻璃盘片，让它具有理想的曲率，还在上面镀了一层超薄的银，将这块玻璃变成了一面完美的反射镜。

这架28英寸反射式望远镜，使他们在1872年能够拍下第一张具有里程碑意义的织女星光谱照片；10年后，他们又用它为猎户座里所谓的大星云拍下了一张无与伦比的照片；在亨利去世前的那个夏天，他们还用它拍摄了最后一系列的恒星光谱照片。在7月某个潮湿的夜晚，他们两人为密布的浓云所阻，在半夜时分停下了天文观测工作，准备回家休息。但是快到位于两英里外多布斯费里柳条河（Wickers Creek in Dobbs Ferry）上的乡村大宅时，他们看到乌云散开了，于是又掉转马车头，驱车返回了黑斯廷斯，重新开始观测。她记得他们还有好几次这种半路折回的经历，都只是为了多利用几小时——甚至在很久以前，当他们觉得时间怎么都花不完的时候就已如此。

27

* * *

1887年3月1日，皮克林在亨利·德雷伯纪念项目的第一份
年度报告中宣布："德雷伯夫人已经决定将28英寸反射式望远镜
及其底座送到剑桥市来了。"他赞扬项目的女捐助人不仅提供了
项目所需要的仪器设备，而且还提供了资金，让这些设备"在每
个晴朗的夜晚整夜"都能有人来操作使用，让他们可以组建"一
支颇具规模的计算人员队伍，对结果进行归算"，并让这些成果
可以发表出来。他希望其他捐助人都以她为榜样，给其他地方的
天文系进行类似的捐助，好让它们发挥出最大的作用。

1887年春，德雷伯夫人与哈得孙河铁路公司进行协商，打
算租用一节车厢，将28英寸望远镜运到哈佛。与此同时，天文
台还收到了另外一笔巨额捐赠——大约2万美元，以后每年还会
追加1.1万美元——用于在山顶建立一座辅助观测站。

皮克林一生都在登山。他最开始是跟称他为"皮克"甚至是
"皮克儿"的年轻同伴们，在新英格兰攀登巅峰。[①]他后来独自徒
步，背负15磅[②]的仪器，对新罕布什尔州怀特山（White Moun-
tains）的景点进行了高度测量。1876年，在他离开麻省理工学院
物理系前往哈佛天文台担任台长前后，他成立了阿巴拉契亚山俱
乐部（Appalachian Mountain Club），将喜爱户外活动的伙伴们
聚在一起，并担任了俱乐部的首任主席。1887年时，他仍然是

---

① 皮克林的年轻同伴们将他称为"Pick"或"Picky"，有"挑选"或"挑剔"的意
　思。——编者注
② 1磅≈0.45千克。——译者注

俱乐部的活跃成员，因此他非常理解将望远镜安装在高海拔处的优势。

这笔从天而降的意外之财，来自争夺激烈的尤赖亚·博伊登（Uriah Boyden）遗嘱。博伊登是一位古怪的发明家兼工程师，在1853年接受过哈佛的荣誉学位。他在1879年去世时，无妻无子，专门划拨出23万美元，用于在高处搭建一座天文台，以使身处海平面的天文学家避免大气扰动的影响。包括美国国家科学院在内的多家高端机构，都参与了对博伊登遗产控制权的争夺，但是皮克林说服了博伊登的受托人：在所有竞争者中，唯有哈佛大学最有可能将这笔资金派上明智的用途，而哈佛天文台也最适合执行立遗嘱人的遗愿。经过长达5年的彬彬有礼的较量，皮克林取得了胜利，并组织了一次前往科罗拉多州落基山脉的考察探险。

博伊登基金提供的经费让皮克林从麻省理工学院挖来了他弟弟。这样一来，同样是阿巴拉契亚山俱乐部发起人之一的威廉，在这次西部勘测之旅中就成了台长助理兼向导。1887年6月，兄弟俩从剑桥市启程，随同前往的还有莉齐·皮克林和天文台的3位青年志愿者，外加14箱仪器设备。7月，德雷伯夫人在科罗拉多州斯普林斯（Springs）加入了他们。

尽管美国还没有高海拔天文台，但是位于派克斯峰（Pikes Peak）的联邦自然保护区里，有世界上最高的气象站，其海拔为14 000英尺，当时由美国陆军通信兵（U.S. Army Signal Corps）负责管理。这使得派克斯峰成了美国境内唯一一座拥有详细天气数据（不只是年降雨量的统计数据）的山峰。皮克林一行中的5

人在 8 月开始登山，赶着满载科学仪器的骡子，沿途遭遇了一次暴风雪、一次冰雹和一次他们描述的很强烈的雷暴。在这一个月里，他们在这个地区的 3 座山峰上露营，并以不同的方式对它们的环境条件进行了比较。比如说，威廉对一台日照计进行了改进，作为雨量计的补充；他们还用一架 12 英寸的望远镜对天空进行了拍摄。环境条件看来不是特别理想。更糟糕的是，有传言说，派克斯峰有可能会变成一个州级旅游景点，沦为非天文学家的天下。

皮克林没来得及确定博伊登观测站的位置，就返回了剑桥市。他认为，他也许可以在来年夏天重访落基山脉，或者去其他的山脉看一看。

10 月，德雷伯夫人返回了东部，将多布斯费里的大宅封门过冬，并重新住进了麦迪逊大道的家中。安顿下来之后，她感谢皮克林为她安排了这次夏季之旅，还馈赠给她一架巴伐利亚国王路德维希（King Ludwig of Bavaria）收藏过的玩赏性袖珍望远镜。

* * *

总是有两架（经常还是三架）望远镜通宵进行拍摄，因此哈佛天文台的底片消耗得非常快。在 1886 年至 1887 年期间，批量生产的干版底片在质量方面的进步，使得它们的记录范围拓展到了更黯淡的恒星星等，而皮克林也不失时机地充分利用了每一项新进展。他对不同公司的产品进行试用，并相应地更换供应商；他鼓励制造商们持续改进底片的感光度，并欢迎他们将其最新产品送给他测试。

需要计算的数据量，与拍摄的照片数成比例地增长。安娜·温洛克的妹妹路易莎在1886年接替了她在计算室的工作，第二年又增加了安妮·马斯特斯（Annie Masters）、珍妮·鲁格（Jennie Rugg）、内莉·斯托林（Nellie Storin）和路易莎·韦尔斯（Louisa Wells）这几位女士。如今，女性计算员的队伍达到了14人，其中包括了担任她们主管的弗莱明太太。这些女士大多比她年轻，社会地位也跟她差不多，都很尊重她的权威性。到了1888年，随着22岁的安东尼娅·莫里的加入，这种情况发生了改变：她不仅是瓦萨学院的物理学、天文学和哲学的优等毕业生，而且还是亨利·德雷伯的外甥女。

德雷伯夫人在1888年3月11日告诉皮克林："这位姑娘在科学方面具有非凡的能力，而且还渴望担任化学或物理学教师——她就是心怀这样的目标在学习。"

还是孩子的时候，安东尼娅·莫里就获准进入了亨利舅舅纽约大宅里的化学实验室，并在他做实验时"协助"他，将他要的那些试管递给他。在她年满10岁前，她父亲米顿·莫里（Mytton Maury）博士，一位巡回圣公会牧师，就教她阅读拉丁文原版的维吉尔（Virgil）作品。她母亲是亨利·德雷伯的妹妹弗吉尼亚，是一位博物学家，钟爱黑斯廷斯庄园里的一花一鸟、一草一木。1885年，她在安东尼娅就读瓦萨学院期间去世了。

给莫里小姐这样一位有多方面成就的人，开出计算员的标准工资——每小时25美分，令皮克林深感不安。看到她没有回复他的信件，他表现出如释重负的样子，但是德雷伯夫人在4月和5月期间代她说明了情况。

　　她舅妈解释说："这位姑娘一直非常忙。"尽管莫里牧师因为工作关系，搬到了马萨诸塞州沃尔瑟姆（Waltham），但他没有在那里为家人找好房子，也没有为他最小的两个孩子德雷伯和卡洛塔（Carlotta）联系好学校，而是将这些事统统交给安东尼娅打理。到了6月中旬，她加入了哈佛团队。

　　皮克林安排莫里小姐为最亮的那些恒星测量光谱。弗莱明太太一直在处理几百条光谱挤在一起的底片，在那上面，明亮的恒星看起来像是曝光过度了。那架口径为11英寸的德雷伯望远镜，一次只聚焦一颗恒星。以这种方式成像的每一条光谱，甚至在放大前，也至少有4英寸长。这种令人满意的丰富细节，使得莫里小姐在显微镜下查看照相底片时，可以进行更多的思考。在织女星光谱的同一片蓝紫色区域里，她舅舅在1879年拍摄到了4条谱线，在1882年拍摄到了10条，而如今她数出了一百多条。

　　除了测量谱线间的距离，并将它们转换成波长，皮克林还指望她按照弗莱明太太的标准，对每条光谱进行分类。但是莫里小姐有丰富得多的细节可以开展工作，也就无法让那些参数束缚住自己的印象了。她看到的一些谱线不是单纯的粗或具有强烈的明暗度，而是有点模糊，或者带有凹槽纹，或者还有其他值得注意的特征。这些细微的差别当然值得关注，因为它们也许表明恒星上存在而至今还未为人觉察的一些状况。

＊　＊　＊

　　1888年11月，哈佛第二轮山地勘测之旅启程西行时，皮克

林决定不参加。他不可能离开天文台那么长的时间，去完成这次
雄心勃勃的旅程，因为这次的任务先是在加州帕萨迪纳（Pasade-
na）附近进行选址测试，然后继续前往位于智利和秘鲁境内的安
第斯山脉。他指派他弟弟威廉担任勘测小组负责人。在加州期
间，这个小组还将访问萨克拉门托河谷（Sacramento Valley），
对1889年1月1日发生的日全食进行观测和拍摄。

　　通常情况下，皮克林出于现实的考虑，是不会支持日食之旅
的。考虑到观测失败的风险不低，他觉得其代价太高昂了。在日
全食发生的片刻，一片令人扫兴的乌云就会使整个活动泡汤（他
陪同前任台长温洛克前往西班牙，观看1870年12月22日的日食
时，就亲自领教过这一点）。但是，像现在这种情况，全食带与
为新建博伊登观测站勘测选址的路径几乎交叉，皮克林是不会反
对略微绕一下道的。

　　元旦日食观测者得到了有利气象条件的眷顾。然而，目睹罕
见奇景的兴奋，让天文学家们和大群围观者大受震动。在日全食
开始时，观看者开始尖叫。喧嚣声淹没了威廉向计秒的人发出的
呼喊声，而他为了让自己的声音能被听到，只能声嘶力竭，这又
致使他比原计划少拍了一些照片。而且，他还忘了打开分光镜的
镜头盖。

　　经历了萨克拉门托的失望之后，威廉去了南边的威尔逊山
（Mount Wilson）。在那里，他和几个助手将使用一架专门带来的
13英寸望远镜连续观测几个月，以测试当地的大气条件。同时，
小组的另一半人启程前往南美。在皮克林的宏大计划中，两座山
顶天文台比一座要好。一座建在加州高处的观测站，可以对在剑

桥市所做的工作进行改进；而在南半球增设一座卫星观测站，则可以拓宽哈佛的视野，将整个天空都包括进来。

皮克林将南美探险的领导权交给了34岁的索伦·I. 贝利（Solon I. Bailey），后者在两年前以无薪助理的身份，加入了哈佛天文台，并且很快就证明自己有资格领到一份工资。与皮克林一样，贝利也有一个有摄影天赋的弟弟，于是在皮克林的支持下，索伦任命马歇尔·贝利（Marshall Bailey）担任自己的副手，并计划在观测完日食之后，去巴拿马与他会合。面对预计要持续整整两年的旅程，索伦带上了妻子露丝和三岁的儿子欧文。

1889年2月，登上太平洋邮船公司"圣何塞号"后，贝利在旅途中找机会与同船的几位乘客练习西班牙语，还在日记中记下了他们的姓名。在甲板上，他喜欢看日落后金星沉落海平面，"直到她触及水面之前都看得清清楚楚"。在2月黎明前的天空中，他第一次看到了南十字座。从贝利在新罕布什尔州的童年时代开始，他就喜欢星星。在那里，他还目睹了大自然的盛大焰火表演——1866年的狮子座流星雨。如今，他将见到满天新的星座，这一诱人前景让他能坦然面对未来的任何艰难苦楚。

安第斯山脉探险的大部分补给——从照相底片到预制装配式房屋的所有东西——都与马歇尔一起，从纽约到巴拿马地峡，然后走陆路，经过法国最近刚放弃的运河开凿工地和黄热病受害者的墓地，再登上另一艘船，前往利马附近的卡亚俄（Callao）。

这队人马在利马乘坐欧罗亚铁路公司（Oroya Railroad）的火车，向东20英里到达乔西卡（Chosica）。从这里，贝利兄弟步行外加乘坐骡子，爬到了海拔10 000英尺以上的地方。他们的本地向导用一种有效的当地偏方，即破损的大蒜散发的气味，为他们舒缓一阵阵发作的高原反应。没有哪座特别的山峰让贝利感觉很理想，但是他需要抓住旱季的晴好天气进行观测，于是就安顿在了一座视线最不受遮挡的无名山上。它刚过6 500英尺高，只能通过一条迂回盘旋8英里的山路上下。贝利一家和十来个当地人辛苦了3个星期，才改善了从乔西卡的旅馆到这个站点的道路，以有助于将装了80车的设备沿着这条路，拖上临时的天文台。5月8日，当这家人与他们的秘鲁助手、两个仆人、猫、狗、山羊和家禽一起搬进去时，他们唯一的邻居就是蜈蚣、跳蚤、蝎子和偶尔光临的秃鹫。他们要靠一个赶骡人，将每天的用水和食物送上山来。

贝利兄弟使用皮克林在剑桥市用过的那台中天光度计，对南方恒星的亮度进行了估计，这样他们的观测就与皮克林的完全具有可比性了。类似地，他们为亨利·德雷伯纪念项目拍摄南方恒星光谱时使用的望远镜，就是这个项目最初两年每夜都使用的8英寸贝奇望远镜。德雷伯夫人用另一架相同规格的望远镜，替代了哈佛原来的主力。

33

索伦·贝利在邮件允许的情况下，尽可能地与皮克林保持经常性的联系。当他将首批两箱玻璃底片运回剑桥市时，他说它们来自一处还没有命名的地方，他想称之为皮克林山。

台长在1889年8月4日的回信中写道："也许等我在一座秘鲁山上像你一样做出了出色的工作时，再命名皮克林山也不迟。"在得到当地的批准之后，贝利兄弟转而将这里命名为哈佛山。

当10月开始的雨季使哈佛山的工作陷入停顿时，贝利将妻

儿安顿到利马，然后和弟弟一起出发，去搜寻更好的地点，以
建立永久性的基地。他们花了4个月才找到一处满足他们要求的
地方，在靠近阿雷基帕（Arequipa）城的沙漠平原之上。此地高
达8 000英尺，空气清澈、干燥、稳定，而且附近的埃尔米斯蒂
（El Misti）火山也差不多是死火山了。

* * *

当贝利兄弟在秘鲁进行探索时，爱德华·皮克林对北斗七星
勺柄上一颗名叫开阳（Mizar）的恒星的奇怪光谱入了迷。这颗
恒星最早引起他惊诧的注意，是在1887年3月29日德雷伯纪念
项目拍摄的一张照片上，它的光谱前所未有地显示出了双重K谱
线（尽管夫琅和费原来的字母编号以I结束，后来的研究者又添
加了一些其他的标号）。就在皮克林向德雷伯夫人分享了这条不
寻常的消息后不久，这个奇怪的现象又突然消失了，一如它突然
的出现。开阳随后的光谱图像都没有重现双重K谱线，但皮克林
仍然在等待它的回归。1889年1月7日，莫里小姐也看到它了。
很少使用感叹号的皮克林，在给德雷伯夫人的信中写道："现在
似乎可以很确定地说，它有时候是双线，有时候又是单线！"不
过，他很快又补充说："还很难说清这意味着什么。"他怀疑又
名大熊座ζ（Zeta Ursae Majoris）的开阳恒星，也许会被证明
是两颗光谱几乎完全相同的恒星，但它们靠得太近了，哪怕用大
型望远镜也没法分别观测到它们。
　　莫里小姐将这对开阳描绘成两个机警的格斗者，彼此绕圈

子，伺机寻找对方的薄弱环节。她进行观测的位置过于遥远，很难将这两个不同的个体区分开来——事实上，当其中一个沿着她的视线方向处于另一个前面时，两者是完全不可能被区分开的。但是开阳这对格斗者还发光。在它们转圈时，它们的相对运动会稍稍改变光线的频率：靠近我们的星光会往光谱的蓝端稍微偏移一点，而远离我们的星光会往光谱的红端偏移。这两种偏移加在一起，使 K 谱线出现了小小的分离，从而造成双重谱线的效果。

皮克林和莫里小姐在几个月的时间里，追踪着开阳 K 谱线的模糊变化，直到他们在 1889 年 5 月 17 日再度看到双重谱线。在出现双重谱线的前后几个晚上所拍摄的照片上，该谱线都显示为模糊状态——介于单线与双线之间。对于模糊的谱线，莫里小姐对她直觉的坚信实属明智之举。

那个星期天，莫里小姐不用上班，她给舅妈安·勒德洛·德雷伯（Ann Ludlow Draper）——亨利·德雷伯的弟弟丹尼尔的妻子，写了一封信。在这封聊天式的长信里，她汇报的一切似乎都涉及了单与双这个主题。有一次去波士顿公园参观时，她看到了"一场精彩的郁金香展览，里面的花朵都是单色或双色的"。如今，她在瓦萨学院校友会里，同时是波士顿分会和纽约分会的会员。"我告诉她们，我将拥有投两次票的机会，但她们看来并不担心。"她将最有意思的事情留到最后讲。

"告诉丹尼尔舅舅，前几天，皮克林教授成功地拍摄到了大熊座 ζ 的双重 K 谱线。原来是单线的其他谱线有时也变成了双线，因此我觉得这证实了他的理论：出现这种变化，是因为两颗同样类型的恒星靠在一起彼此绕着对方旋转。这是一件非常漂亮的事物。他们努力观测了好几个月，才等到双线。皮克林教授认为，它的周期肯定是 50 天左右，但是还没完成最后的计算。当然，在最终确定之前，完全不应该公开谈论它。"她在信末的签名是："满怀爱意的，安东尼娅。"

皮克林就初步结果写了一份报告，以确保"德雷伯博士的外甥女 A. C. 莫里小姐"对开阳光谱进行的细致研究的功劳得到承认。他将这篇论文寄给了德雷伯夫人，由她带到费城，去参加美国国家科学院的年会。1889 年 11 月 13 日，他们共同的朋友乔治·巴克在大会上宣读了这篇论文。巴克向皮克林保证，K 谱线的消息"激起了人们浓厚的兴趣"。

几个星期后，就在 12 月 8 日，开阳的 K 谱线又如期变为双线，当时德雷伯夫人刚好在天文台。几天后，莫里小姐发现另一颗恒星也出现了双重 K 谱线，那是御夫座 β 星（Beta Aurigae，是御夫座中第二亮的恒星）。如今，有两例仅根据光谱特性，就被新发现的恒星组了。同一个星期里，弗莱明太太在秘鲁寄来的好几张底片上，又识别出了第三组疑似的"分光双星"（spectro-scopic binary）。

皮克林劝诱德雷伯夫人说："如果所有这些结果都是您最近访问这里之后获得的，难道这不是很充分的理由，支持您更频繁地来访吗？"

德雷伯夫人回复说，她希望能自恋地认为，"在我访问期间取得的这些有趣结果，是因为我和你们在一起造成的；我的朋友们经常称我为'吉祥物'，但我恐怕我的幸运无法伸展到那么远的地方。"不过，她还是宣称自己为这些新发现"感到高兴"。

更多的例子会有助于说服参加最近这次大会的一些科学院院士，他们"认为我们想入非非了"。同样在1889年末，波茨坦天文台的赫尔曼·卡尔·福格尔（Hermann Carl Vogel）独立地发现了另一组分光双星，进一步证实了这一猜想。

福格尔使用分光镜是为了回答一个不同的问题——不是"恒星是由什么构成的"，也不是"怎样对恒星进行分类"，而是"它们在视线方向以多快的速度靠近或离开地球"。根据恒星光谱中某些谱线往蓝端或红端偏移的程度，福格尔计算出了恒星的视向速度。有些恒星的运动速度高达每秒30英里，也就是说每小时超过10万英里。

莫里小姐在继续绘制开阳的光谱变化图时，得出结论：两颗子星绕着它们共同的引力中心，每过52天转一圈。她还推导出，她发现的分光双星御夫座 β 星，具有更短的周期，只有4天。实际上，她在同一晚拍摄的照片上，就可以观察到御夫座 β 星的光谱从一张到另一张的变化。她计算了这两个双星系统中的轨道速度。"每分钟1英里"在她听起来已经很快了，但是这些恒星却在以每秒100多英里的速度飞速绕行。她舅舅亨利曾借助光谱发现恒星的化学成分，而如今光谱还给出了这些恒星的运动速度。

36

* * *

1890年见证了弗莱明太太的巨著《德雷伯恒星光谱星表》（The Draper Catalogue of Stellar Spectra）发表在哈佛天文台

《纪事》的第27卷上。皮克林对她的奖励是，加薪并在他的序言中予以充分的肯定："对这些底片进行数据归算始于N. A. 法勒小姐，但是这项工作的绝大部分，包括对所有光谱进行测量和分类，以及为星表的出版进行准备，都是由M. 弗莱明太太负责的。"如今，她自称为"米娜·弗莱明"。她的奉献精神除了体现在对上万颗恒星的光谱进行测量和分类之外，还体现在她很娴熟地对长达400页的星表进行了校对。大多数页面都包含20列宽、50行长的表格，总共约有100万个数字。

德雷伯星表根据恒星谱线的外貌对它们进行了分类——不只是为了分类，还希望为研究开辟新的途径。比如说，这种分类让皮克林产生了灵感：根据光谱类型来分析恒星的分布。望向银河发光带时，他发现B类恒星占了绝对优势。B类恒星沿着银河聚集，好像它们彼此很合得来，或者很喜欢太空中的那片区域。在皮克林看来，身为G类恒星的太阳，与银河中的那些发光体好像关系不大。

同时，莫里小姐还在继续钻研自己精致的分类体系。她有意将弗莱明太太的15类增加到22类，并基于她在明亮恒星光谱中探测到的进一步的层次，再将每一类细分为3～4个子类。由于她用眼过多，最后只好找一位波士顿的眼科医生，配了一副眼镜。

1890年2月18日，她给姑姥姥多萝西·凯瑟琳·德雷伯写信说："亲爱的姑姥，我正在撰写过去两年的工作成果。我先写了一个简要的概述，那是我分类工作的开始。我之前很担心皮克林教授不喜欢它，但是我很高兴地发现他相当满意，还说改动几个地方后就可以付印了。当然，我将花很长的时间将所有的东西写出来，我预计加入所有的细节后，会写成厚厚的一本……我每天都戴着您的黑帽子，您的阿富汗毛毯让我夜里也感到暖和。"

1890年，在弗莱明太太的星表出版后不久，亨利·德雷伯纪念项目的第四份年度报告也发表了。皮克林在报告中宣布：用各种望远镜拍摄的照片总数已达到7 883张。他特别提到，其他天文台都犯了"非常常见的错误"：只是囤积照片，而不通过讨论和测量，从它们那里导出结果。但是，在哈佛，一支计算员队伍已经对这些照片研究了好几年，这样一来，"这些照片在多个方面取代了恒星本身，我们可以在白天用放大镜，而不是在晚上用望远镜，去验证发现和纠正错误"。此处，他也像在《纪事》中那样，点名表扬了弗莱明太太和莫里小姐。他强调，正是亨利·德雷伯的外甥女，发现了御夫座 β 星的双重谱线。

按照他一贯的做法，皮克林也将亨利·德雷伯纪念项目的第四份年度报告广泛分发，还刊登在《自然》杂志和其他科学期刊上。在英格兰，天文学家兼军事工程师约翰·赫歇尔上校（Colonel John Herschel）对这份报告推崇备至。作为威廉·赫歇尔（天王星的发现者）的孙子和约翰·赫歇尔爵士（皇家天文学会第三任会长）的儿子，上校也目睹了天文学发展的几次重要飞跃。

38

他在1890年5月28日给皮克林写信说："我收到了你们最新的亨利·德雷伯纪念项目报告。它很像一席精华荟萃的饕餮盛宴——不过我想请您向莫里小姐转达我的祝贺，祝贺她将自己的名字与物理天文学史上最值得注意的进展之一联系在一起。"

就像上校更为知名的姑奶奶卡罗琳·赫歇尔（Caroline Herschel）一样，莫里小姐也进入了一个由男人主宰的发现领域，而她通过方兴未艾的光谱摄影法，已跻身于最早探测到一类新天体的天文学家之列。它的未来——还有她的未来——看来是充满希望的。

第三章

布鲁斯小姐的慷慨捐赠

甚至在索伦·贝利为哈佛的南半球天文台选定台址之前，爱德华·皮克林就已经设想好了，要在那里安装一架性能优越的新望远镜。这台理想的仪器将有一个直径24英寸的镜头，有可靠的8英寸贝奇望远镜3倍那么大，因而可以采集到的光线有后者的9倍之多。他估计它的造价会高达5万美元。1888年11月，他面向大众发出了募集这笔资金的请求，而且如同置身于童话世界中，又有一位女继承人挺身而出，满足了他的心愿。

凯瑟琳·沃尔夫·布鲁斯住在曼哈顿，距安娜·德雷伯不远，但是在她们的命运因哈佛天文台交叉之前，彼此并不认识。布鲁斯小姐比德雷伯夫人年长20多岁，没有任何使用望远镜的实际经历。她是一位画家，也是一位艺术赞助人。尽管她缺乏德雷伯夫人拥有的天文学知识，但她很久以前就对这门学科产生了遥远而模糊的兴趣。如今，在73岁时，她表现出了真挚的热忱，希望能为这个领域的进一步研究提供支持。成功的铸字商和印刷革新家乔治·布鲁斯（George Bruce）的财富，现在都由她掌控，因为她是他目前还在世的最年长的孩子。1888年，她花了5万美元，在纽约42街建了一座乔治·布鲁斯免费图书馆，并给它配满了书。在一台科学仪器上花同样大一笔钱，对她来说似乎也并非不合理；尤其是，皮克林在1889年6月3日上午到她家里拜访时，为她描绘这台仪器的方式实在令人心动。皮克林告诉她，他梦想的这架大型照相望远镜，在有史以来指向天空的望远镜中将是功能最强大的。它将被运送到高高的山顶之上，在无阻碍的条件下日夜不停地工作，它必将极大地丰富人类关于恒星分布和组成的知识，多架以更典型的方式设计出来的望远镜（甚至是更大的望远镜）加在一起，也远远达不到它的水平。

40

也许是皮克林将24英寸物镜称作"肖像"镜头这一点，对布鲁斯小姐的艺术敏感性产生了吸引力。他热情洋溢的乐观情绪，无疑为她消除了最近阅读的一篇令人不安的文章所带来的不愉快。那篇文章的作者是天文学家西蒙·纽康（Simon Newcomb），是约翰·霍普金斯大学教授兼美国航海天文历办公室（U.S. Nautical Almanac Office）主任。纽康教授预计，在最近，甚至是较远的未来，都不会出现令人激动的天文发现。因为"一颗彗星与另一颗太相像了"，他断言："真正吸引天文学家注意力的工作，更多的不是发现新事物，而是对已知事物进行详细的阐述，并对我们的知识进行系统化的完善。"

布鲁斯小姐对此有不同的看法。她在哪里都找不到关于恒星组分的一个完整列表，似乎没有人知道是什么让它们发光，也没有人知道它们最早是如何形成的。她读得越多，产生的疑问也越多。是什么占据了恒星之间的空间？纽康教授怎么能说这方面的知识是完整的呢？她对天文学未来的判断是：摄影术和光谱学的引入，加上化学和电学方面的进展，表明重大的天文学新发现即将问世。她要靠皮克林教授来证明她是对的，于是在他到访之后的几个星期内，她就给他捐了5万美元。

皮克林在向布鲁斯小姐表示感谢的同时，也向他的另一位捐助者保证：她的亨利·德雷伯纪念项目，将因为添置了布鲁斯望远镜而大为获益，而且还不用给德雷伯基金增加任何开销。

德雷伯夫人钟爱的28英寸望远镜，跟此前的11英寸望远镜一样，已经安装在哈佛天文台属于它自己的新圆顶室里了。尽管在她捐赠的4架望远镜中，这是最大的一架，也是她最舍不得捐出的一架，但它的表现没有预期的那么好。天文台极有天赋和创新精神的修理人员威拉德·格里什（Willard Gerrish），与望远镜制造商乔治·克拉克一道，将1889年最初的几个月都花在了它身上。他们试过各种配置和调整，费尽了心机，但从它那里也只拿到一颗黯淡恒星的一张满意的光谱照片。这些令人沮丧的经历，让皮克林对德雷伯博士的高超技术更加钦佩，但同时也迫使他承认失败，并放弃用这台设备开展更进一步的探测。德雷伯夫人对此感到失望，但也表示理解，那个夏天她还与皮克林一家到缅因州度了个短假。

布鲁斯小姐没有访问剑桥市的计划，因为她很少离家。（她解释说："风湿病和神经痛把我折磨得很苦。"）但是她对这架望远镜的每一步进展都了如指掌，因为从1889年的年中开始，皮克林就跟她保持了密切的通信联系——当时皮克林向巴黎的爱德华·曼托瓦（Edouard Mantois）公司订购了4个大透镜盘。布鲁斯小姐青春年少时就对玻璃有一些了解，当时她曾在欧洲到处旅

41

游，收藏艺术品和古董。如今在专心自学天文学时，她发现新望远镜的镜头能让自己心无旁骛，这是以前迷恋小雕像和枝形吊灯时都不曾有过的。

她告诉皮克林："我在报纸上读到，查尔斯·扬的《天文学基础》(*Elements of Astronomy*)适合基础很差的读者，就去买了一本。结果发现'每一个浅水塘里都有个深坑'，我很怕掉到里面去。"

布鲁斯小姐继续写道，"扬将恒星之间的大片空间称作真空"，而在她读过的另一本书上，哲学家约翰·菲斯克（John Fiske）"把它说成是光以太。我将坚持扬的观点。"皮克林殷勤地给她提供了哈佛天文台的所有出版物，从一卷卷的《纪事》，到他研究报告的单行本。她在一封感谢信上写道："您关于长周期变星的那篇论文，我拿到之后就读了，对您很是钦佩——不是因为那些表格，而是因为您单纯的善良，您愿意给那些不熟练的业余爱好者提供详细的指导，让他们明白如何成为有用的科研帮手。"

自从皮克林在1882年首次公开邀请业余爱好者（尤其是女士）来观测变星的亮度变化以来，他已多次发出这种邀请，并给出了相关的说明，还在《美国艺术与科学院院刊》上发表过几次志愿者观测结果的摘要，以资鼓励。他建议业余爱好者只追踪那些亮度变化周期为几天或几周的慢循环变星，将那些更快或不太规则的案例留给专业人士去研究。但是，再多的业余帮助，也免除不了皮克林在每份天台活动的年度报告中，重复敦促大家捐助更多的资金的需要。

听说某些百万富翁在获悉一个有价值的募捐请求后，没有慷慨解囊，布鲁斯小姐提醒皮克林说，在与富有的绅士们打交道时"需要一定的军事谋略"——"不能直接正面进攻，需要从侧面或背后进攻。"在她这里，她自愿提供进一步的援助，不只是给哈佛，也给各地的天文学家，条件是皮克林答应帮助她挑选出最值得资助的项目。在她承诺先拿出6 000美元之后，他在1890年7月宣布征求资助申请。他还给世界各地天文台的研究人员挨个写信，询问他们是否可以马上将500美元派上好的用场——比如，雇一个助手，修理一台仪器，或者发表积压下来的数据。到10月，申请日期截止前，他收到了近百份回信。皮克林对这些申请书进行了评估，布鲁斯小姐及时地批准了他的推荐，这样在11月就选出了优胜者。西蒙·纽康，也就是那篇引起布鲁斯小姐不悦的文章的作者，成了美国最早得到她支持的5位科学家之一。另外10份奖金由海外天文学家夺得，他们分别来自英格兰、挪威、俄罗斯、印度和非洲。

皮克林在向《科学美国人增刊》（*Scientific American Supplement*）提交获奖者名单时，公开宣称："我们头顶着同一片天空。"跟往常一样，他希望一位捐赠者的慷慨能促使其他人见贤思齐。但是结果证明，被激发出最高积极性的还是布鲁斯小姐本人。她觉得，对于那些研究计划到得太晚，没赶上评估的天文学家，她有份特别的义务。

她在1891年2月10日给皮克林写信说："亲爱的教授，我很抱歉您在1月10日写那封信之前不久，还收到了多份申请。我看得很清楚，我们在做一些好事的同时，也混杂着造成了一些伤害，让一些人失望了，在某些情况下甚至让一些人感到了羞

43

辱——事实上这是毫无来由的。"她催促皮克林，赶紧评出一批新的天文学家，让她可以对他们的项目进行支持。

在很长一段时间里，布鲁斯小姐给哈佛的慷慨捐助一直躺在银行里分文未动，因为还在等从巴黎寄来的透镜盘。皮克林对玻璃制造商曼托瓦的询问一直没有得到回复；克拉克公司寄过去的多封信件和电报，也是如此。过了18个月之后，布鲁斯小姐谴责"那个令人痛苦的拖后腿者曼托瓦"，希望可以亲自跟他对峙，她相信自己的法语水平"也许不会比他差"。

1891年春，在距离皮克林下单订购透镜快过了两年的时候，他痛苦地发现，曼托瓦还没有开始制造玻璃。

布鲁斯小姐在4月9日深表同情地说："如果收到透镜盘，并让克拉克满意，我的快乐是仅次于您的。再多一点点耐心吧——再等两年左右——在天文学家的计算里，两年又算得了什么呢？"

* * *

受命担任哈佛南半球天文台首位台长的威廉·H. 皮克林，在1891年1月抵达阿雷基帕。他将自己的抵达视为给一个王朝奠基。他哥哥在剑桥市已经统治了大家熟悉的北方天空，而在赤道以南的这个地方，威廉将探索鲜为人知的天空，并因此而扬名天下。没错，他目前只管着两名天文助手，但是他推测，一旦雨季结束并开始观测，秘鲁这边显然会需要更多的工作人员。

威廉首先得在贝利兄弟侦测过的那个地区，购买或租赁一块土地。索伦·贝利和露丝·贝利准备收拾回国，将他们在阿雷基帕租的房子腾空，好让威廉·皮克林一家能搬进去。这次陪同威廉前来的有他的妻子安妮、两个蹒跚学步的孩子威利和埃丝特，以及安妮寡居在罗得岛的母亲伊丽莎·巴茨（Eliza Butts），外加一名保姆。他按照自己的使命感来安置家人，将划拨给他购买土地的500美元，仅仅当成了购置一个昂贵庄园的首付。他开始在这里为望远镜建起了几座永久性的建筑，还建了一所宽敞的庄园住宅，仆人房间和马厩一应俱全。2月，就在住进这所房子几个星期之后，威廉给爱德华发电报，要求"再寄4 000美元过来"。

通过西部联盟电报公司的电报和几封措辞严厉的手写书信，爱德华试图让威廉奉行更严格的经济政策。此外，这位兄长还不断给弟弟施压，让他赶紧全力投入拍摄工作。亨利·德雷伯纪念项目急需要更多南半球恒星的光谱照片。就算威廉要监督修建他带到秘鲁的另外3架望远镜的防护外罩，他为什么不同时利用已经在现场安装好的贝奇望远镜进行观测呢？（在1889年第一次探险期间一段差不多长的时间里，贝利运回了400多张底片。）4月，威廉终于屈服了，但是仍然拖延将照片送往剑桥市。8月，爱德华恼火地抱怨道："我非常高兴你已经拍到了500张底片，但是也非常遗憾它们还没寄到我手里。我非常焦虑，担心仪器万一出点什么差错，拍的照片就会毫无价值。"

威廉从来没有这么高兴过，从来没有享受过更好的视宁度（seeing）——这是天文学家表示大气条件的术语。他太喜欢安第斯山脉这种澄澈而宁静的山间空气了，这使他能以前所未有的精细度，分辨出月球和行星表面上的细节。尽管在哈佛为秘鲁规划的项目中，没有一项是以太阳系为研究重点的，但是如今，行星吸引了威廉全部的注意力，使他几乎没有时间顾及测光工作和光谱学了。虽然威廉早期曾专注于摄影技术，但他在阿雷基帕时的兴趣又退回到了目视观测的老路上。在加州时，他曾用13英寸的博伊登望远镜拍摄日全食；但在运往南方的旅途中，它的转仪钟（clock drive）损坏了，因而暂时不适合进行长时间曝光拍摄。在新部件到位前，威廉都可以自由地通过这台设备尽情地欣赏天文景观。它有一个可翻转的镜头，因此既适合目视观测，又适合拍摄。甚至在这架13英寸望远镜完成了所需的维修，准备好拍摄最亮的那些南方恒星的光谱之后，威廉还是更愿意透过它的目镜进行目视观测，并勾勒出火星的地形图。

45

当威廉在秘鲁玩忽职守时，巴黎的曼托瓦也让其他的透镜订单排在了哈佛的前面。布鲁斯小姐委托一位住在法国的世交J. 克利夫斯·道奇（J. Cleaves Dodge），作为自己的代理，前去拜访这位玻璃制造商，希望能敦促他开始为她的望远镜服务。

布鲁斯小姐在1891年10月1日告诉皮克林："我们运气不佳，确实不佳——请接受我深切的慰问。又多了一个导致延误的理由——在你拿到所有这些透镜盘之前，你的白头发都要长出来了，而我呢，我将长眠在阴凉的绿林（公墓）。但是请读一下道奇先生的来信吧。"

信内描述了一次长达半小时的诚挚交谈，M. 曼托瓦向道奇先生解释了"冕火石玻璃（Crown and Flint glass）的奥秘。要像他那样生产和处理，得是个真正的炼金术士才行"。这没怎么夸张。望远镜镜头需要用最高质量的材料制成的玻璃，而这些材料又是根据秘方混合配制的，要在有人护卫的铸造车间里以上千摄氏度高温加热几个星期。术语"冕"与"火石"代表了两种基本类型的玻璃，其不同之处在于，后者里面加入了一定量的铅。单独使用时，不管是冕玻璃，还是火石玻璃，制出的透镜都会使不同波长的光具有不同的焦点，从而产生被称作色差的混乱的颜色失真。但是，合在一起，"冕"与"火石"会彼此校正。正如约瑟夫·冯·夫琅和费在19世纪初表明的那样，由一块冕玻璃凸透镜和一块火石玻璃凹透镜，配对形成的"双合透镜"（doublet），可以让焦点对得更准。

　　道奇在给布鲁斯小姐的报告中继续写道："制造透镜的麻烦之处，似乎在于烧制最佳样品时发生的多次事故，这是人类智慧无法预知的。"曼托瓦在加工另一所大学委托的40英寸透镜时运气欠佳，浪费了好几个月，因此无法肯定什么时候能满足哈佛的要求，尽管他也很希望能够做到这一点。道奇逐字复述了那个人的困境："M.曼托瓦说：'你知道，我跟大家一样想要完成这项工作，因为在完成之前我拿不到一分钱，但是我只能交付完全令人满意的产品。此外，烧制模具让我一直处于高度焦虑状态；我将炉管与我的床连到了一起，就是为了在夜晚炉火变凉时向我发出警告；而且，哪一位值夜班的人睡着了，都可能给我带来无尽的烦恼和损失。'"道奇在离开曼托瓦的工厂时，完全相信制造业中没有哪一行"比望远镜玻璃工更容易惨遭失败"。

46

* * *

对万余颗恒星进行了分类之后，米娜·弗莱明又将自己的组织才能转向了编排不断倍增的玻璃底片。计算室和图书馆的许多架子和橱柜里，塞满了数不清的照片。她觉得它们所需的储存空间很快就会超出天文台里所有可用的空间。与此同时，她按照所使用的望远镜和照片类型对它们进行了归档：对每一片天空进行测绘的星图底片（chart plates）、群组光谱、单颗明亮恒星光谱、星像迹线，如此等等——每一张都装在一个牛皮纸套里，每个纸套上都标着编号、日期和其他用于识别的细节，而所有这些都会在一份卡片目录的索引卡上重复一遍。她将这些底片侧立着，而不是摞成一沓，以方便取用。当助手们对每一个新批次的照片进行核查、测量、讨论和计算时，每天都有可能需要重新用到这片或那片已储存的底片。比方说，当弗莱明太太发现一条光谱线，看起来像是具有变星的特征时，她不需要等待进一步的观测，去证实她的猜想。过去的证据当即就可以给她提供证明。她只需去查看她的记录，看哪些照片包含了那片天空，然后再从那一摞里抽出相关的底片，将这颗恒星当前的状态，与它过去的所有表现形式进行对比。

弗莱明太太在对她的方法进行总结时指出，"因此，你需要的材料都在手边，随时可以使用，而不像目视观测者那样必须等待"很长一段时间，也许还是无限期的等待。此外，底片胜过目视观测者报告之处，还在于："对于观测者这种情况，你只有他的陈述，告诉你某个天体在他独自一人看到它的那个时候，是什

么样子的；而在这里，你有一张照片，那上面每一颗恒星都可以
诉说自己的故事，而且随时（无论是现在还是未来若干年后）都
可以被拿来与同一片天空的任何其他照片进行比较。"

1891年初，弗莱明太太在海豚座发现了一颗新变星，在皮
克林台长的支持下，她将自己的发现发表在《星际信使》（*Sidereal Messenger*）上；后来，其他机构两位训练有素的观测者，
肩负起对这项发现进行验证的工作。两人都对她的见解提出了异
议，声称那颗恒星不是变星。但是，当这两位天文学家聚在一起
讨论他们的结论时，才意识到他们两个人观测的不是同一颗恒
星。事实上，他们观测的这两颗恒星根本不是弗莱明太太观测的
那一颗。她几乎有点自鸣得意地说："用照相星图（photographic
charts）进行比较时，就不会出现这种错误。"

探测新的变星成了弗莱明太太的强项。尽管在她成为天文台
职员时，这种变化不定的星星已为人知的还不到200颗，但是在
她受雇的这10年间，一下子就增加了100颗，而其中的20颗都
是她本人发现的。她最早的那些发现都是这样做出的：通过恒星
在照相底片上留下的光点大小，来测量它的星等，并在随后的照
片上，注意哪些光点会改变大小。光谱为她提供了一条更便利的
途径。等她熟悉了几颗知名变星的光谱特征之后，她差不多一眼
就能在其他恒星的光谱中，辨认出类似的特征。比如说，在一些
暗色氢谱线中出现了几条浅色氢谱线，就表明那是一颗亮度即将
达到顶点的变星。

弗莱明太太在搜寻新变星的同时，也密切关注着以前发现的
变星。台长非常希望监测变星的光谱随着时间是如何变化的，以

及这种亮度变化与夫琅和费谱线的外观之间存在着怎样的关联。

1891年春，弗莱明太太注意到一颗熟悉的变星——天琴座β星（Beta Lyrae）有些不同寻常。人们对它具有可变的特性的了解已有百年的历史了，但是如今看着它放大之后的光谱，她意识到双重谱线意味着，天琴座β星属于新定义的分光双星这个群体。也就是说，原本以为的一颗星实际上是两颗恒星。

48　　莫里小姐也对天琴座β星感兴趣，甚至将其当作自己的分内之事，因为天琴座是北方天空中的一个星座，而她一直在负责北方天空中最亮的约700颗恒星。她跟皮克林和弗莱明太太一道，对包含了天琴座β星的29张德雷伯纪念项目的底片进行了复查。莫里小姐的分析表明，这颗双星不像开阳和御夫座β星那样，包含两颗相同的恒星，而是包含两颗不同类别的恒星，它们分别以各自的速率变化，而变化的原因也各不相同。她开始构建一种理论，来描述它们之间关系的性质。

皮克林希望在1891年底之前发表莫里小姐对北方天空明亮恒星的分类，作为弗莱明太太1890年《德雷伯恒星光谱星表》的续篇。不幸的是，莫里小姐似乎完全没有准备好发布其结果。她的两级分类系统同时对谱线的特征和品质进行了处理，这需要煞费苦心的精确性。问题的复杂性不允许偷工减料。尽管她缓慢的进度令皮克林感到不安，但他也不能责怪她懈怠。她在附近的吉尔曼学校（Gilman School）又找了一份当老师的差事，同时还要勤勤恳恳地完成天文台的工作，他都担心她不顾惜身体健康了。德雷伯夫人也对外甥女失去了耐心。她在12月初某次访问天文台之后，给皮克林写信说："我确实希望安东尼娅·莫里努力点,更令人满意地完成她手头的工作。"

皮克林每天都到计算室来监督助手们的进展。莫里小姐总是避免和他碰面。她经常在回家时感到疲惫和不安,多次向家人抱怨说,台长的批评动摇了她对自己能力的信心。因为在这种情况下无法继续,她在1892年伊始辞去了天文台的工作。在接下来的几个月里,她与皮克林就她未完成项目的命运进行了协商,她拒绝放弃,也不同意将它们转交给其他人。

她在5月7日写道:"一段时间以来,我都想向您解释,我对结束我在天文台的工作有何感受。我很愿意也很渴望让它处于令人满意的状态,这既是为了我自己的荣誉,也是为了纪念我的舅舅。如果在这项工作还没进展到可以算是由我完成的程度之前,就将它交给别人,我觉得那对我自己是不公平的。我的意思并不是说,我必须完成这种分类的所有细节,而是说我应该对这项研究的所有重要结果,给出一个完整的陈述。我费了很大的心思,进行了详尽的比较,才得出这种理论。我认为,我关于恒星光谱关系的理论,以及我关于天琴座 β 星的几种理论,都应该得到充分的肯定。不管这些结果什么时候发表,届时我将因为自己以书面形式记下了这些事情而获得荣誉,难道这不是很公平的吗?"

皮克林随时准备给她庆功。他只是希望自己能对此事何时发生有点概念。

* * *

莫里小姐在1892年伊始离任时,法国方面刚好寄来了经过漫长等待的布鲁斯望远镜透镜盘，其中两块是火石玻璃的，两块是冕玻璃的，每一块直径为2英尺，厚达3英寸，重约90磅，边上带着金属箍。这些玻璃毫无瑕疵的纯净度，使得它们完全透明，这也正是它们的美丽所在。皮克林马上将它们委托给克拉克公司，进行至关重要的研磨和抛光。他预计，将这些透镜盘磨制成四元肖像镜头（four-element portrait lens），至少需要在克拉克公司蒸汽驱动的机床上待上漫长的6个月。这些玻璃首先要用粗砂轮打磨，再用极细的脂粉打磨，直到它们具有理想的曲率。

在打磨过程还在进行的时候，皮克林又规划建一间独立的房子，用于对这台仪器进行装配和完工后的测试。布鲁斯望远镜必须通过他本人的严格测试之后，才能运往阿雷基帕。阿雷基帕相应地也需要做好接收它的准备工作。5月29日，他通知让他失望的威廉，其南半球台长的任期到年底结束，届时索伦·贝利将接替他。如果愿意，威廉以后还可以返回这个站点进行观测，但他将不再是负责人。

威廉觉得这种侮辱令人难以接受。他在1892年6月27日争辩道："不是我自夸，我认为我已经完成了一件相当了不起的大事，如果学校当局（校长和哈佛董事会的委员们）看得到这一点，他们也会说，我将他们的钱派上了好用场。"屈居贝利之下的想法，尤其令威廉感到愤慨："至于让我们再回到秘鲁来，住在小窝棚里，而贝利一家却占据着台长居所，那是不可能的。我规划并建造了那个宅子，而且我在秘鲁时就打算住在里面。我不会选择住在一个破房子里，而听任我的一位下属占据我建造的宅子。"

　　整个1892年夏天，威廉都趁着火星靠近之际对它进行研究，以此作为自我安慰。正如他在《天文学与天体物理学》(*Astronomy and Astro-Physics*)上报告的那样，从7月9日到9月24日，除了一晚之外，他每晚都对这颗红色行星进行观测并绘了图。他收集了火星极冠的"大量数据"；火星极冠是两大片"略带绿色的"阴影区域，它们在有利条件下会变蓝，"据推测是因为有水在起作用"。他将这些区域称作"海"。他印证了意大利人乔瓦尼·斯基亚帕雷利(Giovanni Schiaparelli)最早发现的一种现象——火星上存在许多"运河"，并注意到它们中有不少相互交叉——他称这些交叉点为"湖"。威廉将与此相同的一些发现，发给了《纽约先驱报》的编辑们。消息刊登后，产生了轰动效应。8月24日，爱德华·皮克林恼火地向威廉抱怨说：火星上的水在一个早上，就引发了由49份剪报形成的"洪灾"。他警告威廉要自我约束，"更明确地凭事实说话"。

　　同时，爱德华和莉齐·皮克林夫妇正准备对天文台东翼的"住宅房屋"进行翻修。尽管他们没有孩子，个人也不需要更大的空间，但他们还是自掏腰包扩大了天文台公寓的地盘，以便能安置和招待来访的天文学家。对于学院继续从他4 000美元的年薪中，扣除相当于房租的金额，皮克林毫无怨言；但是他请求，以后每个月都将这笔钱划拨给天文台专用，而不是像通常那样，在全哈佛范围内使用。尽管天文台经常从积极的捐赠人那里获得捐赠，也会接受一些重要的新遗赠，台长还是担心：也许需要多年，才能让预算形势从威廉在秘鲁的铺张浪费中好转过来。

　　对威廉的言行失检毫不知情的布鲁斯小姐，关注着他在天文

51

学刊物上的发表。她在8月份给皮克林写信说："你弟弟在5月号的《天体物理学》上发表的两篇文章，为我带来了极大的快乐，也促使我想到你们这样携手合作时一定感到很幸福。"她设想，爱德华和威廉之间的关系，也像她与小她10岁的妹妹玛蒂尔达一样密切——玛蒂尔达跟她住在一起，并在许多方面给了她帮助。

在接下来的这一个月里，皮克林和布鲁斯小姐才真的有理由同时感到幸福了。她在听说那架大型照相望远镜的镜头，通过了首轮查验之后，在9月9日热情洋溢地写道："我要紧紧地握住您的手，让我们一起欢庆吧！"

10月，像是要赎罪似的，威廉又在阿雷基帕重新开始为亨利·德雷伯纪念项目进行拍摄了。截至1892年12月底，他向剑桥市运送了2 000张底片。

* * *

几乎是从恒星开始在哈佛的玻璃照相底片上积累的那一刻开始，台长就担心它们会遭到火灾破坏。随着收藏量的增加，对天文台木质建筑一旦着火所造成的损失的忧虑，就更令人感到极度不安。皮克林的熟人几乎个个都被大火焚毁过一些有价值的东西。比如说，德雷伯夫人家原来拥有的一家位于联合广场的剧院，在1888年被烧成了灰烬，它的重建还在继续让她感到悲伤。因此，她在某种意义上成了防火漆方面的专家，隔段时间就极力主张在天文台使用它。

皮克林青睐的是另一种解决方案。1893年，他宣布一座两层的"防火建筑"落成。它完全由砖建成，将用于安全储存玻璃底片与尚未发表结果的手稿。这座很快就被大家称作"砖砌建筑"的房子，使皮克林长达15年的场地改善的努力达到顶峰。从兴建多个望远镜圆顶室和防护外罩，到将麦迪逊大街上邻近的房子改造成一间摄影工作室和暗室，都是他多年来的努力。套用记者丹尼尔·贝克（Daniel Baker）的话来说——布鲁斯小姐委派他撰写哈佛天文台的台史——曾经由单座建筑占主导地位的这座山顶，已变成了一个"小型的科学城"。

52

在弗莱明太太的监督下，这3万张玻璃底片，被装进了300个木箱。1893年3月2日，工人们在天文台西翼的屋顶与新仓库的一个窗户之间，安装了一个滑轮组。接着，他们将大约8吨玻璃底片，以每分钟一箱的高速度，沿着这条高空索道滑了下去。尽管滑行过程摇摇晃晃，却没有一片玻璃开裂或粉碎。

弗莱明太太和大多数计算员，自然都跟着这些底片一起，搬进了新房子，以保持与它们的近距离。她们通过铺设在两栋房子间泥泞的沟渠之上的木板，由地面走了过去。当莫里小姐在春季回来，加入她们的队伍时，皮克林要求她承诺，在年底前完成她的分类工作，不然就要将这项工作转交给其他人。她签署了一份声明，表示同意。

如今，天文台有17位女性计算员了。也就是说，在天文台的40位助理中，几乎有一半是女性——即将在芝加哥召开的天文学与天体物理学大会上，弗莱明太太有意在特邀发言中，对这一事实予以强调。

大会的名称让人注意到，天文学界越来越强调通过光谱学来研究恒星的物理性质了。有些自封的天体物理学家，已经让自己疏远了更传统的观测者，因为后者专注的是恒星的位置或彗星的轨道。乔治·埃勒里·海尔（George Ellery Hale）大力宣扬了这种新趋势。他还是麻省理工学院的学生时，曾短暂地参加过哈佛的项目；后来，他在1890年回到出生地芝加哥，建立了他本人的肯伍德天文台（Kenwood Observatory）。也就是这位海尔，在1892年说服了《星际信使》的编辑，将杂志改名为《天文学与天体物理学》。还是这位海尔，组织了在1893年8月召开的天文学与天体物理学大会。他特意安排大会的时间与芝加哥世博会（又称哥伦布博览会）相重叠，这样来自东西海岸和其他大洲的天文学家，就更加有动力前来参会了。

53   海尔邀请皮克林在大会上给科学家同行做开场演讲，并为参加世博会的大众举行一场覆盖面更宽、专业性较弱的讲座，给他们普及恒星的构成方面的知识。海尔还请求举行一次图片展，展示哈佛学院天文台的工作，以及它在剑桥和阿雷基帕两地的实体设备。皮克林将在新的砖砌建筑中工作的女性的照片纳入了展览之列。

皮克林提前很久就开始准备他的大众演讲的讲稿。它是这样起头的："关于恒星的构成，我们唯一的知识源自对它们光谱的研究。"

弗莱明太太也为天文学与天体物理学大会准备了一篇特约论文。前一年夏天，两个妇女权益联盟，在芝加哥合并成了一个"美国全国妇女选举权协会"（National American Woman Suffrage Association）。这一年，就在世博会于1893年5月开幕后不久，两位妇女参政论者朱莉娅·沃德·豪（Julia Ward Howe）和苏珊·B. 安东尼（Susan B. Anthony），发表了一系列慷慨激昂的演讲。尽管弗莱明太太完全赞同平等原则，但她不是美国公民，妇女们为争取选举权进行的斗争不是她的斗争。她为之奋斗的事业是，女性在天文学中的平等权。弗莱明太太在她的芝加哥论文中说："尽管我们不能确保女性在所有方面都与男性平等，但是在许多事情上，她的耐心、毅力和方法，都使她更胜男性一筹。因此，让我们希望，在天文学中，也会像在其他几门学科中一样，她至少可以证明自己跟他是平等的，因为天文学如今已为女性的工作与技能，提供了一个很大的发挥空间。"

哥伦布博览会的白城有200栋宏伟的建筑，安娜·德雷伯在6月中旬前往参观时，觉得里面的许多展品都令她着迷。妇女馆是由索菲亚·海登（Sophia Hayden）设计的，她是首位从麻省理工学院获得建筑学学位的女性；其内部的壁画和绘画，都是由玛丽·卡萨特（Mary Cassatt）之类的著名女艺术家创作的。其他不容错过的亮点还包括电力馆70英尺高的电灯泡之塔，农业馆用巧克力塑成的重达1 500磅的断臂维纳斯。在制造馆里，德雷伯夫人抬头凝望一架新望远镜的巨大基墩和镜筒，不久之后，它将被运到威斯康星州日内瓦湖滨的永久安装点。它的镜筒还是空的。它40英寸的物镜——在曼托瓦的巴黎工厂，就是这个庞然大物与布鲁斯镜头争夺制造优先权——还在几百英里外的东部，在阿尔万·克拉克父子公司的机床上加工。

到夏末时，布鲁斯望远镜已进展到了一个关键阶段。只有威

54

廉·皮克林有空代表哈佛天文台来参加芝加哥的天文学大会。当弗莱明太太的演讲稿，在8月25日周五那天举行的会议上被高声宣读时，威廉附和她的声明，对剑桥市高效的女性力量表示了赞赏。第二天，他宣读了自己的报告《月球是一颗死行星吗?》。对于这个问题，他在报告中给出了断然否定的回答。

　　9月初，布鲁斯望远镜的第一件巨型铁质上层结构缓缓地被运上了萨默豪斯山。6个人和4匹马花了一整天时间，才安置好两吨重的基座。看着安装工作这项"笨重活"，缓慢地进行了两个多月之后，爱德华·皮克林才拿到必要的证据，得以宣布：建造巨型望远镜的这一宏伟事业完全物有所值。

　　11月19日，他在写给布鲁斯小姐的信中说："我们已经拍到了一些非同寻常的照片。现在我可以很有把握地向您汇报，它一定会取得成功，也可以祝贺您建成了世界上最好的一架照相望远镜。"

第四章

新 星

　　天空中最让天文学家吃惊的是，在原来什么也没有的地方，突然出现了一颗新星。充满传奇色彩的丹麦天文学家第谷·布拉赫（Tycho Brahe），在某个夜晚观测天空并看到这一景象时，称之为"世界创始以来，整个自然界中展现出的最大奇迹"。第谷将自己目睹的这次1572年奇迹，记录在《论新星》（*De nova stella*）中。他在文中据理力争：亚里士多德称天空永恒不变是错误的。这颗新星突然出现，随即又在一年后消失无踪，都证明了月球之外的天域是可能发生变化的。

　　在第谷于1601年去世后不久，另一颗新星突然迸发出夺目的光彩。在帕多瓦的伽利略和在布拉格的约翰内斯·开普勒（Johannes Kepler）两人，都观察到了1604年这颗璀璨的新星，它太亮了，连着三个多星期，在大白天都能看到。尽管在接下来的几个世纪里，再也没有出现与之相当的肉眼可见的新星，但是在1670年和1892年之间，有几位幸运的天文学家，刚好将他们的望远镜在正确的时间对准了正确的方位，又发现了七颗新星。再后来，米娜·弗莱明也发现了一颗。1893年10月26日，当她俯身于光学实验台之上，用放大镜对新近从秘鲁寄来的照相底片进行常规性查看时，她捕捉到一颗恒星，具有新星所特有的光谱——十几条显眼的氢线，条条都很明亮。

台长发电报将这个令人兴奋的消息告诉了索伦·贝利，就是他在3个多月前的7月10日拍摄了这张照片。皮克林希望，贝利拍的新照片，可以揭示那颗新星还遗留了什么东西——如果还有遗留的话。同时，弗莱明太太通过照相底片回溯过去，看它出现之前是怎样的情形，但是在同一个区域以前的照片上，没有发现任何踪迹。这颗恒星以前肯定非常黯淡，然后再从默默无闻一跃而成七等星。

这颗新星所在的星座，是法国天文学家尼古拉斯·路易斯·德拉卡伊（Nicolas Louis de Lacaille），在18世纪中叶向南航行时确定并命名的。其他人也许会在那里看到野兽或神灵，拉卡伊看到的却是14种现代科学仪器，从显微镜座（Microscopium）和望远镜座（Telescopium），到唧筒座（Antlia 或 air pump）和矩尺座（Norma，原来叫 Norma et Regula，即勘测员用的角尺与直尺）。如今，多亏了弗莱明太太，这个小小的毫不起眼的矩尺座声名鹊起，成了用光谱摄影术探测到的第一颗新星的家。有历史记载以来，人们只不过观测到了10颗新星，而这第10颗是属于她的。

在矩尺座新星之前的最近一颗，是1891年发现的新星。一位爱丁堡业余天文爱好者，借助望远镜目视观测到它后，用匿名明信片提醒了苏格兰皇家天文学家[①]（Scottish astronomer royal）。

① 1995年之前，苏格兰皇家天文学家是爱丁堡皇家天文台台长的头衔，现在是荣誉职位。——编者注

这次及时的通报，使得牛津和波茨坦的天文台，在发现它之后的几天内就对它进行了拍摄。如今，皮克林将那颗新星的光谱照片和矩尺座新星的光谱照片并排放在一起。两者几乎完全相同。它们合在一起，为"由 M. 弗莱明太太"做出的新发现，给出了理想的阐释。皮克林在11月初向《天文学与天体物理学》投稿，报告了这个新发现。他在文中指出："这两颗新星之间的相似性很有意思，因为如果可以用其他新星证实，那就表明它们属于一个化学组成和物理条件都彼此类似的独特类型。"更重要的是，它们的相似性使弗莱明太太能做出这一发现——而在她继续对亨利·德雷伯纪念项目收集的光谱进行筛选时，这种相似性有可能会指引她找到其他新星。

皮克林将新星——任何新星——当作最终的变星。新星在他定义的五种变星中名列第一。正如天文学家在努力理解恒星性质的过程中，将大量的恒星根据颜色、亮度或光谱分成了不同类别，更罕见的变星也可以根据它们的表现形式进行分类。新星，是一颗"暂星"，它在其生命周期中只闪耀和消隐一次。这样一来，它短暂的光彩就使其所属的类型 I，跟"长周期"的类型 II 区分开来；后者经历的是缓慢的周期变化，历时一两年，由皮克林的志愿者业余团队进行监视。类型 III 只会发生微小的变化，用小望远镜不容易追踪到；类型 IV 在短时间里会发生连续的变化；而类型 V 表现为"食双星"，即周期性地遮挡对方光线的一对恒星。

对新星亮度急剧提升的原因，人们只有感到惊叹的份儿。某种东西（也许是恒星碰撞？）让恒星释放并点燃了巨量的氢气。

两颗最近发现的新星的光谱，完美地描绘出了氢气燃烧的景象。如果皮克林早点意识到了这次爆发，而不是在该事件发生之后的15个星期才觉察，他有可能会追踪到矩尺座新星缓慢的衰落，看着它明亮的谱线逐渐变暗，直到光谱恢复到一颗正常恒星的模样。

* * *

索伦·贝利对自己没有注意到矩尺座新星并不感到后悔。他受托完成的任务是，维持阿雷基帕观测站日复一日的运行，在夜晚进行一轮又一轮的拍摄，并及时将照相底片运回哈佛。尽管他查看了每一幅图片，保证它能达标，但跟通常一样，更仔细的审视任务，都交由剑桥市这边的助理和计算员团队来承担。他很高兴地跟大家一道，向已被祝福包围的弗莱明太太表示了祝贺。

自从贝利在1893年2月底重返阿雷基帕以来，他越来越迷恋在纯净的南方星空中可以看到的巨大球状星团。这些天体，在肉眼看来，每一个都只是模糊的一小片或一颗朦胧的星星，但是通过小型望远镜观看，它们是具有星云状光亮的球体，核心处稠密，朝着边界方向逐渐淡化。用13英寸的博伊登望远镜观看，这些星团又分散成多个恒星"蜂群"。它们里面包含的个体数目极为庞大，为贝利对其进行"普查"提出了挑战。贝利在1893年5月19日晚上，用长达两小时的曝光，对一个星团进行了拍摄，从而开启了这方面的工作。他在另一块玻璃板上用尺子画出了400个微小的栅格。他将这个栅格板叠放在底片上面，再将它们一起放在显微镜下，然后数出每个格子里的恒星数。贝利在6月向《天文学与天体物理学》报告说："目镜中的十字叉丝，又将每个格子分成4个小格，这有助于防止点数时出现混乱。"尽管如此，他还是请露丝·贝利重数一遍来确认。当他看到妻子得出的数目有点超过了他自己的，就将两人的结果进行了平均，并得出结论：名叫半人马座ω（Omega Centauri）的那个星团里，至少包含了6 389颗恒星。考虑到极度拥挤的中心部位很难进行估算，他补充说："不过，可以确定无疑的是，这个灿烂的星团包含的恒星总数，会比这个数目高出许多。"接着，他又对星团的每个成员进行了亮度测量，每次测一行，将每颗恒星跟它的邻居进行比对，得出了一列数字——8.7，9.5，8.8，8.5，9，8.8，9.2，等等。

贝利认为他也许可以将毕生精力投入对星团的研究中，但是不会以牺牲日常的职责为代价。他保证了星图底片和光谱底片源源不断地产出。他在哥哥欣曼（Hinman）的帮助下，在埃尔米斯蒂火山的峰顶建了一个新的气象站，这是当时世界上最高的气象站。他们的弟弟马歇尔，对初次秘鲁探险中令人精疲力竭的工作心怀不满，拒绝参加阿雷基帕第二轮活动，而进入了巴尔的摩市内外科医学院（College of Physicians and Surgeons）就读。

球状星团很快就被证明是猎捕变星的富饶猎场。8月，弗莱明太太在半人马座ω星团里找到了第一颗；皮克林在几天后又找到了一颗。随着这类发现的快速增加，哈佛内部产生了不满情绪，有人对天文台的发现流程进行了攻击，这严重损害了它们的可信度。

　　塞思·卡洛·钱德勒（Seth Carlo Chandler）是个变星迷，1881年至1886年期间，曾在皮克林手下担任过研究助理和彗星轨道计算员。从这个职位上离任后，他继续为天文台工作，帮忙向全球天文学界发送电报，提醒彗星观测时间和其他天文现象发现的时间敏感信息。1888年，他发布了一份变星星表，并配上了他本人对它们的可变性所进行的详细数值分析。跟皮克林一样，他也欣赏并鼓励业余志愿者参与变星研究，但是对于发现变星的最佳方法，他与台长存在分歧。钱德勒更喜欢久经考验的目视观测技术。因为他不信任用光谱摄影进行的探测，他在1893年发布的第二份星表中，忽略了弗莱明太太几乎所有的最新发现。在一个附录中，他还将她发现的十几颗变星描述为"据称如此但未被证实"，进一步增加了对她的冒犯。更糟糕的是，1894年2月，钱德勒在备受尊敬的国际期刊《天文学通报》（Astronomische Nachrichten）上，指责《哈佛天文台纪事》所发表的整个哈佛测光星表（Harvard Photometry）研究工作是靠不住的。他列举了用皮克林的中天光度计进行变星监测时，所出现的15处"严重错误"。在每一种情况下，列出的某个给定日子的星等，要么与其他可靠观测者的报告相冲突，要么与所研究的变星的已知模式相冲突，这表明光度计聚焦在错误的恒星上了。也许这种仪器本来就存在致命的缺陷。如果它从来就没有可靠地对准过，那么误认就有可能触目惊心，所做的工作也就毫无价值了。

　　钱德勒的一个同事，将这些指责摘要发表在1894年3月17日的《波士顿晚报》（Boston Evening Transcript）上，供大众消遣，并断言"不利言论的影响如此广泛，又是来自钱德勒博士这样一位如此有名的权威，这要求当事方给出一个让科学界同人满意的解释"。

据说皮克林喜欢讨论，但是拒绝争辩。在被迫做出某种反驳的情况下，他给《波士顿晚报》的编辑写了一封简短的书信，并在3月20日刊登了出来。他称这次攻击"毫无根据"，并补充说，其中提出的问题"在本质上是科学方面的"，因此"不适合在一份日报上进行讨论"。皮克林承诺将"通过合适的渠道"给出完整的回复。与此同时，纽约和波士顿的新闻社还在继续喋喋不休地谈论着这件事。

德雷伯夫人从皮克林那里获得了关于这场闹剧的第一手资料，也在《纽约晚邮报》(*New York Evening Post*)上阅读了所有相关报道。钱德勒攻击皮克林的测光工作让她觉得非常荒谬——这项工作已获得英国皇家天文学会的金质奖章、美国国家科学院的亨利·德雷伯奖章以及法国科学院的本杰明·瓦尔兹奖(Benjamin Valz Prize)。在她看来，是皮克林的成就引起了钱德勒的嫉妒。

1894年5月号的《天文学通报》上，刊登了皮克林的正式回应。他承认，钱德勒指出的15颗变星，在《哈佛天文台纪事》上确实出现了误认，但是它们是孤立的、可理解的事例。至于钱德勒涉及面更广的指责，皮克林回应道："有点像这样的逻辑：一个医生医治的霍乱病人有20%的死亡率，难道据此就可证明，他在普通疾病的诊疗过程中也会同样不幸。"

但是，整个夏季期间，几家报纸还在继续报道"天文学家间的战争"。哈佛校长查尔斯·埃利奥特始终维护着天文台。7月

31日，他提醒皮克林说："就像我以前对您说过的那样，对付这种批评以及所有其他批评的最好办法，就是做出更多新的好工作，我毫不怀疑您已决意如此。关于此事，我主要的担忧是：它不要扰乱您平静的心情或者妨碍您的科研活动才好。刚开始肯定会有一点；但是我希望这只是暂时性的影响，随着时间的流逝会淡化。如果情况并非如此，请让我重申我们上次交谈时对您说过的话——您应该去好好地休个假。"

皮克林一家计划好的新罕布什尔州怀特山假期，让台长的心情平复了一些。那个秋天，当波茨坦天文台的一份新的测光星表问世时，他感觉更好了。它上面的数据与哈佛确定的无数个星等几乎完全吻合。

* * *

威廉·皮克林很不情愿地放弃了他在阿雷基帕的房屋和权位，离开秘鲁，经由智利回国了。在智利，他还观看了1893年4月16日发生的日全食。他刚在剑桥市重新安顿下来，就开始筹划下一次观测火星的机会。1894年10月将出现轨道成直线排列的有利条件，这对威廉而言是令人无法抗拒的好机会，让他能在1892年的基础上做进一步的观测。他运气很好，身处赤道之南时，那里是对上次接近的火星进行观测的理想地点。这一次，美国西南部又提供了最理想的视角。对威廉而言，更幸运的是，前往亚利桑那领地的费用，已由珀西瓦尔·洛厄尔（Percival Lowell）提供。这位富有的洛厄尔先生，最近对行星天文学产生了浓厚的兴趣，并需要一位专家，在他第一次正儿八经地涉足这个领域时提供指导。洛厄尔是一位波士顿婆罗门[①]（Boston Brahmin），也是哈佛校友，他通过阿巴拉契亚山俱乐部，在社交时结识了皮克林兄弟。

爱德华·皮克林批准威廉停薪留职一年，去参加洛厄尔的"亚利桑那天文远征"。他还同意让洛厄尔以175美元的租金（相当于设备造价的5%），租用一架12英寸克拉克望远镜及其支架一年。洛厄尔和威廉还成功地与另一家望远镜制造商——匹兹堡的约翰·布拉希尔（John Brashear）达成了协议，租用另一架更大型的仪器——18英寸折射望远镜，以进一步推动他们的事业。7月14日，欢欣鼓舞的威廉从弗拉格斯塔夫（Flagstaff）给爱德华写信说，亚利桑那的视宁度可以与阿雷基帕的相媲美。

而在阿雷基帕本地，贝利试图评估秘鲁已开打的内战，会对哈佛观测站造成多大的危险。这个国家作为玻利维亚的盟友，在跟智利发生了多年武装冲突之后，仍然处于重建阶段，需要偿还国际债务，还得平定国内动乱。早在1893年7月，贝利就半开玩笑地提议，在有需要的时候，"要将镜头卸下来，用望远镜镜筒发射大炮"。两个月后，在对可用的自卫武器（"两三把左轮手枪"）进行了严肃评估之后，他得出结论：在遭到武装攻击时，最明智的举动是投降，"并靠政府提供补偿金"。作为预防，他囤积了额外的补给，并给门窗装上了沉重的木制百叶窗。这些措施

---

① 波士顿婆罗门又称波士顿精英，这一说法最早出现于19世纪60年代，指波士顿传统上流社会人士。他们往往与哈佛大学、新教圣公宗，以及上流社会的俱乐部有所关联。——编者注

都还没完工，阿雷基帕就爆发了骚乱和枪击，并将政府军引到了城里。1894年4月，弗朗西斯科·莫拉莱斯·贝穆德斯（Francisco Morales Bermúdez）总统在利马去世，随后升级的暴力冲突，使得副总统无法继位。贝利在观测站与道路之间加建了一道土坯墙，然后沿着北面设施，即朝向如今已成为叛乱分子占据区的一个村子的方向，又建了一道墙。叛军还控制了哈佛山原观测点的周边地区。

春季选举让前总统安德烈斯·阿韦利诺·卡塞雷斯（Andrés Avelino Cáceres），得以在夏天重新掌权，但是政治形势仍然不稳定。天文台尽可能地继续开展正常活动。9月初，助理乔治·沃特伯里（George Waterbury）还是像从前一样，每过10天左右，去查看一下安装在埃尔米斯蒂山顶的气象测量仪器。他在到达19 000英尺高的顶峰时，发现气象棚已被人故意毁坏，好几台仪器都被偷走了。

* * *

安东尼娅·莫里在1894年9月2日，从加拿大新斯科舍省北悉尼（North Sydney, Nova Scotia），给中央公园气象学家丹尼尔·德雷伯写信说："亲爱的丹舅舅，我在这里度过了一段非常愉快的时光，过去三个星期，我得到了很好的休息。但是，我还是太懒，没能为冬季做出任何的规划。我必须在剑桥市待两个星期左右，去完成一些零碎工作。然后，弗莱明太太将负责这部作品的印刷工作，我就自由了。我有点想跟卡洛塔（她妹妹）一起去康奈尔大学学习，但是也可能决定独自留在波士顿，因为那里有很好的图书馆资源可供我自学时使用。”

莫里没能在约定的最后期限——1893年12月1日之前，完成她在天文台的工作，但是现在觉得已接近完工。不幸的是，余下的"零碎工作"还是让她应接不暇，特别是她这学期刚好又开始承担了教学任务。她父亲米顿·莫里牧师没有固定的职位，无疑也增加了他女儿的压力。他在11月12日向皮克林表达了他的忧虑，他在信中写道："我希望您能尽力为莫里小姐提供帮助，好让她完成手头的工作。最重要的是让她能离开这里。她太紧张了，经常在天亮前很久就醒过来，再也睡不着了。"9月到11月期间，随着她焦虑的增加，她前往欧洲旅行的冬季计划也逐渐成形。莫里牧师强调说："她和她弟弟将在12月5日乘船离开。因此，您将看到，必须做个了断。至于猎户座谱线，请您自己来完成，这样她就能得到一些解脱。至少，那似乎是可以让她减轻负担的一个方面。我不知道还有没有什么事情可以由其他人来完成——如果还有，请行行好，就交给其他人去完成吧。"

牧师肯定已从她女儿的描述中得知，猎户座谱线是猎户座中一些恒星特别引人注目的谱线。猎户座谱线与20条已知的氢谱线不同，与钙谱线不同，与太阳光谱中几百条典型的"太阳谱线"也不同。总之，还不清楚这些猎户座谱线代表了什么物质或什么条件，但是在莫里小姐的分类系统中，它们在前五个恒星光谱类型中占有重要地位。

莫里牧师继续说："能将这项工作完成，当然是再好不过的事，但是不能以牺牲身体健康为代价。"在附言中，他请求皮克

63

林提供一封给外国天文学家的介绍信，供莫里小姐在欧洲时使用。皮克林如其所愿地写了介绍信。

莫里牧师在12月1日再次写信说："多谢您的介绍信。这正是她需要的……也感谢您费心为这些令人困惑的猎户座谱线工作大开便利之门。我希望现在余下的工作都得到了妥善的安排，不需要'我家的天文学家'（我们都这样称呼她）牵肠挂肚了。"

因为启程的日期延后了，莫里小姐在接下来的几个星期里，还是继续在天文台工作。她对台长的一些言论感到恼火，因此莫里牧师觉得有必要在12月19日提醒皮克林：他女儿"是一位淑女，有淑女的感受和权利"。

莫里小姐本人为了给她父亲的干预辩解，也在12月21日给皮克林写了一封焦灼不安的信："我父亲之所以会激动，是因为我经常在回家时觉得很累、很焦虑，有时难免会像常人一样抱怨自己的工作。我确实经常说，您的批评从一开始就让我对自己从事精确工作的能力感到信心不足，因此自始至终我都在顶着灰心丧气施加的巨大压力工作。但是，尽管以前有好几次都为您对我说的话而生气，我却总是在最后认定，唯一的麻烦是，我这样一个天生缺乏系统性的人，不能理解您需要什么；而您在没有细致地核查所有细节的情况下，也没有看出我在寻求的那些自然关系，是不能轻易地由任何僵硬的体系得出来的。"

1月8日，她在乘火车去纽约的路上，起草了最后一封信。在信的开头，她这样写道："我很抱歉没有向您道别。"最后这个星期过得匆匆忙忙。她的轮船在第二天就要起航。"我想告诉您，我感激您一直以来对我厚爱有加，也完全理解了我过去一直不太理解的许多事情——这令我感到更加抱歉。要是我以前看得更清楚一点，我本来会采取不同的做法。我很抱歉将这项工作拖了这么长时间，但是部分原因在于我缺乏经验，还有部分原因在于，有时事实是逐渐展露真容的。我不确定我能否在更早的时候，将这件事完成得比花了一年半时间之后的现在更漂亮一点。"她希望他在阅读她的手稿时不会遇到困难，并答应给弗莱明太太一个可以收信件的欧洲地址。

"我将于明天下午两点起航——至少我相信是如此，尽管我还在怀疑自己是在做梦，所有的事情都在我脑子里搅成了一团糟。尽管在天文台的工作已告一个段落，我希望，我仍然可以得到您友好的问候和信任，对此我极为珍惜。"

* * *

曾经对威廉·皮克林的火星印象表示过怀疑的天文学家，都对珀西瓦尔·洛厄尔在那里看到的东西——不仅有带水的地表特征，而且还有智慧火星人规划的完全成熟的运河灌溉网络——感到震惊。威廉不愿这么离谱。到1894年11月时，他下定决心要离开洛厄尔，重返哈佛阵营。结果证明这一选择很明智，因为弗拉格斯塔夫那个冬天的天气破坏了那里的视宁度。

在秘鲁，季节与北半球的相反，索伦和露丝·贝利夫妇在1895年1月的几个阴天里，到莫延多（Mollendo）一个辅助气象站去解决了一个问题。在他们返回阿雷基帕的途中，一群武装人员包围了他们的火车并冲进了车厢。贝利在1月14日给皮克林写信说："车厢里马上充满了女士和儿童的'耶稣玛利亚'（Jesus Maria）和'上帝啊'（Por Dios）的尖叫声。我建议贝利太太和欧文保持安静，我认为我们不会受到伤害，结果证明也确实如此。革命者表现出了极大的自我节制，没有对我们无礼。但是，这些人乘坐他们劫持的另一列火车紧随我们之后，将我们送回了莫延多。在靠近这个城镇时，他们将我们锁在车里，列队进城，并在几分钟之内攻占了它。据说莫延多大约有3 000人，但是只有15位士兵，他们在发射了百来发子弹之后，就投降了。"

贝利一家和其他几十位暂时流离失所的乘客，在一个轮船代理人的家里过夜。第二天，当叛乱分子撤离后，忠于卡塞雷斯总统的军队收复了莫延多，贝利一家又登上了开往阿雷基帕的火车。回到家里，他们发现欣曼·贝利已将好几架望远镜的镜头卸了下来——不是像索伦开玩笑说的那样，将镜筒用于发射炮弹，而是将镜头埋了起来以保安全。带24英寸镜头的布鲁斯照相望远镜，还在剑桥市接受测试，它的延迟交付只有这一次才像是万幸。

在发生那次火车事件之后不到两个星期，阿雷基帕就遭到了猛烈的攻击。叛乱分子切断了电报线，贝利将刚挖出来的望远镜镜头又埋了起来。从1月27日到2月12日，这座城市被围困。在此期间，他写了一封像日记一样的书信，记录了每天发生的事件，附近来复枪开火的乒乓声，以及因战争与多云季节刚好巧合而感到的宽慰。"不然的话，它将悲哀地干扰我们的夜间工作。"

到3月时，获胜的叛乱分子推翻了卡塞雷斯，并建立了临时政府。计划在8月举行的新选举，似乎很可能将叛军首领——阿雷基帕本地人尼古拉斯·德·皮埃罗拉（Nicolás de Piérola）选上台。贝利一家报告说，在他们1月乘坐被劫持的火车时，不时听到一阵阵"皮埃罗拉万岁！"的欢呼声。现在，他们邀请这位久经沙场的老兵参观了天文台，并用提供点心的欢迎会招待了他的随行人员。贝利在4月15日向皮克林保证说："开销不大，只花了20美元左右。皮埃罗拉只要活着，肯定会是下一届总统，因此我觉得这是明智之举。"

66

天气变得晴好，夜间观测也恢复了，贝利又开始凝望美丽动人的球状星团了。它们中有4个包含了数量惊人的变星，他索性称之为"变星星团"。在露丝的帮助下，他对它们包含的天体进行了计数，同时也在搜寻更多的例证。

皮克林答应，将派一些更有经验、更可靠的助手去秘鲁。不久，他还会将布鲁斯望远镜运过去。他已经用它拍了1 000多张照片了，解决了它不同寻常的设计所带来的各种固有难题。比如，它巨大的镜筒（真的像是一截重型炮管）会因为自身的重量，有稍微弯曲的趋势，这样一来，长时间的曝光会将某些恒星的图像拉成长椭圆形。克拉克公司帮助皮克林增加了加固杆，并在其他方面为布鲁斯望远镜做好准备，以便送往阿雷基帕，迎接它的使命。

与此形成对比，剑桥市的望远镜都面临黯淡的前景，因为扩张的城市向天文台步步紧逼。有一项市政规划是，为了开通有轨电车，将拓宽附近的康科德大道；这引起了皮克林的担忧，害怕过往的交通会令大折射望远镜出现震颤——这架望远镜安装在数百吨重的花岗岩基墩上，用砾石和水泥浇筑固定。那些讨厌的耀眼的电灯光，已经让这台仪器威力大减。它再也看不到小彗星和星云之类的黯淡天体了。皮克林已经给各家市政办公室写过信，提议在户外照明设施上面加装遮光板，以防止它们照亮上方的大气，但他们都对此充耳不闻。由于他既不能清除也不能遮蔽街灯，他学会了利用它们。他告诉由赞助人和顾问组成的天文台客座委员会（Visiting Committee）："电灯光被证明在一个方面有好处。"他和他的望远镜助理们，每晚都需要对天空的澄澈度，进行多次的评估和再评估，以便对每小时拍摄的照片的质量相应地进行打分。测光工作要求更严密地关注天空状况，在操作中天光度计时，每过几分钟就要进行一次更新，因为哪怕是最淡的一丝云彩，也可能让亮度读数下降十分之几个星等。街灯可以让观测者注意到几乎不可见的云彩。皮克林解释说："这种效果就像月亮一样，但是这种光线是在云朵下方，而不是上方，因此就连那些在月光下淡得看不见的云彩，现在也会变得很明显。"

* * *

皮克林给莫里小姐写的推荐信，让她在罗马和波茨坦的天文台受到了热烈欢迎。1895 年，当她和她弟弟在国外旅行时，苏格兰化学家威廉·拉姆齐（William Ramsay）发布了他在实验室用钇铀矿气进行实验的结果，这些发现更凸显了莫里小姐猎户座谱线的重要性。

在伦敦大学学院工作的拉姆齐，将被称作钇铀矿的铀化合物溶解在硫酸中，并收集释放出来的气泡。他描述了这种气体的特性，并提交了一份样本用于光谱分析。它的一条谱线与一条以前只在太阳光谱中出现过的谱线波长相同——英格兰天文学家诺曼·洛克耶（Norman Lockyer）在1868年将这条谱线归因于太阳中的一种物质，并根据古希腊太阳神的名字赫利俄斯（Helios），将它命名为氦。拉姆齐的新发现证明，地球上也存在氦。他进一步表明，氦不仅存在于铀矿石中，而且存在于大气中。

洛克耶在单条谱线的基础上命名了氦，而拉姆齐则揭示了这种元素的完整光谱。氦其他的谱线，与莫里小姐离任时留给皮克林的手稿中经常提及的"猎户座谱线"完全匹配。她认为必须将关于氦的新发现，纳入她此刻正准备出版的分类之中。另一方面，可以进行重大修订的时机早已过去。她在一封"匆忙中"写给弗莱明太太的未标注日期的信中说："我不知道皮克林教授是否愿意插入这样一条说明：猎户座谱线要归因于氦。"

68

* * *

1895年夏天，索伦·贝利独自回到剑桥市，来领走布鲁斯望远镜。皮克林想让他在哈佛多待几个月，等熟悉这台仪器的操作之后，再监督仪器运往秘鲁。

露丝·贝利请她丈夫捎两件礼物给她朋友莉齐·皮克林，但是厚实的羊驼毛披肩和长袍在他的行李中太占地方，她只好附上一封信，提前寄给她。"我对这件长袍唯一的遗憾是，它需要清洗，而这里没有能清洗这种衣物的作坊，我不得不就这样寄给您。"她希望它在皮克林夫妇启程前往欧洲前能到达剑桥市。她还想以女人与女人间的方式，请求皮克林太太照顾索伦。她这样写道："因为担心天寒地冻，我非常希望贝利先生能在12月前离开剑桥市。我想请您确保他在天气变得太冷之前，启程返回阿雷基帕。男人不会照顾自己，大多数男人都需要别人照顾，他们根本想不起来必须注意自己的健康。我很担心让他走，但我也同意，确保这台仪器在运到这里时还能正常工作，对他来说是更明智的。"

她的担心听起来像是典型的妻子的忧虑，但是接下来几个月发生的事件，让它们显示出可怕的先见之明。7月，当她丈夫还在哈佛时，他们的儿子欧文突发重病。贝利收到她的电报后，火速赶回了阿雷基帕，就算是"乌鸦飞渡"①，到秘鲁的距离也超过了4 000英里，搭乘可用的交通工具所走的迂回路线就更远了。幸运的是，在父亲返回后不久，这个孩子恢复了健康。

1896年2月13日，当装载着布鲁斯望远镜的轮船进入莫延多港时，贝利正站在码头上，等着迎接它。威拉德·格里什在剑桥市拆下来这台仪器，并一路护送其部件到纽约；在那里，他尽可能地推迟将它们装船，直到上涨的潮水将轮船抬高到与码头齐平。然后他说服了船长，让他将镜头存放在轮船的保险库里，以应对长途的航行——先是沿着北美洲和南美洲的东海岸南下，再穿越麦哲伦海峡，进入太平洋，最后北上抵达秘鲁。

尽管费用会高一些，皮克林还是指定了要全走水路，避免经由巴拿马地峡走陆路捷径。他的理由是，在没经验者手上转手

---

① "乌鸦飞渡"（as the crow flew）指直线距离。——编者注

的次数越少越好。皮克林和格里什都没有想到，就算遇上最好的天气，轮船仍会在莫延多港口颠簸；也没有想到，在轮船与海岸之间为布鲁斯望远镜部件摆渡的小艇，会怎样被波浪打得摇来摆去。船长边笑边详细讲述在纽约装船时，是何等的小心翼翼。贝利也跟皮克林分享了这个笑话。他写到布鲁斯望远镜的卸货过程时说："看着沉重的部件在船工们头顶上下翻滚，实在觉得太冒险。"卸货过程持续了一整天，但是没有发生意外。用火车运到阿雷基帕后，望远镜被装上牛车，踏上了它最后一段旅程，沿着羊肠小道，它被运抵山上的观测点。

贝利为布鲁斯望远镜建造了一个带帆布覆盖木圆顶的防护外罩，并用本地的石头和砂浆砌成一个稳固的底座。到5月底，在贝利的毅力和技能得到了多次考验后，他终于拍到了令他满意的高质量照片。就在他以为对这台仪器的测试工作已经结束时，布鲁斯望远镜又经受了一次意料之外的剧震，差点翻倒。

贝利在1896年6月15日给皮克林写信说："昨天，我们这里发生了我经历过的最强地震。它发生在上午10:05。我可以清楚地看到地面在晃动，这是我从未见到过的。我当时在实验室里。我冲进附近的布鲁斯圆顶室，想看看情况怎样。整个铸件和其他东西都在明显地摇晃，镜筒在剧烈地颤抖。"但是，贝利很高兴地报告说，观测站的所有望远镜都毫发无损地经受住了这次地震的考验。

70

第五章
贝利在秘鲁拍摄的照片

　　爱德华·皮克林已经将索伦·贝利视作他在哈佛天文台当仁不让的接班人。在贝利重新执掌阿雷基帕观测站不久后，台长向他保证说："你比其他人更熟悉天文台总体上的工作，而且也具备了必要的执行能力，我想让你在工作上逐渐肩负起更多的责任。"皮克林还不到50岁，并不打算退休，但是他预计可能会休一年的学术假，也可能出于其他原因而长期不在岗。他希望贝利完成目前在秘鲁的5年任期之后，将在剑桥市"承担越来越多的行政工作"，并担负起"天文台相当大一部分的日常管理工作"。但是这种预测纯粹是他们两人之间的秘密，还没到瓜熟蒂落的时候。皮克林还可以依赖比自己年长10岁的忠心耿耿、和蔼可亲的阿瑟·瑟尔教授，让他在必要的时候顶替自己。

　　在约瑟夫·温洛克于1875年去世后，瑟尔首次担任了代理台长，主持天文台的工作，直到皮克林在18个月后接手。他在哈佛上学时，是一位古典学学者，然后在科罗拉多州当过牧羊人，担任过英语教师，在波士顿一家经纪人办公室干过文职工作，还做过家庭教师和美国卫生委员会的计算员。他的天文学家弟弟乔治·马里·瑟尔（George Mary Searle），在1869年离开哈佛天文台，就任圣职，成了一名天主教神父。阿瑟顶替了他在望远镜前留下的空缺。他预计，这项工作也跟他以前干过的那些工作一样，只是临时性的；结果，他在这个位子上安顿了下来。作为一名有条理的、可靠的观测者，瑟尔成了测光能手，尤其擅长行星卫星、小行星和彗星的测光工作。他还计算了这些天体的轨道参数，并负责记录整个天文台的气象数据。1887年，他被任命为菲利普斯天文学讲席教授，并在附近的女子大学教育学会（Society for the Collegiate Instruction of Women）授课，该学会在1894年成为拉德克利夫学院（Radcliffe College）。

尽管皮克林将天文台视为一家严格意义上的研究机构，他本人却是一位天才教育家。他曾允许一些意志坚定的女学生，选修他在麻省理工学院开设的几门物理学课程。在进入哈佛教书后不久，他又为女性开设了一些天文学课程。如今，他有充分的理由为当时的几位女学生感到骄傲了，因为她们在各自的领域里占据了"头等重要的职位"。她们包括史密斯学院（Smith College）的天文台台长玛丽·艾玛·伯德（Mary Emma Byrd），以及韦尔斯利学院（Wellesley College）的物理学教授兼天文台台长萨拉·弗朗西丝·怀廷（Sarah Frances Whiting）。

拉德克利夫学院天文学专业的学生若符合条件，偶尔也能在哈佛天文台获得无薪助理的工作。1895年，瑟尔和皮克林选定亨丽埃塔·斯旺·莱维特获此殊荣；不久之后，又选了安妮·江普·坎农。这两位女士表现出的成熟度，远远超出了一般的申请者。她们都完成了大学学业，都到国外旅行过，来天文台山工作之前，还做过一点教学工作。在这里，她们第一次见面。还有一种奇怪而不幸的巧合——在这段时间里，莱维特小姐的听觉正在逐渐丧失；而坎农小姐在韦尔斯利学院求学期间患过严重的猩红热，已经相当耳聋了。

皮克林安排莱维特小姐参加了一个新的测光项目。他本人在这个领域开展的工作，需要在夜间用望远镜和光度计观测恒星的亮度；而莱维特需要根据玻璃上的照片，对星等进行估计。皮克林为她提供了过去几年里，用8英寸贝奇望远镜和11英寸德雷伯望远镜在剑桥市拍摄的底片，它们以最北方的那些恒星为中心。长久以来，皮克林仅依靠北极星作为衡量标准，通过反射镜和棱镜将北极星移到其他恒星附近，以便进行比较。莱维特小姐需要在玻璃底片上，找出多颗位置固定的恒星，来作为新的基准；她还要将它们与北极区域的16颗长周期变星在不同时间点上进行比较，然后，用视觉判断和照片判断两种方法，进行交叉核验、计算和矫正，从而为一致性找到一种严格的新标准。

莱维特小姐坐在光学实验台前，选择一颗变星作为起始点，然后从一颗恒星转到另一颗恒星，判断每一颗恒星的星等，并且直接在玻璃底片上迅速记下其亮度值。按照规范要求，她在天文台的记录簿上，总是使用铅笔，在有必要对一个分类条目进行修改时，会在上面画道横杠，并将她改正后的数值写在旁边，因为台里禁止在这些页面上使用橡皮擦。但是对于底片，有不同的规矩。玻璃底片没涂感光乳剂的那一面，刚好用作光滑的书写板，印度墨水的颜色在背景星场黑白图像的映衬下相当醒目，写错了还可以用手绢擦掉。莱维特小姐在到达一条恒星路径的末端时，会选取另一颗，并标出一条新的恒星轨迹。从变星辐射发出的一串串彩色数值，就像一小朵一小朵绽放的烟花。

在星光的合唱曲中，每颗用于比较的恒星，像是奏出了自己独特的音符，而一些变星则会涵盖很宽的范围，像是跨越了好几个八度音阶。莱维特小姐仍然可以用音乐术语进行思考，尽管音乐之声已从她的听觉中消隐。每个星期天，她继续前往教堂唱赞美诗。她的童年就是在充满圣歌的环境中度过的：她出生于1868年7月4日，先是生活在马萨诸塞州的兰开斯特（Lancaster），然后是在俄亥俄州的克利夫兰（Cleveland）——她父亲乔治·罗斯韦尔·莱维特（George Roswell Leavitt）博士成了该市普利茅斯公理会教堂的一名牧师，并将全家迁到了那里。在俄亥俄州时，她在奥伯林音乐学院（Oberlin Conservatory of Music）度过了17岁那年，后来她的听力开始出现问题，她的人生航向也随之改变。离开音乐学院之后，她成了男女同校的奥伯林学院的一名文科（liberal arts）学生，后来又在剑桥市的女子学院上了4年学；在此期间，她的数学一直都很好，从代数到几何再到微积分，门门功课都成绩优异。

皮克林发现莱维特小姐具有极端安静、不爱交际的个性，她 ₇₃对工作的专注程度是常人难比的。不过，在1896年2月，他还是请她向新来的坎农小姐，介绍了北极星附近的变星。坎农小姐也要对它们进行仔细的核查——不过不是在白天通过照片查看，而是在夜晚通过望远镜查看，她是有史以来受此任命的第一位女性助手。32岁的坎农小姐之所以获得这项特权，要归功于她的教育背景：在韦尔斯利学院时，皮克林在麻省理工学院时的学生萨拉·弗朗西丝·怀廷，给她上过物理课，而这门课程采用了他革新的那些方法为模板，开展动手操作的实验室教学。坎农小姐还上过怀廷教授开设的天文学课，这门课程教会了她如何操作韦尔斯利学院的那架4英寸布朗宁望远镜，并让她能及时了解哈佛学院天文台的活动。在坎农小姐上大三的那个秋季，当1882年的大彗星像一只白翅鸟飞来时，怀廷小姐在几个月的时间里，监督着对它飞行路线的观测活动。在将近一个星期的时间里，这个天体闪耀着肉眼都能看到的光芒——甚至在白天也能看到，但是只有通过望远镜才能看清，这颗彗星在近距离擦过太阳时，其彗核是怎样分崩离析的。

坎农小姐本来可能会遵循一条更快的轨迹从韦尔斯利学院来到哈佛的，但是猩红热的后遗症让她困在位于特拉华州多佛市（Dover）的家中。毕业后，她从事过摄影工作，给一小群学生当过算术与美国历史方面的家教，还做过如她所称的"声震屋梁"的工作——在卫理公会教堂的主日学校演奏管风琴。她就这样度过了愉快的10年，但她母亲的去世，让她陷入了绝望的深渊。在她母亲玛丽·伊丽莎白·江普·坎农的葬礼过去将近3个月之后，她在1894年3月4日的日记中写道："我仍然待在我的小房间里，沉浸在回忆之中。母亲总是浮现在我眼前。我明白了人是怎样发疯的，因为我相信，如果不是有什么事将我唤醒，我也会发疯的……她是我最亲爱的母亲，永远都是。12个星期前的晚上，她在楼下的空房里，对我不盖东西就在沙发上打盹非常担心，超过了对她自己的担心。她说，她知道我会生病，因为我看起来就像是要病了。经过12个星期的煎熬——我将永远不会

再经受这样的痛苦——我挺了过来，又恢复了健康，我的体格足　74
够支撑我度过许多令人疲倦的岁月，而我会不会过上有益的、繁
忙的生活呢？我不怕工作。我向往工作。但会是怎样的工作呢？"

　　正如德雷伯夫人在经历丧夫之痛后，通过在哈佛设立纪念
项目，得到了慰藉；坎农小姐通过参加那个项目，也找到了一条
从丧亲痛苦中解脱出来的道路。1894年，她重返韦尔斯利学院，
担任了怀廷小姐的助理；怀廷小姐使她顺利过渡到瑟尔在拉德克
利夫学院开设的"实用研究"课程，也使她适应了天文台的新
职位。

　　坎农小姐在1896年12月31日夜里11:15，再次拿出已经停
记很久的日记本，这样写道："很快就是1897年了。已经过去三
年了。在韦尔斯利学院忙碌了两年，又在哈佛天文台忙碌了一
年。我曾如此向往的忙碌生活向我敞开了大门。朋友们从广阔的
外部世界和我的心中来到了我的身边，而如今我的生活就是研究
天文学。他们基本上不知道这对我意味着什么，不知道我的理性
是怎样悬于这一线之上的，它几乎是我的生命……我展望未来
时不再感到恐惧。在这些日子里，我无所畏惧。我还是像从前一
样怀念我母亲，但是我觉得我有耐心跑完自己的征程，完成手头
的工作，也能从周围环境中得到满足。跟这样一群好心的人生活
在一起，我情不自禁会如此。"

　　她的同事莱维特小姐利用一次旅行的机会，离开了天文台——
至少是暂时离开了，不过在坎农小姐新加入的这个职业大家庭里，
还有18位女性同伴和21位男性同事。夜晚，在天气允许时，她会
做一直被认为是男人才做的工作：她使用安放在天文台西翼的6英

寸望远镜查看分配给她的变星，对其进行光度评估，并注明相应的日期和时间。随着时间的流逝，这些孤立的观测合在一起，会形成一颗恒星从最大亮度到最小亮度再回到最大亮度的完整变化周期，即"光变曲线"。反过来，这种光变曲线，又能表明变化的类型——也许还能暗示出变化的原因。每当坎农小姐觉得连一个光度都无法估计时，她会记录下原因，比如c表示多云（cloudy），m表示明亮的月光（moonlight）等，这些妨碍了她完成任务。

75　　白天，她跟计算室里的其他女性一起，趴在光学实验台上，核查来自阿雷基帕的照相底片。在亨利·德雷伯纪念项目中，分配给坎农小姐负责的部分是，南方天空中最亮的那些恒星的光谱。台长想让她对南方天空的最亮恒星构建出一种分类，与莫里小姐在北方天空的分类相对应。安装在秘鲁的13英寸博伊登望远镜，为坎农小姐提供了分布范围广泛、细节丰富的光谱，这跟11英寸德雷伯望远镜为莫里小姐提供的类似。在几百条明暗谱线的丛林中，她看到也领会了导致莫里小姐发展出她那复杂而有条理的系统的一些模式。然而，弗莱明太太的氢谱线字母表也表现出了逻辑性、洞察力和内在的一致性。一种方法集中于光谱线的整体模式，另一种方法强调单条谱线的粗细。两者分别对恒星进行了不同的排序。坎农小姐在对南半球的星光进行解析时，两种方法在她的头脑中不断搅动。

＊　＊　＊

　　当凯瑟琳·布鲁斯看到来自秘鲁的证据，证明她的望远镜功能强大时，她要"为那些实在太出色的底片上的每一颗恒星"，感谢皮克林"一千次——不，是好几千次"。她并没有实际看到玻璃底片，她看到的是用这些底片冲洗出来的照片，皮克林将它们作为礼物送给了她。它们呈现出了索伦·贝利的大量星团，都是由这架巨型望远镜的"全视之眼"拍摄的。布鲁斯小姐称它们为"非常神奇的作品"。她说，这让她很高兴，因为这次自己是受赠人，而皮克林教授是捐赠人。同时，她本人的捐献活动依然势头未减。来自世界各地天文学家的申请，都送到了她的手上，而她也遵照皮克林的建议，做出了相应的回复。她向来自海德堡的马克斯·沃尔夫（Max Wolf）〔他首次用摄影术发现了一颗小行星，并将它命名为布鲁斯（Brucia），以表达对她的敬意〕捐赠了1万美元，用于购置一架新的望远镜。作为乔治·埃勒里·海尔的"杂志"——《天体物理学报》（*Astrophysical Journal*）的一位元老级订户，布鲁斯小姐为它提供了所需要的1 000美元，使这项挣扎中的出版事业有了坚实的财务基础。

　　1897年，皮克林代表年轻的太平洋天文学会找到布鲁斯小姐，请她捐助一枚金质奖章，以特别表彰个人研究者的终生成就。布鲁斯小姐同意设立这样一项奖励基金，但是规定她的奖章，也像她的捐助金一样，应该只授予真正应得的人，而不论其国籍。她还想到，如果哪天能将这枚奖章授予一位女性，那将是一大壮举；于是在资格条件中增加了这种可能性："无论是哪国的公民，也无论性别，皆可获奖。"至于其他方面，她希望皮克林会"安排好一切"。如今，她已经八十多岁，很疲惫，经常生病。她越来越依赖她妹妹，来保持天文学方面的通信联系。

76

皮克林会同另外两家美国天文台和三家欧洲天文台的台长，提交了第一届布鲁斯奖章获得者的候选人名单。天文学会的理事会很容易就确定下来，获奖人是最知名的美国天文学家、荣膺多项桂冠的天体力学（celestial mechanics）元老——美国航海天文历办公室的西蒙·纽康，他们认为他不仅是一位天文学家和数学家，还是一位哲学家。纽康监督了对所有行星的轨道参数进行的重新计算和制表；他还给出了几个基本常数的新数值（并被全世界各大机构广泛采用），从而提高了多个天文公式的效率。布鲁斯小姐将她对天文学研究的积极支持追溯到1888年纽康发表在《星际信使》上的那篇文章，批准了这一选择。纽康也改变了他对天文学未来前景的看法。因为她的捐助支持了他的两项计算项目，他每次去纽约时，都会登门拜访她。布鲁斯小姐向皮克林倾诉衷肠："我确实喜欢纽康，但是我相信我喜欢我认识的每一位天文学家。"她像磁石一样吸引着他们。不过，皮克林一直是她钟爱的，而他的阿雷基帕望远镜也是她最慷慨的捐赠。

布鲁斯望远镜在秘鲁开始工作几个月后，就制作出了整个南方天空的照相星图。这些图像随即补充和扩展了已有的南方星表。比如，1879年的阿根廷测天图（Uranometria Argentina），列出了7 756颗恒星的位置和亮度，最低亮度极限达到了7星等。布鲁斯望远镜在3个小时的单次曝光中，就能收集多达40万颗恒星的光线，其中一些恒星的黯淡程度可以低到15星等。对所有感兴趣的天文学家，不管进行多少次重要的研究，皮克林都可以向他们提供"我们底片的玻璃拷贝"，作为这些研究的原始资料。

77

布鲁斯望远镜还前所未有地看清了贝利喜欢探索的南方星团和星云的核心。1897年春，他请求皮克林正式批准他研究"在星团中（或其他地方），我已经或者有可能发现的变星"。贝利预计，他所提议的这些恒星周期的研究工作，可能会占据他多年的业余时间，而在此期间，他会一直欢迎台长给予协助和指导。

皮克林批准了这项计划，却没有预见到这会成为他两大阵营间潜在的冲突之源。因为贝利明确指出了"我已经或者有可能发现的"变星，他越来越关注对它们的发现。他和他的助手德莱尔·斯图尔特（DeLisle Stewart）与威廉·克莱默（William Clymer），开始对每晚的图像进行检查，并在将底片运往剑桥之前，挑出可能的变星。不久，弗莱明太太开始抱怨了。

皮克林在1897年9月29日向贝利解释说："她觉得，在这种情况下，大量的工作落在她身上，而功劳却全部归了秘鲁观测者。她有义务测量位置、亮度变化（如果有的话），识别每一条谱线，对天体进行分类，看它是不是星表中的恒星。她还要对底片进行复查，因为更黯淡的天体——包括大约半数的特殊天体，以及更多的稍具特异之处的天体——（在现有的星表中）都被忽略了。所有这些都是她日常工作的一部分，在过去10年中一直如此，其中许多工作在秘鲁是无法完成的。"

皮克林也承认："另一方面，如果斯图尔特博士付出了那么多辛劳（尤其是在追踪布鲁斯底片方面），却不允许他对它们进行核查，他无疑会感到愤愤不平。这种延迟还有可能导致一颗新星或其他令人特别感兴趣的天体，没能在更早的时候被发现。"

对贝利来说，他对弗莱明太太的恼怒表示同情，但是也认为拍摄"第一流底片"的人得不到功劳，而"仅仅根据某些众所周知的特性，挑选出新天体"的人却得到公开的褒奖，这种做法有失公允。皮克林不得不承认这一点，并答应要对天文台的政策进行相应的修改。从今往后，在摄影方面表现出特别技能或格外用心的助理，在哈佛的公告中，都会得到适当的承认。

＊　＊　＊

莫里小姐以前经常担心，她为她的分类系统花费了多年心血，却有可能得不到认可。但是在1897年，当她的《明亮恒星的光谱》(Spectra of Bright Stars)在《哈佛学院天文台纪事》上发表时，"安东尼娅·C. 莫里"这个名字白纸黑字、醒目地印在书名页，而且还排在爱德华·C. 皮克林台长的名字之上。这标志着破天荒出现了女性作者为天文台《纪事》贡献论文。相比之下，1890年时，台长仅在序言中就"M. 弗莱明太太"对《德雷伯恒星光谱星表》的贡献，进行了描述并表示了感谢。

皮克林在这卷新《纪事》的卷首语中指出，作为亨利·德雷伯纪念项目的一部分，莫里小姐在1888年被安排去研究明亮的北天恒星的光谱，"而且她独自负责完成了这项分类工作"。他说，考虑到她的研究工作在几年前就已完成，它们在时间上要早于"有关氦光谱的最新发现"。莫里小姐没有针对氦重写这篇长论文，而是在6页"补充性注释"中，附上了一个讨论和一些新的看法。

莫里小姐在1895年从欧洲返回之后，就隐退到了哈得孙河畔黑斯廷斯的德雷伯宅院里，她母亲就是在那里长大的。她舅舅亨利的望远镜圆顶室，如今空荡荡地矗立在山顶上，但是庄园里的几间小屋仍然属于她年迈的姑姥姥多萝西·凯瑟琳·德雷伯。莫里小姐在附近的哈得孙河畔塔里敦（Tarrytown-on-Hudson）找了份工作——在C. E. 梅森小姐的郊区女子学校教化学和物理。

怀旧之情使莫里小姐返回了同样位于波基普西市附近的瓦萨学院，去参加天文系每年一次的圆顶室晚会。她在上大学时，曾跟着玛丽亚·米切尔读过书。玛丽亚是美国天文学界的"大姐大"，她发起了圆顶室晚会，并要求所有参加晚会的学生在纸片上写诗。莫里小姐觉得受了鼓舞，想要恢复那个传统。她写于1896年的《瓦萨圆顶室诗篇》是这样起头的："低矮陈旧的塔楼/看起来邋遢可亲/住在里面的人们习惯/夜里看星星。"

79

已故的米切尔教授不到30岁时就获得了世界性的声誉——她因为在1847年发现了"米切尔小姐彗星"，而获颁丹麦国王的一枚金质奖章。莫里小姐本人最近刚满30岁，但是她的职业生涯似乎已经偏离了天文学。也许她在《纪事》上发表的论文，会让她回归多年前设定的方向。那时，"我用望远镜扫描搜寻/夜晚那些幽深的街巷/有星星从无垠中喷涌而出/汇成灵动流光之泉"。

1898年8月中旬，皮克林邀请莫里小姐短暂返回哈佛，请她在一群杰出天文学家计划组建全国性专业学会的一次同行会议上，介绍她早期的研究工作。从科学界元老西蒙·纽康，到刚满而立之年的乔治·埃勒里·海尔，大家都来了。1893年夏天，海尔曾在芝加哥成功地组织了美国首次天文学大会；1897年，他趁宏伟的新叶凯士天文台（Yerkes Observatory）落成典礼之机，又在威斯康星州威廉斯贝（Williams Bay）主办了另一次大会。如今，他担任了这家天文台的台长。他1898年到达剑桥市时，刚好赶上整个三天会议期间都持续未退的严重热浪。皮克林的欢迎也同样热烈。因为参会人数太多，天文台里容纳不下所有的人，于是台长就将这一百多号人请进了他家的客厅。

作家哈丽雅特·理查森·多纳（Harriet Richardson Donaghe）在《大众天文学》（*Popular Astronomy*）上报道说："皮克林教授宽敞的宅邸，是召开这次会议的理想场所；台长亲切庄重，他仪态高贵的夫人殷勤好客，他们热情地欢迎客人们，为本次会议严肃的主题增添了一丝欢庆的气氛，连科学外行也不会感到受了冷落。"在参会的人里面，多纳小姐本人就是少数科学外行中的一位。那场景令她想起了沃尔特·惠特曼描写"博学的天文学家"的那首诗；她在文章里引用了它的半行："'那些星图、图表，还有要进行的相加、相除和测量'，全都表明了这些博学之士要从事的工作有多繁重。但是，在他们背后闪耀着的，是某位尊贵祖先的半身雕像那雪白的轮廓，是全家福的丰富色彩，是镶有珠宝的配饰小像反射出的光亮，统统笼罩在私家客厅那种浓厚的艺术氛围之中。"

哈佛天文台自己的工作人员占据了发言人名单中的多个席位。首先是瑟尔教授，他进行的演讲是关于"人差"（personal equation），即观测者个人的视觉敏锐度、手眼协调能力和反应速度是怎样对他的感知产生影响的。弗莱明太太准备了一则通告：在阿雷基帕用布鲁斯望远镜和贝奇望远镜拍摄的底片上，发现了多颗带明亮氢谱线的新变星。台长在讲台上大声地宣读了她的论文，并添加了他自己的一段结束语。多纳小姐是这样报道的："在结尾时，皮克林教授说，弗莱明太太没有提到，这79颗变星几乎都是由她自己发现的；听到这里，一阵自发的欢呼声促使弗莱明太太走上台去，回答了大家的提问，算是对这篇论文做了补充。"随后，刚结束秘鲁5年任期回国的索伦·贝利，讨论了他心爱的课题"星团中的变星"；最后，由莫里小姐演说"关于御夫座 β 星的K谱线"。

　　包括纽康和海尔在内的一小群与会人员，与皮克林进行了私下会谈，以商定成立全国性的天文学会，并起草它的章程。他们在一天内就完成了所有这些工作，尽管他们没能确定它的名称。

　　当这个新生组织的成员们在散会后回到各自的工作岗位时，整个天文学界都知道了：欧洲已经发现了一颗重要的太阳系新天体。柏林乌拉妮娅天文台（Urania Observatory）的古斯塔夫·维特（Gustav Witt）和尼斯的奥古斯特·沙卢瓦（Auguste Charlois），都在外出用望远镜和照相机搜寻小行星的1898年8月13日晚，发现了这颗天体的踪迹。马克斯·沃尔夫在1891年探测到小行星布鲁斯时，已经证明了用摄影术进行这类搜寻的优越性：在一个曝光时间达两个小时或以上的底片上，快速移动的小行星会凸显为一条短线，其背景则是远方那些点状的恒星。在底片冲洗出来之后，维特和沙卢瓦都觉察到了同一条短线的证据，但是维特率先发表了声明，于是在接下来的日子里，纷纷加入这场追逐的天文学家，就将这个猎捕对象称作"维特行星"。这个新发现的天体很快就表明，自己在同类中是最快的，因此它注定会比其他小行星更接近地球。

彗星与小行星轨道专家塞思·卡洛·钱德勒，连忙开始确定维特行星的真实路径。当他根据当前大量的观测数据计算出一个初步的星历表（即有关它预测位置的列表）之后，他估计这颗当前为11星等、几乎分辨不出来的天体，可能曾在1894年从靠近地球的地方呼啸而过。当时谁也没有注意到它，但是钱德勒希望，在哈佛学院天文台独特的天文档案中，也许会有一张或多张照相底片上保留了它飞过的痕迹。他早先与台长在哈佛测光星表上产生过争端，现在需要打破僵局，才能获得对那个玻璃宇宙的访问权。

钱德勒在1898年11月3日给皮克林写信说："为了科学的利益，我认为我有责任将这颗行星的星历表随信寄给您……所有的天文学家都会对恢复这颗最重要天体以前的任何观测结果感兴趣的。"皮克林当然认同，他指示弗莱明太太在一摞摞的底片上进行搜寻。手持钱德勒的粗略星图，她从十万张库存中挑选出最可能的照片，又花了好几个月时间对它们进行梳理，以搜寻维特行星的踪迹。1899年1月初，在标明日期为1893年的底片上，她终于找到了一个拉长的斑点。她认为那就是这颗小行星，并测量了它的位置。接着，钱德勒将这些额外的数据纳入考虑，获得了一个修正的轨道，并将它寄回给她。有了这张改进的星图，弗莱明太太在1894年与1896年的底片上再次锁定了这颗天体，在此期间，它已被命名为爱神星（Eros）。

布鲁斯小姐在听到这个消息后惊叹道："我以为小行星总是女性化的。"以前发现的432颗小行星（从1801年发现的第一颗

小行星——谷神星开始），确实都是以女性名字命名的。她补充　82
说："幸运的是，亲爱的小爱神星这个可怜的家伙，跟其他的小
行星相距很远，不然的话，'他'置身于这些老姑娘之中，可能
会生活得很惨。令人高兴的是，你很早以前就拍到了'他'，那
时'他'还很开心——还默默无闻。"

　　德雷伯夫人写信说，她很高兴这个日益膨胀的照片宝库，已
将爱神星逼得无处藏匿了，并指出"这个小神几乎不可能更麻烦
了"。钱德勒对此表示赞同。他认为，"若只考虑其恶意程度"，
冥王星比爱神星更适合作为这颗小行星的名字。

　　钱德勒对爱神星围绕太阳的轨道进行重新定义之后，预计这
颗小行星将在1900年秋，行经非常靠近地球的地方。爱神星飞
到这么近的地方时，也许可以设法通过它解答天文学上最古老的
谜题：地球与太阳之间的距离是多少？

　　天体所处位置过于遥远，不可能直接测量它们到地球的距
离。古人顶多只能说，行星肯定比恒星离地球更近，因为人们可
以看到，行星（即"漫游者"）相对恒星会有移动，而星座则一
直保持它们原来的模样。公元前3世纪时，萨摩斯岛的阿利斯塔
克（Aristarchus of Samos）用几何方法，对太阳和月亮的遥远程
度做出了判断，他的结论是：太阳可能比月亮远20倍。

　　16世纪，当哥白尼提出行星是围绕太阳而不是围绕地球运
行时，他也对这些天体的相对距离进行了估计。比如说，木星的
轨道肯定在地球到太阳的距离5.2倍远的地方，而金星到太阳的
距离比地球到太阳的距离短（只有0.72倍）。但是哥白尼对于恒
星究竟在多远的地方，同样毫无概念。在17世纪早期推导出行

星运动定律的开普勒，也不过是给出了太阳系各成员间距的相对比值。确定一个行星间距的真实宽度后，就可以一举确定所有其他的间距。而日地距离的确切数值，在通往确定与恒星距离的征途中，将是一块关键的里程碑。

18世纪后期，确定期待已久的日地距离（即天文单位）的机会出现了，那是发生在1761年的金星凌日。金星凌日现象在100年左右的时间里大约会出现两次，地球和金星的轨道使得我们可以在几个小时内，看着这颗姊妹行星穿越太阳表面。英格兰皇家天文学家埃德蒙·哈雷（Edmond Halley）预见这一现象具有解决天文距离难题的潜力。他设想，观测者们远征到地球的南端和北端，观测凌日现象，并记录下它不同阶段的精确时间。观测团队在地理上间隔很远，会使得他们看到的金星凌日发生在略有不同的日面纬度（solar latitude）上。然后，通过比较他们的记录，并应用三角测距法，就可以推算出金星到地球的距离，再通过外推，得出日地距离。哈雷在制订他的计划时说："我希望他们好运，尤其要祈祷的是，不要有来得不是时候的阴云，阻碍他们观看这一期待已久的天象。"

在某些地方确实出现了乌云，并导致了观测失败。即便在天空晴朗的地方，好几百位听从哈雷召唤的天文学家，也没能获得精确的测量值，因此1761年以及1769年出现的两次金星凌日，都没有给出理想的结果。不过，投入的巨大努力和耗费的巨额经费，还是成功地将日地距离的可能数值缩小到了9 000万到1亿英里这个区间里。

当预计在1874年和1882年发生的金星凌日，再次将科学家们团结起来，去寻求一个令人信服的确定结果时，西蒙·纽康负责美国远征队的准备工作。在准备阶段，他委托阿尔万·克拉克父子公司制造仪器，并将亨利·德雷伯博士请到华盛顿，向好几个团队讲授如何拍摄太阳。后来，在19世纪90年代时，纽康又请布鲁斯小姐出资聘请了一队计算员，归算累积起来的观测数据。当爱神星登上舞台，有望为寻求已久的那个数值减少数千英里的不确定性时，数据归算的过程还在进行中。

对1900年至1901年爱神星观测运动的筹划，将全世界的天文学家都动员起来了，尽管不需要他们踏上征途。谁也不需要赶到别的地方去。不像只有短短几分钟或几小时的日食或凌日，爱神星这次秋日来访将占用好几个月的夜晚。欧洲、非洲和美洲各地的天文台都已经占据了理想位置，装备了在群星璀璨的背景下，观测一颗黯淡、微小的小行星所需要的大型望远镜。一个由相互合作的天文学家组成的国际联合会，将监视爱神星相对于大量参考星（reference star）的位置变化。在美国，只有哈佛学院天文台装备了以摄影方式追踪爱神星的设施。

对爱神星高涨的热情，使得布鲁斯小姐希望她自己的小行星布鲁斯"会再次露面"。但是时机不对。以布鲁斯小姐命名的这颗小行星，远远地躲在看不见的地方。布鲁斯小姐也退场了。她又病倒了，并于1900年3月13日在纽约家中逝世。

《大众天文学》编辑威廉·W. 佩恩（William W. Payne）在讣告中写道："要找到合适的文字来描述地球上任何一种生命的终结，都是不容易的；要向凯瑟琳·沃尔夫·布鲁斯小姐这样为了崇高事业奉献的人，表达适当而有价值的哀悼之情，更是难上加难。科学界已学会了因她的为人和她所做的事而爱戴她。"佩恩自己所在的天文台——位于明尼苏达州诺斯菲尔德（Northfield）卡尔顿学院（Carleton College）的古德塞尔天文台（Goodsell Observatory），从布鲁斯小姐那里获得过资助。他赞扬了"她英明的慷慨大方"。她的资助"从不受限于种族或国籍，因此全世界科学界为其共同的损失表示哀悼。她善意而周全的关照，在她自己的国土上，减轻了许多负担，在必要的研究方面激发了新的热情，并在耐性和其他资源几乎耗竭之时，帮助完成了许多的任务"。在结束对她一生所做的简短概述时，佩恩逐项列出了她捐助天文学的一个长名单。它们总计超过了17.5万美元——相当于一笔皇家赎金（royal ransom）了。

85

第 二 部 分

哦，做个好姑娘，吻我！

几乎像是遥远的恒星真的获得了语言能力，可以叙说它们的组成和物理条件。

——安妮·江普·坎农（1863—1941）
哈佛学院天文台天文照片馆馆长

我是女孩这件事从来都无损于我想成为教皇或皇帝的野心。

——薇拉·凯瑟（Willa Cather，1873—1947）
美国艺术文学院小说金奖获得者　　87

第六章

弗莱明太太的头衔

米娜·弗莱明正处于吉星高照之下。1899年，在皮克林的敦促下，哈佛董事会正式任命她为新设立的天文照片馆馆长一职。于是，她在42岁时，成了首位在天文台、学院乃至整个大学拥有头衔的女性。

与此同时，受世纪之交的启发，哈佛管理层决定实施一项校园生活的时光胶囊计划，向学生、教师和职员征集照片、出版物、文章和日记。弗莱明太太在6个星期里，忠实地为"1900年宝箱"撰写了她的稿件。

从1900年3月1日开始，她在一个带横线的黄色记事本上写道："在天文台的天体摄影楼里，包括我自己在内的12位女士，都在忙于照管这些照片；对它们进行识别、核查和测量；对这些测量结果进行归算，并准备可以交付印刷的结果。"每天，她们都两人一组地俯身完成核查任务，一个人用显微镜或放大镜对准放置在框内的玻璃底片，另一个人则拿着摊开在桌上或腿上的记录簿，记录同伴读出的观测结果。计算室内充斥着数字与字母的嗡嗡声，像是在用密码进行交谈。

89　　　弗莱明太太继续写道："用中天光度计测得的结果，也要在天文台的这个部门进行归算，并准备付印。"原来在商行工作过的弗洛伦丝·库什曼（Florence Cushman），接下夜间在剑桥市和秘鲁用光度计测得的一摞摞星等值。她和艾米·杰克逊·麦凯（Amy Jackson McKay）一道，抄录目视观测者的判断值，计算校正值，并对这些数值再三进行检查，然后再将它们交付印刷。其他从事计算的女性职员，包括安娜和路易莎·温洛克姐妹（前任台长的女儿），以及帮助她们处理恒星位置数据的女士们，都继续留在原天文台的西翼，因为这栋砖砌建筑空间有限，无法容纳所有的人。

　　"日复一日，我在天文台的职责几乎完全相同，因此除了测量、核查照片和对这些观测结果进行归算这样一些普通的日常工作之外，几乎没什么好说的了。"如果说弗莱明太太的日子像她宣称的那样过得千篇一律，至少它们与哈佛时光胶囊计划其他特约撰稿人的日子没有相似之处。"我的家庭生活必然与这所大学其他的管理人员不同，因为除了提供收入用于日常开销之外，所有家务事也需要我自己来料理。"她必须规划和购买所有的生活必需品，还要给玛丽·赫加蒂（Marie Hegarty）具体的指示；玛丽是她留下来的爱尔兰女佣，帮她打扫卫生，以及每周烧六顿晚餐。尽管弗莱明太太签的合同是，每天在天文台工作7小时，但她很少在上午9点之后上班，也很少在晚上6点之前下班。"我儿子爱德华现在是麻省理工学院大三的学生了，他一点都不知道金钱的价值，只知道样样都得给他准备妥当。"勤俭的弗莱明太太为了节约开支，邀请安妮·坎农在她位于阿普兰路（Upland

Road）的家中搭伙。事实证明，坎农小姐很友善，而且来自一个好家庭。她父亲威尔逊·李·坎农（Wilson Lee Cannon）是一家银行的总裁，还担任过特拉华州的参议员。

弗莱明太太在3月1日汇报说："今天上午在天文台的前半部分时间，都在修订坎农小姐对明亮的南天恒星进行分类的工作，这些结果准备交付印刷了。"坎农小姐掌握分类诀窍的速度，比弗莱明太太预计的快许多。当然，坎农小姐具有一些优势，她在大学里学过光谱学，还有好几年担任物理学助教和观测助理的经验，这些都是弗莱明太太不曾得到的机会。但是，应该坦率地承认，坎农小姐快速而准确地对恒星类型进行评估也归功于她本人的能力。她也具有莫里小姐那种能力，可以对分配给她的几百颗明亮恒星的光谱中的单条谱线进行刻画；但是她没有像莫里小姐那样，坚持要用自己设计的全新方案。相反，坎农小姐遵循了弗莱明太太的字母分类法。事实上，她在两种哈佛分类体系之间搭建了桥梁——对莫里小姐的两级分类法进行了简化，又对弗莱明太太的字母分类法进行了一点变形。因为两种方法都有一些武断，都仅仅建立在光谱外观的基础上，坎农小姐完全可以自由地坚持自己的秩序感。毕竟，现在天文学家还不能将某种恒星的属性，比如温度和年龄，与不同的谱线分类联系在一起。他们需要的是一种一致的分类法——对恒星来说固定的模式——这将便利未来富有成效的研究。坎农小姐认为，最好是将弗莱明太太的O类星，从队列的尾部移到头部，这样就可以像莫里小姐一样，让氦谱线具有优先于氢谱线的地位。与此类似，按照坎农小姐的评估，B类星也要排到A类星前面。经过这种重排之后，字母排

90

序法再次赢得了主导地位，只是坎农小姐还对几种类型进行了合并。C、D、E和其他几种类型消失了。得出的排序是O、B、A、F、G、K、M。（后来，普林斯顿大学一位喜欢搞怪的人，将这串字母编成了一句容易记忆的话，"Oh, Be A Fine Girl, Kiss Me!"——"哦，做个好姑娘，吻我！"。）

弗莱明太太在3月1日的日记中，接下来写的是"南方德雷伯星表中黯淡恒星光谱的分类"。这是弗莱明太太自己的地盘，不过这是一片广袤的领域，由她跟路易莎·韦尔斯、梅布尔·史蒂文斯（Mabel Stevens）、伊迪丝·吉尔（Edith Gill）和伊夫琳·利兰（Evelyn Leland）共享。在弗莱明太太职业生涯开始时，北方天空中的黯淡恒星是归她一个人所有的，而南方天空一个人是忙不过来的。从一方面来讲，阿雷基帕的观测条件让许多更黯淡的恒星走出了黑暗。用布鲁斯望远镜拍摄的底片上，甚至连9星等的光谱都清晰到可以对单条谱线的位置进行测量。此外，每次新发现变星，都必须搜索过去10年对秘鲁同一片天空所拍摄的多达上百张的底片，以便确认这颗恒星的可变性。每一年，弗莱明太太的这部分工作都会变得更加繁重，因为可供比较的材料宝库也变得越来越丰富。众多的发现曾经给她带来如此大的乐趣、如此多的赞赏——还有剪贴簿里如此多的剪报——如今却成了压在她肩上的沉重负担。就连台长也承认，在另一颗变星出现之前，为一颗变星搜集所有必需的数据，已变得很困难。

还是在这天的日记中，弗莱明太太谈到了南方星空恒星光谱的谱线："测量工作已经开展得比较深入，我们预计会在即将到来的夏季完成许多工作。到时候，贝利教授在南美用中天光度计进行的观测，都要送过来进行核查。"

此时已返回剑桥市的索伦·贝利，正在撰写他在阿雷基帕5年期间的成果。他的南方星空恒星星等（或亮度评估）工作，主要关注星团里的大量变星——他称之为"星团变星"。他通过贝奇、博伊登和布鲁斯望远镜拍摄的玻璃底片，在这些星团中揭示出500多颗变星，它们在照片上的亮度需要用他的目视观测进行矫正。他经常在天文台过夜，协助台长进行新观测，或者指导这位或那位助手。贝利15岁的儿子欧文，整个童年的教育都涉及安第斯山脉的博物学和考古学，正在剑桥市拉丁学校就读，为进入哈佛学院做准备。

在记录的第一个上午，"各种其他的工作"也需要弗莱明太太给予关注；下午，她因为几桩业务上的事，去了波士顿。她写道，随后"我在城堡广场剧院（Castle Square Theatre），跟S. I.贝利太太、安德森小姐以及我妹妹麦凯太太会合。那天演出的剧目是《格德尔斯通公司》①（*The Firm of Girdlestone*），我们都很喜欢看。贝利太太想劝我去她家跟她一起吃晚饭，并留下来过夜，但是我的小家需要我早上发威。如果我这个一家之主不在家催促，他们早餐会吃得很晚，白天的工作学习都会受到延误"。

记录天文台工作的第二天，即3月2日，弗莱明太太全部时间精力都花在"料理各种杂事上，理顺了一团乱麻"。这些杂事包括与科学界进行书信来往，并邮寄天文台最新的小册子《黯淡

92

---

① 基于阿瑟·柯南·道尔1890年的同名小说《格德尔斯通公司》，讲述了一个走向破产的家族企业所进行的一些欺诈性交易。

恒星星等的标准（第二集）》给所有追踪变星亮度变化的成员，其中既有业余爱好者也有专业人士。

"接下来是坎农小姐对光谱分类的附注（remarks）。这是非常艰巨的工作，因为太多东西需要考虑，尤其是在有必要改变附注格式的地方。"每一条这种准备发表的附注，都会对光谱特性的某个方面，给出一条具体的而且往往还很冗长的描述。让坎农小姐明白"我们为什么修改了'一个东西'并对'另一个东西'质疑"，是很费时间的。坎农小姐的附注让弗莱明太太觉得篇幅过长，大有用小号字体填满几十页双栏页面之势。就连当年的莫里小姐也不觉得有必要做出这么长篇的附注。

这一天最后给弗莱明太太留下了一段可以进行反思的安静时光。"我的小家今晚将我晾在一边了。我是留下来防止房子被刮跑的磁石。晚餐后，坎农小姐觉得云散开了，星星们都跑出来了，于是她就到天文台用那架6英寸望远镜，观测天极附近的变星去了。爱德华跟加勒特先生一起学习去了，他们在麻省理工学院选了同一门课程（采矿工程）。爱德华的年轻朋友尼尔·菲什（Neyle Fish），圣诞夜以来一直跟我们在一起，今晚也出门看望几位朋友去了。我在等坎农小姐回来。如果她回来得早，我们也许可以针对她分类中的附注，处理几个相关的问题。同时，我必须看一下《纽约先驱报》，并从上面找出（如果可能的话）布尔人和英国人在南非的状况。①爱德华说起过，他在完成麻省理工学

---

① 布尔人今称阿非利卡人，是居住于南非和纳米比亚的白人移民后裔。此处指1899年至1902年的"第二次布尔战争"，是一场英国与德兰士瓦共和国和奥兰治自由邦之间的战争。——译者注

院的学业后，要去那里。"

那天晚上，坎农小姐用望远镜观测到很晚，针对她的附注开展的讨论只能推到第二天，即3月3日；这是天文台一个典型的周六工作日。午餐前，弗莱明太太抽空查看了几张南方星空恒星光谱的底片。她哀叹，日常事务的管理留给她进行最感兴趣的"特别调查"的时间越来越少，更不用说"好好地安顿下来，对新德雷伯星表中的黯淡光谱，进行我的综合性分类"了。

周六晚上来弗莱明家参加聚会的客人，玩起了"印度牌"（一种拉米纸牌游戏）、"稻草秆"（挑小棍游戏）和名叫"加拿大弹戏"（crokinole）、"台球环"（cue ring）的棋盘游戏。有时几个朋友会为其他人表演唱歌；如果没有的话，大家也会进行许多令人愉快的交谈。弗莱明太太为几位客人准备了软糖和花生馅红枣，为更多参加晚会的人准备了奶油牡蛎，搭配热可可、蛋糕和甜品。事后与爱德华和坎农小姐一起清理打扫、逐步收尾，她可能要到午夜过后才上床休息。

弗莱明太太在3月4日（星期天）早上记录道："从天文台工作的角度来说，这是我的休息日。但是，这也给了我唯一的机会，去查看家务状况，我觉得花一整天在上面都不够。"被单要更换，要将家里需要清洗的衣物都收拾到一块，送到洗衣女工那里。"唉，我周日上午要干的活是多么地实际，跟大学其他管理人员相比又是何等的不同啊！"

＊ ＊ ＊

在世纪之交的狂热中，威廉·H. 皮克林也在规划一次新的科学冒险。他最近因为做出一项重大的发现而在国际上名声大振。1899年3月，他探测到土星的一颗新卫星，在巨大的土星环之外绕行。发现土星的第9颗卫星，使威廉与天文台地位崇高的前任台长邦德父子处于同一行列。半个世纪前，在1848年9月，威廉·克兰奇·邦德和乔治·菲利普斯·邦德共同发现了土星的第8颗已知的卫星，他们将它命名为许珀里翁（Hyperion，土卫七）。他们是用大折射望远镜发现它的。威廉的新卫星，与天文台最近的许多其他发现一样，都出现在布鲁斯望远镜拍摄的照片上。不过这颗天体极端黯淡，亮度在15星等以下，威廉用连续几晚拍摄的长曝光玻璃底片叠加在一起，才让它从隐身之处暴露出来。在众多小灰点中，只有这一个点从一张照片到另一张会改变位置。遵照已确立的命名规则——用神话中的提坦神为土星的卫星命名——威廉提议称之为福柏（Phoebe，土卫九），这个名字一直沿用至今。

做出另一个更有意义的发现的可能性，让威廉很想观测即将在1900年5月28日出现的日全食，届时整个美国东南部都有可能看到。这次特别的日食所具有的有利几何位置，让威廉希望在太阳的光芒被月球遮蔽时，能在水星轨道的内侧分辨出一颗行星。好几位天文学家都怀疑太阳窝藏了一颗大型的近身伴星，即水星轨道内行星。威廉相信，凭他的摄影水平，足以让这颗天体暴露行迹。他哥哥爱德华通常因日食远征的费用和可能的无功而返而对其不以为然，却对这次计划乐观其成。在获得了划拨经费之后，威廉制造了一台大型照相机，可以在薄暮冥冥的条件下捕捉黯淡的光影。

　　弗莱明太太预计会加入这个日食观测团。通过查看日食照片，在太阳与水星间搜寻一颗行星的迹象，虽然很有挑战性，但也许与她3月5日上午的任务也没多大的差别，当时她要在4张最近的星图底片上再次定位失踪的小行星——命神星（Fortuna）。接着，在对台长的测光伙伴温德尔教授关于变星星等的评论做出批评之后，她又开始纠结坎农小姐的附注。她评判道："自从我们将莫里小姐的卷28第一部分交付印刷以来，这份稿子比我经手的其他稿子都更费时间，也更需要思想集中。要是可以不停地只做原创性的工作，寻找新的恒星、变星，为光谱分类，以及研究它们的特性和变化，生活会像最好的美梦一般；然而，你必须将最有意思的工作放到一边，并将你可用的时间大部分都投入为他人出版作品做准备上，这才是你立足的现实。但是，'不管将什么工作交到你手里，都要做好。'我很满足能在这么多方向上有这些出色的工作机会，并且被认为对我们台长这样一位极有能力的科学家有所帮助，我也感到很自豪。"

　　在她的日记中，弗莱明太太对爱德华·皮克林的评价始终都是正面的，唯一的例外是她的薪酬。当她在3月12日跟他就工资问题"进行交谈"时，得到的答复令她不太满意。"他似乎认为，对我来说，不管承担的是什么责任，或者要花多长的时间，没有什么工作是太多或太难的。但是当我提到薪水的问题时，他马上告诉我说，按照女性的工资标准，我得到的薪水是很优厚的了。

要是他真去看看他在这件事上错得有多离谱，他会得知几个让他大开眼界并开始思考的事实。有时，我真想辞职，让他找其他人试试，或者让他找个男的来做我这份工作，这样他就会知道，他每年花 1 500 美元从我这里能得到的，跟他花 2 500 美元从其他（男性）助手那里能得到的相比，到底哪个多了。他有没有想过，我也跟男人一样，要支撑一个家庭，要养活一家人？但是我估计女人是无权提出这种奢求的，而这还被认为是个开明的时代呢！"

在表达这种沮丧后的一个星期里，弗莱明太太在晚上都觉得很累，无法对漫长的白天进行总结。刚开始，她以为是"因为懒惰，而这对我来说是前所未有的"。结果证明是流感发作了，她很快就变得虚弱、发烧，只能卧床不起。当她儿子也患上了同样的传染性疾病时，他们家的医生让他们俩都喝牛肉茶①（beef tea）。因为女佣玛丽也病倒了——病得无法照顾他们，甚至都回不了自己家——医生为这三个病人找了一位临时的护理人员。

坎农小姐身体还健康，并且继续在夜间观测天极附近的变星。她的日子分给了砖砌建筑里的玻璃底片和天文台图书馆的馆藏资料。因为台长最近委托她做一些新的书面工作：她现在负责维护变星关键统计数据的卡片目录。这份资料是一位前任助理在 1897 年开始创建的，如今已经包含了 15 000 张卡片，列出了大约 500 颗已知变星的所有已发表的参考资料，都是从世界各地的公报、期刊和观测报告中摘录出来的。坎农小姐读得懂科学界通

---

① 用牛肉在沸水中煮出的热饮，19 世纪英国常见的传统食品和保健品，常给病人喝。——译者注

用的另外两种语言——法文和德文。她不但丰富了现有的文献卡片，还在新变星被发现后，创建了新的卡片档案。

4月中旬，当弗莱明太太完全恢复了体力，不再需要乘坐马车去天文台时，她带着强烈的悔恨之情，回顾了她的时光胶囊日记。"我发现我在3月12日以相当长的篇幅谈论了我的薪水。我的本意不是说这反映了台长的判断力，而是感觉这是因为他对其他地方给处于领导岗位的女性开的工资缺乏了解。我被告知，我的服务对天文台非常有价值，但是当我跟其他地方的女性得到的薪酬进行比较时，我感觉我的工作不可能有多大的分量。"

* * *

爱德华·皮克林高度珍视弗莱明太太的成就和勤奋。事实上，他打算提名弗莱明太太获得1900年的布鲁斯奖章。哪里还有比她更合适的人选呢？他推理：考虑到女性在美国天文学中发挥的重要作用，再考虑到布鲁斯奖章是由一位女性设立的，似乎很自然要将这项荣耀授予迄今为止在天文学领域做出最多重大发现的女性——哈佛的 W. P. 弗莱明太太。最近令人非常遗憾地去世的布鲁斯小姐，明确地表示过这项奖励向女性开放，这似乎强调了皮克林的论证，他希望评奖委员会的其他委员也同意他的看法。当然，有些阻力是在预料之中的，就像哈佛董事会曾经在某段时间里，抵制过他要给弗莱明太太授予"馆长"头衔的主意。对于他要求任命德雷伯夫人为天文台客座委员会成员的提议，哈佛董事会的男士们同样也推三阻四，但他们最终还是答应了，德

97

雷伯夫人也成了委员会首位女性成员。

不管需不需要以参加委员会会议为借口，德雷伯夫人都会频繁地访问天文台，这总会让她开心。她喜欢看着德雷伯纪念项目的工作向前推进，对其他项目也感兴趣。1900年春，她表示想跟即将出发的哈佛远征队一道去观测5月28日的日食。她只经历过一次日全食，即1878年那次，但是她实际上并没有看到，因为她自愿待在帐篷里，计数日全食持续的秒数。这一次，除了观看日食之外，她什么都不用干，而且陪同她观看的还是她那些令人愉快的客人——爱德华和莉齐·皮克林夫妇，以及弗莱明太太和坎农小姐。

台长原本没打算参加日食观测团，因为计划的观测不需要他到场，所以也就没理由增加开销了。但是，德雷伯夫人慷慨的邀请改变了他的主意。她把旅途的一切都安排好了——火车票、船舱、在诺福克（Norfolk）和萨凡纳（Savannah）的旅馆房间，甚至还准备了一本小说供皮克林在南下的路上阅读。

在佐治亚州华盛顿市选定的观测点，哈佛团队与来自麻省理工学院和珀西瓦尔·洛厄尔设立的弗拉格斯塔夫天文台的天文学家会合。天气没有让大家失望。威廉·皮克林架好了他特制的相机；它看起来像个巨大的盒子，11英尺长，7英尺宽，上面排列着4个光圈为3英寸的镜头，以便能拍摄到水星轨道内侧的全景。

98　　　中午12点30分左右，当初亏开始时，德雷伯夫人和其他观测者都避免直视太阳，以保护眼睛免受伤害，但是在大约一小时后，随着一声"日全食了！"的呼喊声，大家都抬头望天，如饥似渴地观赏着这一奇景。

在午间的太阳闪耀过的地方，如今出现了一种奇异的反转，天空的颜色加深了，并有一阵突如其来的寒意向观测者袭来。新月黑暗的面庞挂在头顶，像一个巨大的黑洞，四周环绕着日冕闪着微光的边缘。在正常条件下看不到的日冕，向外扬起它铂金色的冕流，好像是要伸向水星和金星——如今它们在黄昏般的蓝天映衬之下也变得清晰可见了。奇异而美丽的景象占据了整整一分钟的感官。之后，随着月球继续在其轨道上运动，一束刺眼的阳光从月球边缘的山脉缝隙中射出，标志着日食的结束。

德雷伯夫人在1900年5月30日给皮克林写信说："我将永远为看到过一次日全食而高兴。作为一种自然奇观，它简直太精彩了；正如首席大法官评论的那样'它让人感到一种独特的刺激'。"

威廉布置的相机让他得以拍摄36张日食的底片。不幸的是，没有一张令人满意的，因为在短暂的日全食期间，有人在无意中扰动了这台仪器。

在"爱神星观测运动"——观测这颗新发现小行星的全球性活动中，哈佛取得了更大的成功。布鲁斯望远镜在南半球所处的有利位置，使得身处阿雷基帕的德莱尔·斯图尔特，在其他地方可以观测到这颗小行星之前一个月，就拍摄到了一些非常好的照片。在官方层面上，皮克林与全世界50多座天文台进行合作，确定爱神星的位置，并试图推导出日地距离。不过，私下里他觉得这颗小行星变化的光更加令人着迷。维也纳天文学家埃贡·冯·奥波尔策（Egon von Oppolzer）已经表明爱神星的亮度跟变星一样变化不定；皮克林希望能绘制出它确切的光变曲线。

他回忆起弗莱明太太在刚找出爱神星的底片时，就指出过这颗小行星轨迹的轻微亮度变化。当时，他将这种不规则性归结为中间
99 的空气出现了小片薄雾；如今，他意识到还有其他的可能性。爱神星有可能被证明是一颗旋转的天体，其表面的地形差异性显著；也有可能是一对具有不同特性的小天体，在围绕着彼此翻滚。从1900年7月开始，皮克林就指示剑桥市这边的首席摄影师爱德华·斯金纳·金（Edward Skinner King），在每个晴朗的夜晚，用8英寸德雷伯望远镜摄制爱神星的底片。在大折射望远镜的圆顶室里，皮克林本人用目视方法，将爱神星变化的亮度与它行经路径上的其他恒星进行比较，以测量它的星等。

* * *

皮克林在太平洋天文学会为弗莱明太太努力争取，但未能为她赢得1900年的布鲁斯奖章。1901年1月，皮克林得知他本人将获得一枚奖章——他的第二枚英国皇家天文学会金质奖章。他在1886年获得的第一枚，是褒奖他在哈佛测光星表方面——用其英国仰慕者的话来说，就是在"恒星光彩的比较"方面——所做出的详尽工作。1901年的这枚奖章褒扬他对变星的研究以及在天体照相学方面取得的进展。美国驻英国的大使约瑟夫·霍奇斯·乔特（Joseph Hodges Choate），答应在2月8日于伦敦举行的颁奖典礼上代皮克林领奖。

德雷伯夫人开怀大笑："我不知道什么时候听到的，授予一枚奖章竟然会有如此多的人表示赞同。我遇到的每个懂点天文学的

人，都很高兴您能获得这项荣誉；令我感到很好玩的是，我也被拉
进来分享了这份荣光，对此我是不配拥有的；但我确实因为反射
了您的荣耀，也有了一点光彩。"事实上，皇家天文学会会长爱德
华·B. 克诺贝尔（Edward B. Knobel），在颁奖辞中提到了德雷伯夫
人的名字。他将德雷伯夫人视为皮克林获奖研究工作背后的主要促
成者，并称赞"她美妙的想法"让她对丈夫的纪念变得圣洁，因为
她支持、扩大并丰富了德雷伯博士曾为之奋斗过的科学事业。

　　克诺贝尔会长还趁机赞扬了弗莱明太太，说她是皮克林的
"女性助手"中"最细心的观测者"，她因为在变星和具有特别光
谱的恒星方面做出的众多发现而超群出众。他在这篇演讲中提到
她的名字，并非只有这么一次，而是三次。

　　当坎农小姐的分类在1901年3月底出版时，德雷伯夫人刚
好在伦敦访问。皮克林马上给她寄了一本，并附了一张打印的便
条，表达了他对这份出版物很满意。

　　坎农小姐的分类不仅统一了弗莱明太太和莫里小姐早先的工
作，而且还澄清了几种恒星分类间的相互关系。现在看来，恒星
整体上似乎根据它们的光谱呈连续分布。许多恒星毫无疑义地属
于这一类或那一类，但是也有同样多的恒星具有两种相邻类型的
某些特点，使得分类边界变得模糊不清。坎农小姐用新的数字子
类来表示这些交界部分。比如，她引入了B 2 A这个记号，表示
光谱表现出B类强猎户座谱线，同时也具有一些A类典型的明显
的氢谱线。标记为B 3 A的恒星在这方面的趋势更明显，B 5 A
的还要明显一些，而B 8 A的则是明显得多。她的分类体系允许
两个字母间有多达10级的区分。

坎农小姐认为，她的分类类别的排列代表着恒星的发展阶段。随便找一颗恒星，其生命周期都可能是从O类向M类演化。也有可能是反过来，从M类向O类演化。目前还很难说哪一个正确。

莫里小姐对单条夫琅和费谱线的宽度和边界的评估，让她构建出子类，她将它们记作a、b、c和ac，而且它们贯穿了她的22个大类。坎农小姐没有遗漏这些区分，并将她对特定谱线出现波动或模糊的描述，都归入了她的"附注"。

坎农小姐的长篇专著出版后，弗莱明太太并没从烦琐的手稿监管工作中解脱出来。据台长估计，天文台积压下来的未出版材料，将有可能填满28卷《纪事》。他敦促弗莱明太太将精力集中于这笔数据财富，并"整理它们使其适合出版，或者至少也要让其最终出版不会有很大困难"。因此，她做出的发现数大幅降低了。皮克林在1901年的年度报告中如此评价："本年度，弗莱明太太通过查看照片发现的具有特殊光谱的天体数异常少，因为她大部分的时间都投入于编纂《纪事》了。"

10月，皮克林再次提名弗莱明太太获得布鲁斯奖章。但是，他的恳求又一次未能为她赢得这份荣誉。

11月，一场特别严重的"流感"让弗莱明太太病倒了，并迫使她停止工作好几个星期。那个冬季，其他一些职工同样未能幸免，皮克林本人在12月也"中招"了。

台长在1902年1月10日给德雷伯夫人写信说："如您所知，我终于拥有自己的打字机了，因此我今天早上头一次跟世界有了通信联系。我每天都在恢复体力，因此，除了做不了观测之外，我现在能完成很大一部分我的日常工作了。不过，我仍然非常钦佩那些能毫不费力就爬上楼梯的人。"

　　在气喘吁吁地爬到位于砖砌建筑二楼的办公室之后，皮克林可以通过他办公桌旁的小升降机，将照相底片或消息送下楼去。办公室里的所有东西，都靠近圆形旋转大办公桌的某个部分，而这张桌子几乎塞满了整间屋子。它是专门定制的，直径8英尺，其表面积相当于一张长25英尺、宽2英尺的桌子。皮克林从他桌边的座位上，可以轻松地够到位于桌子中央的那个12格可旋转书架，也可以轻松地打开等间隔分布在桌子外沿的12个抽屉。皮克林要处理的文件，堆在书架周围的办公桌上。用手一转，他就能拿到某篇期刊论文的草稿，或者是一沓需要签名的信件，再或者是来自阿雷基帕的最新报告。

　　1902年2月1日早上，皮克林到达办公室时，发现德雷伯夫人的一件礼物躺在那儿等他。那是一面可挂在他办公室墙上的新颖时钟，随之送来的还有一封祝贺他担任天文台台长25周年的贺信。紧接着举行了一场庆祝活动，是由弗莱明太太组织的。快到上午11点时，她和皮克林太太将台长叫到了天文照片馆，所有的助手都聚在那里，向他献上美好的祝福和礼物。亨利·德雷伯纪念项目的职员集体送了他一把舒适的办公椅，其他助手送给他一只高1英尺的银质纪念杯。皮克林做了个简短的发言，之后大家一起吃了一顿庆祝午餐。

102

　　那天晚些时候，他给德雷伯夫人写信说："我竟然非常喜欢这一天，这让我大吃一惊，因为您知道我是不喜欢热闹的。没有人能忍住不好好地享受那些一同表露出的善意，您信中表达的尤其让人受用。在我看来，整个活动是一次巨大的成功，我会将它作为最美好的回忆永远铭记在心的。我想将25年后的50周年庆办得更正式一点。届时您能帮我们接待客人吗？请不要说您已经有其他安排了哦！"

3月，当皮克林发现亨利·德雷伯纪念项目的季度开销超出了德雷伯夫人的限额时，他告诉她，他会动用应急资金平衡收支的。但是德雷伯夫人拒绝了他的提议。她对这个项目有专属感，不想用别人的钱去支持它。

她在1902年3月30日告诉他："我对亲自为这个项目提供经费支持颇有感情，但是我觉得我目前无力在我为这项工作设定的额度之上再追加支持。"她宁愿看到这个项目的某些部分被裁减掉，也不愿放弃对它的财务控制。皮克林赶紧通过信件和面对面交流向她保证，他愿意完全按照她的意愿，对纪念项目进行管理。

与此同时，哈佛天文台原来老化腐朽、拥挤不堪的木质建筑，与其作为同类中最大也最有成效的机构之一的地位，发生了冲突。皮克林将这种不匹配比作"一个拥有充足食物的人，却因为干渴或者没有过冬的房子而濒临死亡"。一位匿名捐赠人捐赠了两万美元，专用于改善实物设施。于是，皮克林为那栋砖砌建筑加盖了一座没有任何外部装饰的砖砌翼楼，建筑平面的长宽均为30英尺，有3层楼那么高——足够安置未来10年到15年里累积的玻璃照相底片。他还在天文台的庭院里安装了一个消防龙头，增强了由化学灭火器和电力报警器组成的现有消防设施。在仍然担心发生火灾的情况下——这也是情有可原的，皮克林还强制规定，每两个月举行一次全天文台范围的消防演习，要求所有的助手和管理人员都要参加。

临近1902年9月底时，另一次季度财务报告显示，德雷伯夫人每年1万美元的投入，与哈佛在研项目的开销之间还是有差距；她重申了她的忧虑。"您无疑会觉得荒唐，我竟然会反对用天文台的经费来支援这个项目，但是我必须坦白，我对亲自为这个项目提供经费有很强的意愿。因此，我希望您能原谅我再次提及这件事，也希望您不要为此生我的气。"毕竟，这项事业是她自己对亨利充满爱意的纪念。尽管她早就放弃了亲自完成他的使命这种可能性，她对用自己继承的财产对它进行资助，却一直态度坚决。她希望她当前的状况能让她有更多的回旋余地，但是她的一个侄子在出售帕尔默家族产业的股权，她觉得自己有责任将它买下来，而不是让它落入外人之手。

德雷伯夫人知道，她完全有权利坚持让德雷伯纪念项目按她指定的方式管理预算，但是同时，她也不想显得不通情理。经过三思，她同意让皮克林临时依靠一下补充性的支持。既作为对自己的保证，同样也可认为是将她的计划通知他——她承诺道："不管欠的债是多少，我以后都会偿还的。"她说，在即将到来的冬季期间，她需要"冒一些风险"，但是等她解决了家庭事务的困境之后，她预计"又会感到相当自在的"。

104

第七章

皮克林的"娘子军"

哈佛天文台计算员职位非常抢手，一些具有大学学位的年轻女士，都提出可以免费去那里工作——至少是免费试用一段时间，直到她们能证明自己值得雇用。弗莱明太太通常会劝阻这些过分热切的申请者。虽然给自己找些短期志愿者帮忙，也让她动心，但她还是觉得天文台欠免费服务提供者一份人情并不好。

鉴于天文台紧巴巴的财务状况和忠实雇员们的长期供职，很少有真正空缺的新职位。比如，安娜·温洛克做这份工作的时间比台长还要长；到1902年，她妹妹路易莎在计算室也待了快20年了。自从妮蒂·法勒在德雷伯项目启动之初离职以来，还没有一位女士因为结婚而离开。正如弗莱明太太可以亲身证明的那样，这些在职的女性都嫁给了她们的工作。新来者都不必申请了。然而在1903年初，台长却突然指示她招收10名新计算员。

这次突然扩招的经费，来自新成立的华盛顿卡内基研究所（Carnegie Institution of Washington）提供的2 500美元捐赠。皮克林通过正常渠道申请到了这项支持，但他还是直接向安德鲁·卡内基表达了感谢之情。意识到这位百万富翁正致力于建立

公共图书馆，皮克林以书迷的语言对收藏的底片做了一番描述。 105
他在1903年2月3日的信中写道："我们拥有这样一个伟大的玻璃照片馆，每一张底片都是独特的，都很容易损坏，并且包含了关于整个天空的大量事实；迄今为止，其中有些部分还没有'读者'。这笔捐赠将使读者们从这个世界历史的知识宝库中获悉前所未知的事实；而如果不是有这份藏品，就不可能了解这些事实，因为它是地球上唯一一包含它们的记录。"

这位钢铁大王的私人秘书回信说："卡内基先生让我告诉您，他很高兴收到您的来信，希望卡内基研究所能支持100件这种好事，并将时不时地寻找像您这样的合作伙伴。"

哈佛的新"读者"，对描绘了每一片天空情况的星图底片（又称巡天底片，patrol plates）进行研读。她们追踪已知天体的历史；在新天体被发现时，也要对其历史进行追踪。她们浏览星云区域，寻找以前被忽略的黯淡光点。她们仔细研究星场，以便找出"失踪"多年的小行星。

3月，皮克林又给他的新赞助人写信，带去了两条新闻。"几天前，波茨坦天文台宣布发现了一颗具有已知最短周期的新变星。他们在过去9个月里，对它进行了仔细的观测——我们的底片使这项工作可回溯到1887年。昨晚收到莫斯科天文台的通知，说他们发现了另一颗有意思的变星。他们给它拍了13张照片——我们有200多张，但在得到您的经费支持之前，我们根本没法进行查看。我们的照片馆像西卜林书①一样，是这些事实开

---

① 西卜林书（The Sibylline books）是用韵文写成的古希腊神谕式哲言合集，它是由一位女先知传给罗马皇帝塔克文·苏佩布（Tarquinius Superbus）的。

放给人类知识的唯一宝库。是您给了我们钥匙，让我们每天都能揭示关于未知世界的新事实。"

4个月后，他才收到卡内基从苏格兰的夏季居所——斯基博城堡（Skibo Castle）寄来的亲笔回信。"亲爱的教授，往前冲吧，您处在正确的跑道上。我希望回国后能见到您。我觉得，如果以2美分3磅①的价格出售钢铁，我也许要打破纪录了，但是现在整个猎户座只要1美分，我心服口服。您是大赢家！您出国时也来看看我们吧。"

＊＊＊

德雷伯夫人的财务状况在1902年到1903年期间并没有改善。事实上，它还恶化了。在将近20年的时间里，她一直将自己从纽约某套房产所获得的收益，注入亨利·德雷伯纪念基金，但是在1902年，纽约市接管了这一房产。她告诉皮克林说："因为这项损失，我的收入受到了极大的影响。"通过调配其他控股的财产，她在1903年春"成功地达到了收支平衡"，但是仍然感到手头拮据。"我没有忘记我总共还欠天文台将近1 000美元的经费，我希望来年能够还清。"

她的焦虑促使她质询了她的经费是怎样支出的。是否都投入了恒星光谱的摄影研究？还是说天文台的几个项目之间界限模糊，从而有可能对她不利？比如说，她想知道，她捐助的经费在

---

① 1磅≈453.59克。——译者注

多大程度上资助了在阿雷基帕运行的布鲁斯望远镜，用那台仪器拍摄的照片，有多少属于旨在对恒星光谱进行研究的亨利·德雷伯纪念项目？她还进一步问道，继续在南北两个半球"夜复一夜地对整片天空"进行拍摄，是不是明智的？她知道自己批准了这项工作，甚至还为它提供了一台仪器，但这项工作什么时候才是个尽头？累积起来的大量底片不是已经顾不过来了吗？

她在6月15日写道："如果您能给我一份声明，告诉我您觉得天文台现在拥有的东西，包括仪器、底片、印刷品、手稿之类，哪些是属于纪念项目的，我将不胜感激。"

她的问题令皮克林大吃一惊。尽管他提交给客座委员会的年度报告，在不同的小标题下讨论了天文台各个项目的进展，但是这些工作形成的是一个宏大、统一的知识结构，并行推进的几项研究相互交织。光谱照片不可避免地导致变星的发现，而这必然要对储存的图像中亮度的变化在时间上进行前后追踪，此过程又会揭示其他感兴趣的天体，并引申出其他研究。总之，亨利·德雷伯最早定格在玻璃底片上的光谱，如今不仅如博士曾经梦想的那样，给出了恒星的构成，而且还产生了许多其他的洞见。比如，视线中运动的光谱证据，已经揭示了许多恒星接近或远离太阳的速度。皮克林和莫里小姐通过谱线线索，发现原来只知道有一颗恒星的地方，实际上存在两颗。恒星的相对温度也可以通过它们在不同波长下的辐射强度，从光谱中读取（我们通常将红色和蓝色分别跟高温和低温联系在一起，而实际情况与此相反，发红的恒星与主要发蓝白色光的恒星相比，温度要低一些）。平滑连续的光谱类型——德雷伯分类法中的类别就是以这样的方式，从一类逐渐演变到另一类——表明恒星本身也在演化，也许在恒星的生命周期中，它会从一种类型变成另一种类型。

皮克林在给德雷伯夫人的答复中，向她保证：用德雷伯仪器拍摄的所有照片都属于德雷伯纪念项目。他提醒她说："当然，像书一样，每一张照片都成了一个信息库。因此，在未来的日子里可以不断地查阅它。我们每天都用许多德雷伯星图照片这样做，不过花的是其他经费。同样，德雷伯纪念项目在研究由光谱发现的变星时，也要不断使用博伊登、布鲁斯和其他仪器拍摄的大量照片。"

皮克林还强调了德雷伯纪念项目雇员的奉献精神。"相信您会有兴趣得知，弗莱明太太不满足于白天在天文台的工作，还承担了夜晚在家中继续编纂南方德雷伯星表的工作。我们已经给她定制了测量设备，并提供了记录员。"

德雷伯夫人态度缓和了，她回信说："我很遗憾地听到弗莱明太太晚上还要加班。我欣赏她的热情和兴致，但是担心她可能会体力透支，并因劳累过度而病倒——我更愿意听说她打算去度个长假。"德雷伯夫人自己准备在 7 月乘船去欧洲。在离开前，她觉得她应该修改一下遗嘱，以保证亨利的纪念项目能持久永续。

"如您所知，我为这个纪念项目提供经费支持的目的，一直是让德雷伯博士（我丈夫）的英名，永远和天体物理学尤其是恒星光谱的摄影研究方面的原创性工作联系在一起，并为增进天文学领域的知识做出贡献。"但是如今，她担心"在开展多年之后"，这方面的工作会不会有可能耗竭，而另一个领域却敞开了大门。

"为了在我的遗嘱中事先安排妥当这项工作的延续性，我必须牢记，在相对较短的时间内，您和我都将不在人世；我必须防范出现这样的可能性：您的继任者对这方面的研究不感兴趣，并在其权利范围之内想将这项经费用于其他方向。在这件事上，他也许是明智的，但我不倾向于相信他一个人的判断，或者哈佛大学董事会和监事会的判断——实际上差不多是一回事。"她觉得，也许可以指定一个由高水平天文学家组成的委员会，在出现这种情况时做出合适的裁决。

她提醒皮克林说："我非常感激您在过去17年中对我施以援手，感激您在这个纪念项目上投入大量的时间和心血。我相信其结果直到如今，仍然极有意义；而不管它们具有什么样的价值，这都要归功于您。"

* * *

夜里，坎农小姐在天文台西翼，通过6英寸望远镜的目镜，对自己负责的变星的亮度做出判断。她采用最早由变星先驱弗里德里希·威廉·阿格兰德（Friedrich Wilhelm Argelander）提出的历史悠久的技术，将每颗变星与比它亮一点或暗一点的邻近恒星进行比较。目标恒星与其邻居之间的亮度差越小，她得出的估计越精确。试图在超级明亮与极端黯淡的光线之间，用肉眼进行直接比较是毫无意义的，但是人眼视网膜可以可靠地测量出十分之一到二分之一星等的亮度差。坎农小姐负责的变星，有些就

109

在这个狭窄的范围内变化，每个阶段都可以与同一颗恒星进行对比。对于亮度随时间变化的幅度更大，超过一个星等的若干分之几的目标变星，坎农小姐会采用两颗或多颗邻居恒星作为基准。她给每颗恒星一个与其位置相关的编号，并用被普遍接受的速记法，记录所有的细微差别。

坎农小姐在她独自求索的道路上并不孤单。距离她几米远，就在环绕大折射望远镜圆顶室的铁阳台上，资历较浅的利昂·坎贝尔（Leon Campbell）也在追踪分配给他的变星，有时通过5英寸便携式望远镜，有时通过小型望远镜，也经常直接通过肉眼观测。在整个新英格兰地区——实际上，在整个美国和外国一些地方——其他变星观测者也在进行同样的工作。许多业余天文学家受到皮克林某个小册子的鼓动，听从了他们应该观测哪些变星的建议。这支志愿者队伍的成员，每个月至少会有一次，在当地天气和月相允许的情况下，像坎农小姐一样，通过比较测量星等，对他们负责的恒星进行亮度估计，并将他们的观测结果寄给身处哈佛的她。她知道某些更认真的贡献者的名字，比如在罗得岛普罗维登斯（Providence）拥有一座私人天文台的弗兰克·埃文斯·西格雷夫（Frank Evans Seagrave），以及瓦萨学院天文学教授、学生天文台台长玛丽·沃森·惠特尼（Mary Watson Whitney）。

在哈佛巨大的中央圆顶室内，奥利弗·温德尔操控着最新式的光度计，追踪变星较微弱的波动——变化幅度可低至一星等的百分之三。台长就站在他身后。皮克林一直致力于这方面的观测，他对用自己建造的每台光度计所进行的恒星光度测量都计了数。1903年5月25日晚上，他在日志簿上记录了他个人观测道路上的一块里程碑——他的第100万次光度"测定"。皮克林年轻时就患上了肺结核，在他的天文事业刚开始时，医生就告诫过他，不要在夜里长时间待在户外，但是如今他可以吹嘘说，他已经发现了治疗肺病的新鲜空气疗法。

110

皮克林知道，恒星通过它们星等的变化，向远在地球上的人们传达其行为特性方面的重要线索。正如谱线模式揭示了恒星的化学组成，随时间变化的恒星亮度范围隐藏着背后的真相，人们还未掌握其本质。目前，人们只能追踪并记录这些变化，并相信这么大量的数据，有朝一日会对这些变化给出合理的解释。在有数据可以收集时，皮克林从来都不愿费神进行猜测。

坎农小姐将同事们和通信者确定的所有光度值收集起来，并与一些海外天文台的爱好者的结果进行了归并。从波茨坦到开普敦（Cape Town）的这些爱好者，都将结果发表在德国《天文通报》（*Astronomische Nachrichten*）[①]和英国《皇家天文学会月刊》（*Monthly Notices of the Royal Astronomical Society*）之类的专业期刊上。从1900年开始掌管哈佛变星卡片目录以来，她已经增添了两万张新的索引卡片。1903年，她将大而无当的数据库，转换成了一系列任何感兴趣者都可以阅读的表格。坎农小姐的巨著《变星暂行星表》（A Provisional Catalogue of Variable Stars）

---

① 《天文通报》是天文学领域最早的国际期刊之一，由德国天文学家海因里希·克里斯蒂安·舒马赫（Heinrich Christian Schumacher）创立于1821年，目前仍在出版。它现在刊登的论文主要集中在太阳物理学、河外天文学、宇宙学、地球物理学及这些领域的仪器等方面。——译者注

发表在《哈佛学院天文台纪事》上，并且立刻广为传播。

另外还有多种变星星表都在坎农小姐的星表之前出版，其中包括塞思·卡洛·钱德勒的3种，但她仍将自己这份称为"暂行"。摄影术使得变星发现的步伐加快成为可能，这一叫法也是顺应这种形势的结果。1865年出版于维也纳的一种星表，出现在摄影术应用之前，上面列出了当时已知的113颗变星。坎农小姐的星表中包含了1 227颗，半数以上（共694颗）是在哈佛玻璃底片上发现的，其中：509颗是在索伦·贝利拍摄的南半球球状星团里发现的；166颗是由弗莱明太太发现的，她在为亨利·德雷伯纪念项目分析恒星光谱时，找出了它们标志性的明亮氢谱线。

坎农小姐在表格中摘录了大量的信息，从每颗变星的位置和名称或其他称呼，到它的最大与最小亮度、它的周期以及它在德雷伯分类法中的光谱类型。其中一列给定了每颗变星变化的特性——是新星那种一次性的奇迹，或是具有或长或短周期的规律变化者。坎农小姐这里凭借的是皮克林在1880年制订的体系，将变星的变化形式分成了5类。

就像玩宇宙接龙纸牌游戏一样，可以用不同的方式对恒星进行洗牌和发牌。你可以按"花色"对它们进行分类，也就是说根据它们的光谱分类；也可以根据"牌面点数"，即用星等表示的亮度，进行分类。这5类变星可以用人头牌来表示——J、Q、K、A和王牌。

在坎农小姐的星表中，这一千多颗恒星多半属于皮克林的第Ⅱ类，即长周期变星。它们要用一年或更长的时间，才能完成一个变化周期。她无法理解是什么原因导致它们的星等变化缓慢——也无法理解是什么原因导致第 I、III 和 IV 类更为快速的亮度增强和减弱。只有相对稀少的第 V 类变星，其亮度变化的原因是已知的。它们是"食双星"，意思是轨道接近的两颗恒星轮流遮挡住对方的光亮。第 V 类变星的典型是大陵五（Algol），即英仙座中的"食尸鬼"（the ghoul）①；每过 3 天，其星等会从 2.1 降到 3.5，此时这两颗恒星中，较暗的那一颗会转到较亮的那一颗前面。造成的偏食会持续 10 个小时，此后大陵五会按照预定的节奏再次变亮。它的规律性和明显的亮度变化——如果集中注意力，用肉眼就能看得很清楚——从 17 世纪开始，就吸引了观测者的目光，并且为大陵五赢得了常见的绰号"眨眼之星"和"恶魔之星"。

弗莱明太太喜欢为医院和集市设计和缝制玩偶服饰。她为住在阿雷基帕的几家人制作了一系列的天文玩偶，大陵五是其中之一。一个大大的男性大陵五玩偶与一个娇小的黑底拿②玩偶配对，组成了大陵五的双重人格。1902 年 5 月，她自己在玻璃底片上追踪一颗彗星的路径时，也发现了一颗大陵型变星（Algol-type variable）。她的发现是坎农小姐暂行星表中的最新条目。遗憾的是，弗莱明太太没找到合适的光谱，来确定这颗新变星的德雷伯

---

① 大陵五的英文"Algol"源自阿拉伯文，意为"食尸鬼的头"。在阿拉伯传说中，食尸鬼是一种住在沙漠中的能变化成动物的变身恶魔。大陵五亦称"恶魔之星"，如果把整个英仙座的亮星想象成希腊神话中的珀耳修斯的话，大陵五正可以看作是他手里提着的魔女美杜莎的头上的一只眼。——译者注

② 底拿（Dinah）是《圣经》中雅各和利亚的女儿，在 19 世纪的美国被用来称呼遭受奴役的非裔女性。——编者注

112 分类。尽管她将大陵五本身评为 B 8 A，并将其他 22 颗大陵型变星中的大多数定为 A 类，但要指出她发现的这颗变星在哈佛／德雷伯体系中，应排在什么位置还为时过早。坎农小姐也同意在最新发现的大陵型变星的光谱这一列留一个空格。在她的表格中还有大量的空格表明了另外一些缺漏，比如缺失的最小亮度值、不确定的周期、缺少的光谱或值得商榷的变星类型。但也正因为这一点，这个星表才被称为暂行星表，不是吗？为了展示知识上的缺失。

* * *

拉德克利夫学院校友、曾经的助理亨丽埃塔·莱维特，在 1903 年秋返回了剑桥市。她曾两度去欧洲旅游，并在靠近她家现住址的威斯康星州伯洛伊特学院（Beloit College）当了几年艺术助教，而后她意识到自己是多么地怀念哈佛天文台。当她给皮克林写信说明了这一点之后，皮克林给她开出了每小时 30 美分的工资，让她重回天文台工作——这是皮克林考虑到她的能力以及计算员每小时 25 美分的标准工资之后做的折中。莱维特以这样的薪酬条件，加入了卡内基资助的"照片阅读者"新骨干团队。

尽管卡内基先生早先很友善，以他的名字命名的研究所却在 1903 年 12 月突然终止了对哈佛天文台的资助。看到这项经费追加支持的希望渺茫，弗莱明太太不得不解散新训练的助手团队——只留下了莱维特小姐一人。皮克林通过其他渠道为莱维特筹措了工资，让她担任照片馆的全职解译员。作为莱维特个人的首项读片任务，皮克林分配给她的是猎户大星云。

猎户大星云是猎户宝剑中央的宝石，由乔治·菲利普斯·邦德仔细描画和测绘过，也因被亨利·德雷伯拍摄过而出名。但它仍然是一片神秘的恒星密林，植根于看上去像是尘埃与气体的黑暗巷道之内。最近，海德堡的马克斯·沃尔夫研究了这片星云，发现它里面点缀着不少的变星。这需要有人跟进沃尔夫的观测，确认所有这些恒星的变性。皮克林相信，莱维特小姐是合适的人选，同时已经拥有的一组无与伦比的长曝光照片（有些持续曝光数小时）可便利她的搜寻。因为猎户座在南北两个半球都能看到，在十余年的时间里，哈佛所有的望远镜都对它进行过拍摄。

莱维特小姐手持协助亮度估计的一件利器——包含各种星等的标准恒星图片的一小块矩形玻璃，投入到星云研究之中。这个迷你参考指南，大约1英寸宽、3英寸长，镶在金属边框里，还装了一个长柄，看上去活像是一个迷你苍蝇拍。莱维特小姐喜欢称它为苍蝇屁股拍，因为它"太小了，没法对苍蝇造成多大的伤害"。她在6个月的时间里，证实了16颗沃尔夫的变星，并发现了50多颗新的变星，而这些新变星又由弗莱明太太进行了验证。

莱维特小姐用一种不同的方法，另外做出了一大批发现。天文台的首席摄影师爱德华·金，使用众多猎户大星云玻璃负片中的一张，给她制作了一张正片。在玻璃正片上，恒星在颗粒状的灰色背景下闪耀着白光。莱维特小姐将每一张负片和这张正片叠放在一起，再通过套在眼窝上的小型放大镜，查看两者的叠合图像。两张片子上未变动的恒星往往会彼此抵消，但是8颗新变星却凸显在她眼前。如此努力了两个月之后，莱维特小姐在生平贡献清单上又增加了 77 颗变星。她又继续研究了别的星座内部或附近的其他星云。在斐迪南·麦哲伦于 16 世纪 20 年代进行环球航行时看到的两片星云中，她又搜集到了 200 颗变星。在麦哲伦眼里，它们像是一对飘浮在南方夜空中的夜光云。后来将这两朵"云"解析成星团的天文学家，仍然以麦哲伦的名字称呼它们。1905 年初，仅在小麦哲伦云（Small Magellanic Cloud）中，莱维特小姐就发现了 900 颗新变星。

1905 年 3 月 1 日，普林斯顿的查尔斯·扬充满敬畏地给皮克林写信说："莱维特小姐真是一个变星'狂魔'！大家都跟不上她新发现的节奏了。"德雷伯夫人在 3 月 11 日也对"莱维特小姐惊人的变星发现"表达了类似的感受。随着发现总数的持续增长，德雷伯夫人在 5 月再次写信夸赞了"在小麦哲伦云中发现的大量变星。在看上去靠得如此近的地方竟然发现如此多的变星，确实是很不可思议的。请代我向莱维特小姐表示祝贺！"她还向皮克林的弟弟威廉表示了祝贺，因为他"发现了土星的第十颗卫星，并成为两颗土星卫星的发现者"。

威廉等了 4 年，才让其他天文学家认可了他对土卫九福柏的发现。到 1904 年，这颗小卫星已经被布鲁斯望远镜之外的好几架大型望远镜观测到，而且它的轨道也被证明是太阳系中最不同寻常的。土卫九绕着土星逆向运转，跟其他卫星和土星环的方向相反。这一发现让威廉不可避免地得出结论——土卫九最初是一颗误入歧途的小行星。当它游走到太靠近土星的地方时，这颗巨行星捕获了它，并将它束缚在逆行的轨道上。

　　威廉在发现土卫九上取得的成功，促使他查看更多布鲁斯望远镜拍摄的土星周围的底片，以寻找其他卫星的迹象。1905年4月28日，他相信自己发现的天体是第十颗土星的卫星，并将它命名为忒弥斯（Themis）——希腊神话中的另一位提坦女神。威廉为计算它的轨道苦苦挣扎，但是没有一位计算员腾出手来帮他。跟往常一样，在哈佛天文台，恒星的优先级比行星高。

　　爱德华·皮克林接二连三地发布了一系列《简报》[①]（Circular），让天文学家同行能紧跟莱维特小姐的进展。这些出版物中有一些还包含了小插图，展示她查看过的照片的局部图。这些插图——为了清晰起见，已经放大了，里面挤满了几万到几十万颗恒星——可以让人大致体会到她的任务有多艰巨，这些任务包括粗略估算每张玻璃底片上变星所占的百分比。皮克林明显轻描淡写地说："要对使背景变得模糊不清的黯淡恒星进行计数是非常困难的，因为它们靠得很近，而且其数量肯定被低估了。"

　　皮克林偶尔会将莱维特小姐的某个发现，描述成新星或大陵型变星，但是她发现的变星绝大多数都只在很短的时间尺度上变化，而且变化幅度都比较轻微，只有半个星等左右。它们永远处于颤动之中，每天至少完成一次从最大亮度到最小亮度的周期变化。它们的快速波动促使了一种新的摄影方法的产生，涉及在

115

---

① 1895年由爱德华·皮克林创办的《哈佛学院天文台简报》（*Harvard College Observatory Circular*），又称《哈佛天文台简报》，简称为《简报》。——编者注

同一张底片上进行几次连续的短时曝光，这样每颗恒星看起来都是一系列的小点。德雷伯夫人在到访的那几天，承认已完成的"大量工作"给她留下了前所未有的深刻印象。她在1905年5月29日给皮克林写信说："您一直是当局者，无法很好地欣赏这一点。"

* * *

皮克林在1905年秋，重申了他的图书馆隐喻，对一摞摞的底片得不到充分的利用表示痛惜。将近20万"卷"玻璃信息只吸引到20位照片阅读者，台长急需更多的人手。哈佛校长查尔斯·埃利奥特答应施以援手。他从位于哈佛广场的办公室给皮克林写信说："我预计会在11月15日去卡内基先生在纽约的家中拜访，到时如果有机会，将促请卡内基先生和夫人来我们天文台参观。"

弗莱明太太也试图让这位慈善家重燃对照片库的兴趣。她给卡内基夫人路易丝·惠特菲尔德·卡内基（Louise Whitfield Carnegie）写了一封长信，并随信寄去了一件小礼物。

1906年1月11日，卡内基夫人从坐落在佛罗里达州费南迪纳（Fernandina）的家庭度假小屋，写来了热情的回信："我们在圣诞节后第三天就离开了纽约，最近一直忙于为在这边过冬做准备，我现在才有机会将心思转向朋友们在圣诞期间向我们表示的那么多善意。尤其是您本人对我们表示的巨大善意——精彩的'恒星故事'穿着精巧的圣诞服饰，还有令人难忘的幻灯

片，构成了我们能想象到的最独特最可爱的节日问候。每每想到
您好心地在我们身上费了这么多心思，我都不知道用什么话来表
达我们是多么感动，以及我们对这件珍贵的礼物心存多么真挚的
感激。接下来，请让我补充一句，如果这件礼物恰好还是伟大的
发现者本人的原创作品，难道我们不受宠若惊吗？难道我们不应
该为认识她而感到三生有幸吗？我们太为您这位苏格兰女子骄傲
了！您是我们女性的骄傲！因为我相信女性的头脑能更好地'理
解永恒的思想'，正如女性的心灵可以与大自然以及自然之神贴
得更近。"

116

　　在解释了待在佛罗里达的目的是"让我们的小女儿恢复强健
的身体"之后，卡内基夫人在结尾时希望"有朝一日我们能有幸
邀请您，不只是到我们纽约的家中，最好是到我们美丽苏格兰的
家中，为您献上一场'高地'（Hieland）的欢迎仪式"。卡内基
夫人出生在纽约市的格雷莫西公园（Gramercy Park）附近，但
是她自认为是苏格兰人，因为她丈夫安德鲁来自苏格兰的邓弗姆
林（Dunfermline）。

　　这对夫妇的独生女玛格丽特·卡内基，年仅9岁却比较早
熟，当时她扭伤了足踝。弗莱明太太觉得她跟"玛格丽特小姐"
之间有一条纽带，因此经常寄去一些她觉得这孩子可能会喜欢的
小礼物，包括恒星的照片，一本讲铺设越洋电缆的书，甚至还有
一截电缆样本。她告诉卡内基夫人："从您2月16日的来信中，
我非常高兴地得知，玛格丽特小姐正在恢复健康，并且很享受美
丽的佛罗里达的阳光和鲜花；也很高兴地得知那些情人节卡片
给她带来了一些欢乐。2月13日晚，我弟弟和我花了一整晚的时

间，给他的孩子们的同学和朋友制作情人节卡片并写上收件人姓名及地址。除了我的科学工作之外，我生活中最大的乐趣就是给其他人带去欢乐。"

在接下来的几个月时间里，弗莱明太太继续向卡内基夫人敞开心扉："我自己生了两个男孩，只有一个长大成人。他现在26岁了，1901年毕业于麻省理工学院，算是普里切特校长（President Pritchett）的弟子。他是一位采矿工程师，对铜矿尤其感兴趣，在过去一年半的时间里，他都在费尔普斯道奇公司（Phelps Dodge Co.）位于亚利桑那州道格拉斯市的科珀昆（Copper Queen）驻地……他是一个好孩子，无论走到哪里都能交到真正的朋友，但是身为男孩，从事的又是这种职业，他几乎没时间跟我待在一起。不过，我也没有陷入孤独的境地，因为我母亲在这里，她需要我照料，她总是让我们心神不宁。"弗莱明太太最小的弟弟新近丧偶，他和两个儿子（一个8岁，另一个12岁）也与她住在一起。

报纸上关于卡内基全家旅行安排的通告，让弗莱明太太意识到，他们春季停留在纽约的时间会很短。这条新闻似乎排除了他们到剑桥市来参观天文台的可能性。在这种情况下，她说，她将"耐心地等到秋季"，希望到时候能恭候他们光临。

1906年5月11日，就在满49岁前4天，弗莱明太太得到了也许是她有生以来最大的一个惊喜——英国皇家天文学会将她推选为荣誉会员。创建于1820年的这家学会，在其早期就承认了女性天文学家的地位：1828年，它给卡罗琳·赫歇尔颁发了一枚金质奖章，表彰她发现了几颗彗星。当然，女性不能被吸收为正式的会员。但是在这些年里，皇家天文学会给好几位英国女性国民授予了荣誉会员身份，包括最近一次在1903年授予了玛格丽特·哈金斯夫人，她是亨利·德雷伯的老对手威廉·哈金斯爵士的妻子。弗莱明太太成了第一位获此殊荣的美国女性，更确切地说，她是第一位获此殊荣的在美国从事天文工作的女性。她的苏格兰口音可以证明，她仍然是一名彻头彻尾的苏格兰女子。但是，在美国居住了这么长时间，并做出硕果累累的成绩之后，她也觉得也许是时候申请美国公民身份了。

* * *

皮克林曾将这份底片收藏比作缺乏读者的图书馆。1906年，天文台的客座委员会将它比作一座没有冶炼厂的金矿："像一家采矿公司，已经将大量的珍贵矿石从地下开采出来，但是缺乏冶炼矿石的设施，无法提炼出金属在市场上销售。天文台拥有大量未经加工的知识储存，但是缺乏必要的手段将这些知识加工成使全世界受益的有用形式。"

索伦·贝利仍然待在剑桥市，并为变星数量的日益增加而欢欣鼓舞。他在1906年力劝皮克林将全世界的天文学家团结起来，开展新的合作。莱维特小姐在独自探索一些孤立的太空区域。她非凡的发现，无疑让"详细检查整个天空的照片，以便确定能分辨其星等的所有变星的数量和分布"显得合情合理了。贝利担心，如果不采取这种协调一致的举措，任何搜寻都会受到无谓的重复和白费精力的困扰。

118

皮克林同意了。他发布了另一份《简报》，邀请各地的天文台配备合适的望远镜和照相机，"来研究变星的分布，并了解它们在恒星宇宙的构造中所起的作用"。

皮克林估计，天空中有多达 5 000 万颗亮度超过 16 星等的恒星。他想测试它们每一颗的不变性。他在通告中承认："在几张底片上比较如此大量的恒星，确实是一项非常艰巨的任务，一开始看起来似乎是不可能完成的。"但是他预见其结果"对当前这一代观测者来说是一项有价值的成果"。

鉴于哈佛在变星研究领域所处的领先地位，皮克林没有坐等其他天文台响应他的呼吁。他带领自己的研究助手，在有限资源的支持下开始推进。他请坎农小姐和伊夫琳·利兰小姐掌握莱维特小姐的方法。然后，他将天空一分为三，就像高卢（Gaul）被一分为三①那样，给她们三人每人分配了一部分。

* * *

1903 年 2 月，莉齐·皮克林在卧室里摔了一跤，造成了踝关节骨折；从那以后，她的健康状况就逐渐恶化。这次骨折让她在 6 个多月的时间里丧失了行动能力；当她终于又能行走了之后，她觉得无法再继续像以前那样活动了。她甚至没有参加安娜·德雷伯 1905 年 12 月 29 日在纽约家中为庆祝亨利·德雷伯纪念项目

---

① 高卢是古罗马人最先描述的西欧地理概念，凯撒大帝在《高卢战记》中，将高卢一分为三。——编者注

设立20周年而举办的晚会。德雷伯夫人将她朋友的缺席仅仅当成临时生病，但是在1906年3月拜访皮克林家时，她很清楚地看到情况很不妙。她随后给皮克林写信说，她希望他夫人的身体很快就能好转。人家还能有什么其他期盼呢？

119

5月，当德雷伯夫人又想来天文台了解研究进展时，她下榻在科普利广场（Copley Square）上的不伦瑞克（Brunswick）酒店，并明确表示不用招待她。德雷伯夫人还直接给皮克林夫人写信说："不必费心给我准备午宴，因为我可以在酒店里早早地用午餐。"她这样继续着她们之间诚挚的书信来往，就像可以永远持续下去一样。这些年里，她们的思绪多次同时转向彼此，产生的奇妙结果就是她们经常同时收到对方的信件。

皮克林夫人在1906年6月做了外科手术，成功地缓解了她的疼痛，但是她和她丈夫都不相信这会延长她的生命。他们制订了相应的计划。

那个夏天，台长一直在天文台里继续工作，距离皮克林夫人在住宅区的病房仅数步之遥。8月中旬，当皮克林得知英格兰天文学家约翰和玛丽·奥尔·埃弗谢德（John and Mary Orr Evershed）夫妇在前往剑桥市的途中时，他给他们的轮船发了一封电报，在当时那种焦头烂额的状况下，尽可能亲切地对他们表示了欢迎。"皮克林夫人病得非常厉害，我们可能无法在家里招待你们——不然的话，我们是很想如此的。"皮克林夫人在8月29日去世，被安葬在奥本山公墓（Mount Auburn Cemetery），离她父母贾里德和玛丽·斯帕克斯的墓不远。

两周后，皮克林向客座委员会的埃德温·P. 西弗（Edwin P.

Seaver）预言道："我未来生活的兴趣可能会受些限制，我能做出有益工作的年头不太多了。天文台的需求是如此迫切，一笔即时可用的资金可以完成如此多的工作，因此我倾向于将我大部分的存款捐给它。"9月，他支付了承诺的25 000美元中的第一笔，并计划在接下来的3个月里全部捐完。这向其他捐献者捐出相当的金额提出了挑战。

除了许多表示同情的信件之外，皮克林还在那个秋天收到了哈佛天文台首任台长的孙女伊丽莎白·利德斯通·邦德（Elizabeth Lidstone Bond）寄来的一封恳求信。邦德小姐很抱歉在这个时候打扰他，但是她和她妹妹急需他就一件私事给些建议。她在10月13日这样写道："当然，您知道我姑姑塞利娜的贫困状况。"是的，他确实知道。皮克林在1877年刚掌管这座天文台不久，突然陷入贫困之中的塞利娜·克兰奇·邦德就请求他给她提供工作机会。尽管她父亲威廉·克兰奇·邦德，通过家族在波士顿获利颇丰的手表、时钟和航海经线仪（chronometer）制造厂，给他的继承人都分配了财产，但是后来，一个下流的受托人从这些后人手里骗走了他们继承的财产。皮克林偶尔还会交给现已75岁的邦德小姐一些计算工作，让她在缅因州罗克兰（Rockland）的家中完成。

伊丽莎白和她妹妹凯瑟琳是乔治·菲利普斯·邦德的女儿，她们与塞利娜姑姑受了同一个骗局的打击，也陷入了贫困。她们在成为教师前，也曾在皮克林手下短暂地担任过抄写员和翻译。伊丽莎白觉得她姑姑塞利娜，"是我爷爷那样一个知名人士的年迈的女儿，又是那么贫困"，也许可以名正言顺地从某项哈佛养老金中申请到资助。鉴于"您在天文台的职位，以及您长期以来对我们表现出的善意和关照"，姐妹俩希望皮克林可以指引她们去找养老金委员会的某个委员，并就如何采取行动向她们提出建议。

伊丽莎白也承认，可能会牵涉到许多困难，其中不小的一个是她姑姑不愿意从任何人手里拿钱。"她将自力更生当成了人生的信条。"

皮克林向这两位焦虑的侄女保证会施以援手，并在同一天给埃利奥特校长写信，询问养老金事宜。得知它只能支持前教职工时，皮克林为这种情况专门设计了一种年金。他自己掏出1 000美元，邦德姐妹及其同辈表亲配套同样多的金额，一起注入哈佛进行投资。塞利娜·邦德在世时每年都可以领到500美元（几乎是她目前担任居家兼职计算员工资的两倍），而且马上就可以开始领取。此外，"考虑到她父亲、兄长和本人，长期为天文事业提供了持续而杰出的服务"，她将被免除所有的义务，并被授予天文台荣休助理的头衔。

皮克林给邦德姐妹写信说："也许你们可以建议某种更好的安排。无论如何，最好不要让她知道钱是从哪里来的，就让她从学院财务主管那里收到第一份通知。"

伊丽莎白和凯瑟琳·邦德接受了这项安排，只是她们直到计划得到实施时，也不肯让台长掏1美元。11月中旬，所有的安排都落实了，塞利娜姑姑也因被授予了奖赏而感到既惊讶又欣慰；凯瑟琳在此时给皮克林写信问道："可否让我为此事加上这样一个寓意？当您还处于孤独与悲伤之中时，您一定感到了些许的欣

121

慰，因为在过去几个星期里，您为您前任的妹妹和女儿解除了沉重的焦虑。我姐姐和我经常庆幸您是我们父亲的接班人，但是从来没有像现在这样感受深刻！"

122

第八章

共同语言

整个 1906 年期间，变星猎手三人组：坎农小姐、莱维特小姐和利兰小姐，对哈佛的摄影天图挨个进行了筛查。每位女士负责的那三分之一片天空，都包括了 20 多片需要单独进行反复搜索的细分区域。不知是因为更富有经验，还是因为分配区域时比较幸运，亨丽埃塔·莱维特很快就遥遥领先了。她在 1906 年开始进行搜寻后的几个月内，就发现了 93 颗新变星，紧随其后的是发现了 31 颗变星的安妮·坎农和发现了 8 颗的伊夫琳·利兰。在她们的事业追求中，并没有竞争谁的发现最多，但皮克林对三位女士的发现总数进行了统计和报道。鉴于总体上寻求的是，获知各种类型的恒星在宇宙中的分布；某个特定区域没有变星，几乎与存在很多变星一样，都能引起很大的研究兴趣。

皮克林原本可以这样来三分天空：将北极地区的天区分给坎农小姐，将热带地区的天区分给莱维特小姐，再将更远的南方的天区分给利兰小姐 —— 她在此处已做出了广受赞誉的成绩，这得归功于她多年来一直在帮助贝利教授，对星团内的天体进行筛查。但是，台长并没有按照黄纬（celestial latitude）进行这种大刀阔斧式的划分，而是将哈佛的"天空星图"分成了55个部分，好像是在发一手拉米纸牌①。于是，坎农小姐分得的是第1、4、7、10等部分，利兰小姐分得的是第2、5、8、11等部分，而莱维特小姐则分得了其余的部分。

123

对于每一个恒星区域，每位女士都集齐了5张底片——4张负片组成一个缩时序列，再加上一张来自另一个日子的正片（白色恒星显示在黑色背景上），作为比较的基础。跟莱维特小姐在探索猎户大星云时一样，每一张负片被依次叠放在相应的正片之上。具有恒定亮度的恒星的正片和负片图像之间的亮度差会被抵消。在训练有素者的眼中，变星会呈现出它们（黑白）的色调。

这几位女士将所有需要进一步调查的恒星都标了出来。它们中有些被淘选出来作为真正的新发现，其他的则是原来搜寻时找到过的老面孔。如果投入更多的时间或更多的女性劳动力，皮克林也许可以给每个区域分配多于5张的底片，但是在当前经费捉襟见肘的条件之下，采用这种高效率的做法是最合理的。这种方法甚至可以让他大致估计出有多少变星没有被发现。比如说，如果莱维特小姐在某一块天空中找到10颗变星，而且其中的9颗都被证明是新的——没有其他天文台认领过，也没有在哈佛过去某次搜寻中捕获过——那么附近很可能还有许多其他未被发现的变星。但是，如果10颗识别出来的变星中，有9颗被证明是已知的，那么仍然隐藏在这个区域的新变星就非常少。

---

① 拉米纸牌（rummy）是纸牌游戏中的一大类。19世纪后半叶流行于墨西哥，如今在美国很盛行。其基本玩法是形成3、4张同点的套牌，或者形成不少于3张的同花顺。——译者注

坎农小姐在 1907 年 2 月 23 日（星期六）的日记中记道："发现了两颗新变星。去了俱乐部。天气很冷。"她去的这家俱乐部是波士顿女子学院俱乐部，它经常吸引她外出就餐和娱乐。整个星期天都极端寒冷。"没有去教堂。"

坎农小姐已不再寄宿在阿普兰路，以便腾出房间给弗莱明太太的母亲、弟弟和两个侄子住。搬出来后，她邀请在特拉华州寡居的同父异母的姐姐埃拉·坎农·马歇尔（Ella Cannon Marshall）来剑桥市与她同住。几乎每个有空的夜晚和星期天，她们都一起参加音乐会和讲座、购物、与朋友共进晚餐，或去女士茶会（ladies' teas）喝茶。坎农小姐的炭精助听器让她能从所有这些活动中得到乐趣。有时，她会将利兰小姐或别的同事从天文台带回家来，跟"老姐"共进午餐。

坎农小姐在深空的测绘星图底片上搜寻新变星的同时，还继续用望远镜进行观测，而且也没有停止对她的索引卡片进行扩充。她已经两度更新了她的《变星暂行星表》，以添加 1903 年和 1904 年的新发现。她怎么都没料到，1907 年发表的《变星第二星表》是她在这方面的最后工作。坎农小姐像是人口爆炸时期的人口普查员。《变星第二星表》尽管很详尽，但集中于具有长周期的变星上。它没有包含莱维特小姐在麦哲伦云中发现的大量短周期变星。这些变星需要单独进行处理，由莱维特小姐本人负责，目前已接近完工。

索伦·贝利在《大众科学月刊》（*Popular Science Monthly*）的一篇文章中写道："有人也许会问，为什么不断地发现新变星不仅是有必要的，甚至还是明智的？"除了"具备为人类的知识宝库增添关于宇宙的新事实这方面的价值"，他还给出了天文学

124

家版本的登山者理念——"因为它就在那里。"他还说,只有发现了大量的变星,并对它们的变化特性进行密切的观测之后,才有可能开始对变性的原因进行探究。

　　对新变星的搜寻进入硕果累累的第二年,皮克林继续力推对实物设施的改进,使仍然存放在老旧的木质天文台建筑中的图书和小册子,也能像玻璃底片一样得到妥善的防火保护。客座委员会最近的努力没能募集到足够的经费。1907年3月4日,皮克林已经搬得半空的房子发生了火灾,好像是要向大家证明,这种危险并非空穴来风。火焰大有吞没台长住宅并蹿到与之相邻的天文台东翼之势。幸运的是,天文台救火队的成员们,经过多年应对突发火灾的演练之后,已变得相当老到:他们注意到了警报,并在市政消防员到达之前就扑灭了突发的大火。

* * *

　　米娜·弗莱明在1907年发现了19颗新变星。她识别它们的
125　办法还是跟以前一样,靠它们光谱的变幻,而不是通过叠加星图底片去搜寻。只是到了后来,在做出发现后,她才转而用星图底片对她的发现进行验证。如果捕捉到一颗恒星在不同时候具有不同的面貌——此时亮些,彼时暗些,这就足以判定其变星的身份。但是,追踪它随时间变化的精确过程,有时需要附近有10点或更多点亮度恒定的星光提供佐证。理想情况下,这些邻居中最亮的那一颗要比这颗变星的最大亮度还要明亮,最暗的那一颗要比其最小亮度还要黯淡,而且中间的亮度差不要超过半个星

等。1907年，弗莱明太太发表了她在选择和评估这类恒星标准序列时的惯常做法。《变星的一种照相研究法》（A Photographic Study of Variable Stars）给出了3 000多颗恒星的位置和星等，它们都曾被用于追踪她发现的200多颗变星。

大西洋彼岸的英国皇家天文学会的同行赫伯特·霍尔·特纳（Herbert Hall Turner），对弗莱明太太这项工作评价道："许多天文学家发现1颗变星就有资格感到骄傲，并心满意足地将它的观测任务交由其他人去完成；发现了222颗变星，还为它们的未来做出了大量的工作，这样巨大的成就已近乎奇迹了。"

在每一组恒星中，弗莱明太太用一个"苍蝇屁股拍"测量变星的邻居，给它们标上字母，先将最亮的标为a，再依次标出其他的；然后计算a与b、b与c以及序列中所有其他相邻标号的亮度差。接着，她在第二张、第三张和第四张底片上，对同一组恒星，用同样的方法进行判断。尽管她的序列的排序保持不变，亮度区间的大小却会变。有些底片是用8英寸的德雷伯望远镜拍摄的，其他的用的是贝奇望远镜。望远镜之间的差异，以及底片上感光乳胶之间的差异，都会造成判断结果的不一致。她对每个区间上的4个数字进行平均，用这种办法来避免不一致性。这些均值为她提供了一组"踏脚石"，让她可以从每个序列的这一端迈向另一端。

暂时先假定被标为a的每颗恒星的星等值等于0，弗莱明太太依次将各个区间上的亮度差相加，确定恒星b及其后续恒星的星等值。然后，她再将这些中间值与目视星等进行关联，使其摆脱任意的零起点的影响。台长和他在剑桥与阿雷基帕的助手们，

126

已经反复观测过许多弗莱明太太用于比较的恒星，并记录了它们的星等。她从已发表的报告中提取这些数值，并将它们与自己的进行配对。对于每颗恒星，减去目视星等与照相星等间的差值，她可以得出每个序列的平均差值。最后，她将这个平均差值加到每颗恒星上，从而得出恒星的"被采用的星等值"（adopted magnitude）。

弗莱明太太在这份《照相研究法》的题名页上，标明自己的身份是"天文照片馆馆长"。后来，在美国公民的申请书上，她又将自己的头衔简要地写为"天文学家"，因为申请表上只提供了很小的空间用于说明申请人的职业。在另一栏中，她划掉了"妻子"一词，并在那个格子里打字"丈夫"；还在詹姆斯·奥尔·弗莱明的名字旁边用括号注明"已逝"。从1907年9月9日开始，她正式加入美国籍。

在制定和发布了她的照相标准之后，弗莱明太太开始慢慢地将它们应用于她发现的222颗变星上。这些变星中有不少出现在100多张底片上，她有意在每一张可用的图像上测量它们的光度，以便确定所有222条光变曲线。在此过程中，或者在未来，每当她用于比较的恒星的真实星等成为已知时，她的变星的光变曲线都可以相应地进行调整。

在光度评估领域，一切都是相对的。弗莱明太太的照相标准取决于皮克林的测光法，而后者又取决于过去几十年来一颗恒星与另一颗的目视比较。获得"真实"或"绝对"星等这一巨大渴望，要等探明到恒星的距离以及太空的含尘量之后才能实现：距离会令各种光照变暗，而星尘（如果这种东西真的散落在天空中）有可能会阻碍星光的流动。

皮克林称赞弗莱明太太的《照相研究法》为"用摄影法研究变星的第一个比较星（comparison stars）序列的大合集"。与此同时，他也正在打磨一个单一的恒星序列，作为一种通用的标准。莱维特小姐对这项工作贡献巨大。皮克林预计，有朝一日，会用一串由40多颗恒星构成的哈佛的"北极星序"（North Polar Sequence），为所有的照相星等奠定基础。

皮克林已经61岁了，但仍然可以靠自己敏锐的视力进行目视测光。他即将进行新一轮的黯淡恒星目视评估，使用的是他最新的光度计和从已故英国天文学家安德鲁·安斯利·康芒（Andrew Ainslie Common）的遗产中获得的60英寸反射望远镜。台长的"人差"——他的眼睛与大脑、双手的协调方式——自然跟他的助手温德尔、贝利和瑟尔的人差有所不同；但是几十年没有间断的反复磨合，已经让他们的结果呈现出令人满意的一致性。1908年发表的《哈佛测光星表修订版》就表明了这一点。它提供了9 000颗明亮恒星星等的累积数据。皮克林希望世界各地的天文学家，都会将他从1879年以来呕心沥血的结晶，奉为本领域具有权威性的参考标准。

为了表彰皮克林为推进光度测量和光谱学所做的一切，太平洋天文学会为他授予了1908年度的凯瑟琳·沃尔夫·布鲁斯终身成就金质奖章。皮克林也许更愿意看到这项荣誉能像他经常提议的那样，授予弗莱明太太，但是她获奖的希望似乎有些渺茫。

127

* * *

在全世界范围内得到仔细阅读的《哈佛测光星表修订版》，不仅对分散在之前几卷《纪事》上的信息进行了集中和平均，而且还包含了坎农小姐根据德雷伯分类体系判定的9 000颗恒星各自的光谱类型。这一有益的补充，很快就招致了哥本哈根的一位年轻的丹麦天文学家埃纳尔·赫茨普龙（Ejnar Hertzsprung）的批评。

128　　赫茨普龙跟皮克林一样，对亲手进行光度测量满怀热忱。数年以来，他一直试图将距离纳入恒星光度方程，以便确定恒星的固有亮度。在距离太阳100光年之内，许多恒星的距离已经通过三角学确定。更远的恒星的相对距离，可以从它们垂直视线方向随时间变化的增量运动（incremental movement）中得出——最远的那些恒星展现出的所谓自行（proper motion）最小。赫茨普龙采用这种衡量标准，揭示出有些最亮的恒星距离太阳非常遥远。他只能设想它们是怎样猛烈燃烧的巨星，竟然从太空极深处发射出如此充沛的光芒。

在最亮的那些遥远星光的光谱中，赫茨普龙发现了非常狭窄、非常分明的氢谱线。他认识到这些特征，最初是由安东尼娅·莫里在她复杂的两级分类体系中描述c分类时给出的定义。

作为最早看出莫里小姐方法高明之处的人之一，赫茨普龙为《哈佛测光星表修订版》使用了坎农小姐的改良版分类体系感到遗憾。1908年7月22日，他给皮克林写信抱怨说，新出的这一卷测光星表里所采用的体系过于简单化了。他将它比作仅基于花朵的大小和颜色，而不是基于植物形态，所进行的植物分类。为了强调这一点，他又用动物类比重申了一遍："我认为，在恒星光谱分类中忽略c属性，几乎等同于动物学家发现了鲸鱼和鱼之间的决定性差异，却继续将它们归入同一类。"

皮克林作为第一个发表莫里小姐分类法的人，尽管对其复杂性表示过质疑，仍然很欣赏它的诸多优点。但是莫里小姐的体系仅建立在几百颗恒星的基础之上，也许到数万颗的规模时将不再适用。与此类似，在皮克林看来，赫茨普龙从她的工作中得出的结论，似乎也不够成熟。

从来没跟皮克林断绝关系的莫里小姐，又在1908年的年中给他写信，请他再提供一封推荐信。她在考虑申请某处的物理学和天文学兼职教授职位。台长再次毫不迟疑地称赞了她"刻苦的"研究和"重要的"贡献。不久，莫里小姐告诉皮克林说，她更愿意继续她的研究工作，而不是从事教学。皮克林向她保证说，天文台的大门向她敞开着，尽管他无法向她承诺全职工资。

长久以来，莫里小姐通过自由讲座来补贴家用，她称之为"与星星相约之夜"。她自豪地在宣传小册子中说，她曾经在康奈尔大学、韦尔斯学院（Wells College）、布鲁克林艺术与科学研究所（Brooklyn Institute of Arts and Sciences）、自然历史博物馆的纽约科学院以及纽约市教育局发表过演讲，另外还面向一些学校、文化团体、俱乐部和客厅中的听众举行过讲座。她的收费标准是，单场演讲《太阳、月亮和星星概述》10美元，《可见的宇宙》或《天空的演化》这种4堂课的演讲30美元。她用从皮克林和弗莱明太太那里获取的幻灯片进行演示。莫里小姐在哈得孙河畔黑斯廷斯附近的女子学校教文学的那几年里，他们还寄给她

129

一些天文台的《简报》和其他出版物，让她了解科学动态。

1908年12月，莫里小姐重返天台，担任副研究员。她又与将近20年前为她赢得声誉的分光双星团聚了，与她团聚的还有以一种不规则的、令人无法理解的时间表改变亮度的神秘变星——天琴座 β 星。莱维特小姐同样对天琴座 β 星古怪的行为特性着迷，她多次对莫里小姐表示："在找到法子往天上撒张网，将这家伙拖下来之前，我们是永远都无法理解它了！"

1908年，莱维特小姐在哈佛天图中又发现了56颗新变星，继续将坎农小姐和利兰小姐远远地甩在后头。她还发表了自己关于麦哲伦云的发现。通过对大量底片进行仔细的比对，她观测到了自己发现的所有1 777颗变星从最大亮度到最小亮度的范围，并将这些数据列在12页密密麻麻的表格中。但是，到目前为止，她仅追踪了其中一小部分的完整变化过程。当她将这16颗变星的周期罗列在光度范围的旁边时，一种模式浮现了出来。她在报告中写道："值得注意的是，较明亮的变星具有较长的周期。"她想知道那可能意味着什么，以及这种趋势是否会持续下去。正当她要继续分析更多的周期时，一场疾病在圣诞节前两周左右打断了她的工作。12月20日，她在波士顿的病房里写信，感谢皮克林给她送来了粉色玫瑰和康复祝愿。接着，她回到了威斯康星州的家中休养。

* * *

阿雷基帕的理想天气条件通常出现在5月到10月之间，有时会持续一整年。来自北方的天文学家，会对这种优质视宁度的宁静空气感慨不已。没有巨大的昼夜温差令干爽的大气出现波动，也不会有黎明前的露水凝结在望远镜镜头上。在那里连着待许多个月的人，几乎都希望短暂的多云季节的中断，让他们有时间去修理仪器或打理其他没能顾上的事务。但是，近来无法开工的时间变长了。如今，从11月到次年4月，阴云一直笼罩着望远镜上方的天空。哈佛派驻博伊登观测站的员工，在革命炮火连天时，在当地天花和黄热病肆虐时，都坚持进行观测，但是乌云密布却令人无法忍受。皮克林频繁地就在南非设立备选观测点征求他人意见。同以前在科罗拉多州、加利福尼亚州和秘鲁一样，他需要有人前往可能的地点进行勘察。他再一次选择了索伦·贝利。

在告别午餐会上，埃利奥特校长向贝利致敬，称其为天文台的"无任所驻外大使"。幸运的是，已经54岁的特使，在这次新探险中不必攀登山峰或修筑道路。他整个非洲行程都在平均海拔5 000英尺的高原上展开。尽管在高度上，开普殖民地（Cape Colony）的大卡鲁高原（Great Karroo plateau）与安第斯山脉相比，可谓小巫见大巫，但是它位于更南方的位置，有可能会对南极星序的编排有利，从而与皮克林的北极星序形成互补。

1908年11月17日，贝利独自一人，带着两架望远镜、一台照相机和各种气象设备，离开剑桥市，经由英格兰前往非洲。贝利计划在汉诺威（Hanover）设立一个主站，因为他在伦敦听取了戴维·吉尔（David Gill）爵士和威廉·莫里斯（William Morris）爵士的建议——这两人都曾长期在好望角皇家天文台服

131

务。从那个基地出发，他可以通过短途旅行，抵达奥兰治河殖民地（Orange River Colony）、德兰士瓦（Transvaal）和罗得西亚（Rhodesia）等有待探查的地区。

贝利从开普敦出发，坐了500英里火车，在午夜刚过时，到汉诺威枢纽站下车，然后挤在一种名叫开普车（Cape cart）的带篷双轮马车的后座上，走完了剩下的9英里路。次日凌晨2点，他到达了汉诺威唯一的旅店。"车夫打开门廊上的一扇门，点亮蜡烛后，就离开了。"贝利从这间房里的两张床中选了一张住下。"第二天，店主夫妇过来了，他们竭尽全力让我住得舒服。"

在一个带蓝色云纹封面的横格笔记本上，贝利在一年的时间里对非洲广阔区域的天空的透明度进行了评分。他报告说："晴空的天数，特别是它在一年中的分布，要胜过阿雷基帕许多。"而视宁度或大气的稳定度，则有所不如。移动的气流经常使得恒星在望远镜的视野中来回晃动。气温升降的幅度也超过了秘鲁。有更多的露水需要对付，更不用说还有经常发生的沙尘暴和剧烈的雷暴了。

贝利发现："通常被称作南非稀树草原（veldt）的大片平原，在旱季都是枯焦而毫无生气的，但是在雨季却总是郁郁葱葱而美不胜收。每个农场肯定都有自己的天然泉水，供家庭和农场之用。"在非洲探查过的所有地点中，贝利最中意奥兰治河殖民地的首府布隆方丹（Bloemfontein），觉得它是建立一座永久性天文台的最佳地点。按照他的标准，此处的天空在澄澈度方面得分很高，而且该地区"在社会和教育方面也具有很大的优势"。

贝利在国外期间，阿雷基帕的天空条件进一步恶化。长期休眠的埃尔米斯蒂火山开始冒烟，观测站东边约40英里处的乌维纳斯火山（Ubinas volcano）也喷发了。雪上加霜的是，德雷伯夫人不佳的财务状况导致了经费的大幅度削减。

132

她在1909年1月24日给皮克林写信说："我最近不得不非常仔细地对我的财务状况和前景进行了考虑；令我感到非常遗憾的是，我将无法继续为天文台提供过去23年一直在提供的金额，以便'亨利·德雷伯纪念项目'开展工作。"她计划从8月1日开始，将每月的支持削减为400美元，这比往常的金额少了一半多。"对于不得不迈出的这一步，我感到极为抱歉，这将使您感到非常吃惊，正如它令我感到遗憾一样。幸运的是，我相信我最早为之贡献力量的这项特殊事业，即根据光谱对恒星进行分类的工作，如今已处于相当完满的状态了。"

德雷伯夫人对恒星光谱学的慷慨捐助，确实令她丈夫的英名得到了纪念，而它的"完满"又为进一步的工作开辟了新的研究途径。就在不久前，11英寸德雷伯望远镜——那架为莫里小姐提供了明亮北天恒星详细光谱的望远镜——已经转向了更黯淡的恒星，让它们可以得到更严密、仔细的审查，也使改进它们的分类成为可能。

德雷伯夫人在信的结尾说："为了让做出的改变尽可能明智，我犹豫了很长时间，但是如今我发现已经别无选择了。我很欣慰必须削减补助这件事没有发生在更早的时候，让如此多有价值的工作能够完成。"在年届古稀之年，她喜欢以一种回顾的眼光来看待事物了。

如今已62岁的皮克林，放弃了对博伊登观测站进行一次昂贵的跨大西洋搬迁的所有希望。应德雷伯夫人的要求，他对亨利·德雷伯基金到目前为止已取得的结果进行了总结，并对今后如何使用它做了规划。他当面递交了这份报告。

德雷伯夫人在他们结盟的周年纪念日 2 月 14 日写道："从您来过这里之后，我更仔细地翻看了这份文件，并感觉正如我告诉过您的那样，我们完全有理由自我庆贺。"她对减少经费将导致进展减缓表示遗憾，但是她对这项工作的兴趣或对皮克林的喜爱没有任何减弱的迹象。"我太享受您短暂的到访了——听您谈论台里在完成哪些方面的工作，总是令我开心。我希望您能更经常地脱开身。"

133

* * *

莱维特小姐在位于伯洛伊特的父母家中，休养了一年多。1910 年 1 月，当她觉得终于可以重返工作岗位时，她的身体仍然羸弱，经受不住前往剑桥市的路途奔波。皮克林同意让她在家中远程工作，确定北极星序的恒星的光度。在这种特殊情况下，他寄给她一组玻璃底片，外加她所需要的全副装备：一个木质观测框、一把放大镜和一册分类账簿。刚开始时，她每天只能工作两三小时；但是随着体力的恢复，她增加了工作的强度。5 月，她又健康地出现在天文台，仍然寄宿在她叔叔伊拉斯谟·达尔文·莱维特（Erasmus Darwin Leavitt）家中——他是一名机械工程师和发明家，住在哈佛天文台附近花园街的一所大房子里。

1910年夏季，剑桥市迎来了20多位外国天文学家。来访专家包括英国皇家天文学家弗兰克·沃森·戴森（Frank Watson Dyson），他同时代表了爱丁堡和格林尼治皇家天文台，来自俄罗斯普尔科沃天文台（Pulkovo Observatory）的奥斯卡·巴克隆德（Oskar Backlund），以及波茨坦天体物理天文台（Astrophysical Observatory at Potsdam）台长卡尔·施瓦西（Karl Schwarzschild）。他们都是应天文学大会主办人乔治·埃勒里·海尔的邀请来美国的。

海尔如今是加利福尼亚州威尔逊山太阳天文台的创始台长，他曾在1898年帮助创立了美国天文与天体物理学会，后来又筹划成立一个世界性组织，将自己选择的专业领域——太阳方面的研究者团结在一起。因海尔的发起，国际太阳研究合作联盟（International Union for Cooperation in Solar Research，简称"太阳联盟"）于1905年在英格兰牛津举行了会议，又于1907年在法国巴黎再次聚会。海尔在筹备1910年的帕萨迪纳会议时，希望吸纳皮克林为联盟会员。海尔觉得，皮克林这样一位举足轻重的人物，可以帮助太阳联盟将研究范围拓展到太阳以外的其他恒星。此外，皮克林作为美国天文与天体物理学会会长，是为该组织主持一次东海岸开放会议的绝佳人选。如果选定的会议时间合适，它将有助于吸引外国研究人员参加太阳联盟的西海岸大会。皮克林同意在8月召集学会会员和外国客人来哈佛开会，然后陪同到访者乘坐火车，横穿美国，去参加威尔逊山的太阳联盟大会。

皮克林在1910年8月20日的旅行日记中写道："我的冒险经

历在火车离开波士顿前就开始了。搬运工没告诉我，我的休息室在哪节车厢。我从一节车厢找到另一节车厢时，被锁在了两节车厢之间！当威廉·皮克林一家和贝利教授高兴地向我挥手道别时，他们都不知道我成了被单独关押在玻璃房中、无处可逃的'囚犯'。"

刚结束的3天哈佛会议的演讲，令每个人都受益匪浅。6位杰出的外国参会者，在他们的主动要求下，被选为学会的会员。大家都很喜欢皮克林在技术性议程之间，穿插安排了适当的娱乐活动，比如周三下午是集体徒步旅行到位于米尔顿的哈佛附属蓝山气象台（Harvard-affiliated Blue Hill Meteorological Observatory in Milton），周四又去了韦尔斯利学院的怀廷天文台（Whitin Observatory）。周五，皮克林考虑到大家的疲倦，只是将他们带到了哈佛广场的哈佛学生天文学实验室。在这一周期间，无论何时，他的员工都会领着感兴趣的参观者到他们想去的任何现场观摩——从望远镜圆顶室到砖砌建筑中的天文照片馆都有人参观。皮克林在日记中说，他觉得他也许会在西行的列车上睡三天大觉，但实际上一些重要的委员会工作，让他一路上的日程都安排得满满当当。

皮克林在摄影和光度测量方面的专家地位，使他成为两个主要的欧洲星图项目组的盟友，其中一个的总部在巴黎，另一个的总部在荷兰格罗宁根。这些项目已经进展到为照相星等选择标准参考的阶段。皮克林希望看到两个项目采用同一标准，也希望这个标准就是《哈佛测光星表修订版》。作为照相星图大会照相星等委员会［巴黎项目，又称照相天图（Carte du Ciel）］的主任，皮克林拥有相当大的发言权，但是也有人提出了其他一些光度标准，因此需要通过投票来决定。哈佛的主要竞争对手是皮克林这个委员会中的卡尔·施瓦西，他提出了自己的照相星等的波茨坦标准。碰巧的是，施瓦西与皮克林在同一列火车上。委员会另外还有两位成员也在车上——牛津的赫伯特·霍尔·特纳和普尔科沃的奥斯卡·巴克隆德。这样就达到了法定的投票人数。事实上，参加旅行的天文学家会议代表，都很方便地集中在两节特别租用的车厢里。

1910年8月21日（星期天），在皮克林的记录中他们到达了"没有令任何人感到失望的尼亚加拉瀑布。瀑布的轰响，只有在天文学讨论时才被打断。每当我静坐下来，就算是委员会举行非正式的会议了。上午，乘车前往山羊岛（Goat Island）。在神奇的电气化铁路上，可以看到整条河流。下午，通过'雾中少女'（是游船，不是年轻女士），从底部观看了美国一侧的瀑布，令人印象深刻（也是我看到的最壮观的瀑布景观）。我的外套都淋湿了，只好将背转过去，让太阳将它晒干"。

他们在周一抵达芝加哥，参观了几个公园和芝加哥大学的物理学实验室。当他们在夜幕降临之际再次登上火车时，又有好几位天文学家加入了他们的行列。渥太华自治领天文台（Dominion Observatory）的约翰·斯坦利·普拉斯基特（John Stanley Plaskett），对旅途中的亮点做了他自己的记录。他津津乐道地将这群人"乘坐两节专门的车厢，在8天的时间里横穿北美大陆的旅程"，形容为"跟家庭聚会差不多"。

8月23日（星期二）那天，皮克林上午与特纳进行长谈之后，提出在他的休息室举行一次照相星等委员会会议。"巴克隆德、施瓦西、特纳和我就此事讨论了两个小时。我们太忙了，直到会议结束，才发现天气酷热。即便是阴凉处也达到了102℉^①。你将温度计插到嘴巴里，水银柱还会下降！车窗外吹进来的微风，热得像炉子里吹出的火风。我们都热惨了，好几位女士病倒了。"许多来访的天文学家都带了夫人同行，哈佛本校著名的弗莱明太太也在车上。

136

第二天，也就是8月24日（星期三）这天，皮克林整个上午都在写自己负责的那部分照相星等委员会报告，以便赶在下午3点继续召开另一次会议前能完成。这一次会议，将新加入一位成员——叶凯士天文台的埃德温·布兰特·弗罗斯特（Edwin Brant Frost）。皮克林后来在日记中以现在时态，重现了当时的场景："他们不愿意来，因为温度接近100℉，还指着特纳说，他都睡着了。我将他叫醒，并让所有人都出席了在我休息室里召开的会议。天气太热，他们都交不出自己负责的那部分报告。因为我们的劳动（也确实是辛勤的劳动），大家都认同了一种有可能成为世界通用标准的照相星等体系。就算我在其他方面都毫无成效，光凭这一点，我这2 000英里的长途旅行就不算白费了。天文学家们都非常友善，非常给面子。施瓦西放弃了他的（波茨坦）体系，并接受了哈佛体系。我在这方面发挥的作用，可以说是我所完成的最重要的工作之一。"就这样，哈佛测光星表作为标准被采纳——皮克林此行的首要目标之一，在火车穿越大分水岭（Great Divide）之前就已生米煮成了熟饭。

---

① 102℉≈38.9℃。——译者注

星期四，珀西瓦尔和康斯坦丝·洛厄尔夫妇在亚利桑那州弗拉格斯塔夫市，领着到访的天文学家们参观了洛厄尔天文台，然后挥手送别他们前往游览美国西部风景壮丽的自然奇观。"星期六，8月27日。上午步行到大峡谷边的另一个景点。在旅馆打字员的帮助下，准备了6份第三稿照相星等报告。傍晚动身前往帕萨迪纳。"皮克林在推进哈佛照相星等的标准上取得了成功，如今他只希望根据光谱进行的德雷伯恒星分类体系，在即将面临的国际认可的考验中也能顺利过关。

自从西奇神父通过目视观测，根据颜色和几条谱线对恒星进行分类以来的50年里，人们提出了大量的分类方案。光是哈佛，就给出了两种——也可以说是三种，取决于你如何看待坎农小姐对弗莱明太太原始德雷伯星表的修正。各种互不兼容的术语确实在各行其道。皮克林在与其他天文学家交谈时，为了让对方能完全听明白，他经常将哈佛记号翻译成更简单的西奇名称。比如说，将坎农小姐的 F 5 G 恒星，描述成属于西奇的第 II 类（一种里面有许多谱线的光谱）。西奇的体系，尽管像拉丁语法书一样令人感到熟悉，但是缺少用来描述摄影术和现代分析技术揭示的所有的光谱差别的"词汇"。天文学家们知道，选择一种分类体系坚持用下去，或者创设一种新的混合体系，都可以增进他们彼此间的交流。此事预定在威尔逊山上讨论——在太阳联盟就是否将其领域拓展到其他恒星进行辩论之时。

在莫哈韦沙漠（Mojave Desert）中热得无精打采的天文学家们，于1910年8月28日（星期天）下午晚些时候抵达了帕萨迪纳，住进了马里兰宾馆。在波士顿组建，又在芝加哥扩编的学术

137

团体，如今与西海岸的居民以及新近到达的太阳联盟代表（最远有从日本赶过来的）会合在一起。参会人员多达87位，代表了13个国家和50个天文台。这是有史以来规模最大的天文学家集会。

"8月29日，星期一。第四个忌日。"皮克林无疑会在有生之年，继续标出莉齐去世的日子。这一年，他是在好伙伴们的陪伴下度过那个凄凉日子的——他在威尔逊山太阳天文台参观了办公室、实验室和机械加工厂。这些设施占据了城里一栋单层的混凝土建筑。海尔在那里与这队人马会合，并向他们解说了未来几天他们将在山顶上看到的那些独特仪器是如何制造出来的。在海尔和他妻子埃维莉娜·康克林·海尔（Evelina Conklin Hale）举办的午后游园会上，天文学家们见到了帕萨迪纳一些最有影响力的市民。

他们在周二花了一整天才到达威尔逊山的山顶。一些天文学家，尽管穿着西装、打着领带、戴着常礼帽，还是骑着带鞍的马和骡子登山。另外有一些人选择了步行。包括皮克林和弗莱明太太在内的大多数人，都乘坐了马车。"路上要转好几个危险的弯，有一次，我们都下了车。道路很狭窄，没办法超车。很多地方，外侧的车轮距离路沿（和死亡）不足一英尺。"那些敢于向下张望的人，则盛赞了山谷里优美的橘园和葡萄园。

皮克林受连日谈话和沙漠碱性粉尘的影响，喉咙嘶哑了。在山顶上，他躲在分配给他的单间小屋里休息。"生活非常原始，但是很舒服。没有给靴子打鞋油的工具，靴子上总是有一层白色的灰尘，都看不出黑色了。在美国的这个地区，人们用鸡毛掸子代替了鞋油刷。我最需要的是一头奶牛和一个浴盆。水是稀缺品，牛奶更是如此，因为山顶没有牧草，所有的牲口草料都得拖上山来。"与此相反，最近访问过的洛厄尔天文台，则养着一头名叫"金星"的奶牛。

太阳联盟全会议程中的大多数讨论主题，都与太阳直接相关，自然而然地混合使用着英语、法语和德语。直到最后一天（星期五）的下午，研究太阳的科学家们才通过投票，一致同意将他们的研究拓展到其他恒星，并正式考虑恒星分类问题。

"任命了一个14人委员会，我被推选为主任。（他们都友善地说："当然要选您。"）我站起来表示了感谢，并请委员会的成员们在散会后留下来，以便我们马上开始工作。听众中爆发出一阵哄笑声，因为大家都听说了，我们在气温高达100℉时还在开会。"

每个被任命为这个新委员会成员的人都毫不畏惧，听从皮克林的请求留了下来，并听他讲述亨利·德雷伯恒星光谱分类的故事。他描述了恒星光谱分类字母表中的字母，如何改变通常的次序，变成了坎农小姐的排列；其中每一个类别，似乎都定义了恒星的一个不同的生命阶段。皮克林没有强求大家采纳这种体系。他预计，这个委员会（更不必说整个太阳联盟）要经过多轮讨论，才能在分类一事上达成共识。如今，他只希望同行能熟悉他最了解的这种体系，并就下一步该如何走，听取他们的意见。

第一个发言的是威尔逊山天文台的副台长沃尔特·西德尼·亚当斯（Walter Sydney Adams），他大声地对德雷伯体系表示支持。随后的讨论很快就证明，大多数成员都跟他一样，对它评价甚高。皮克林在日记中惊叹道："令我也令其他人吃惊的是，几乎所有人都赞同我们的体系，因此不仅没有人试图用别的体系替代它，反而还给了它我所能企望得到的最强支持。"

139

140

第九章

莱维特小姐的关系

向东开往波士顿的火车，没有给天文学家预留任何车厢，皮克林也就找不到多少机会进行拉票活动了。但是，他还是设法在旧金山和丹佛之间，与新成立的恒星光谱分类委员会的两位成员，进行了短暂的会晤。他们共同拟定了一份关于德雷伯体系优缺点的同行调查问卷。尽管委员会全体赞同德雷伯分类体系，但有人想在3年后于波恩（Bonn）召开的下一届太阳联盟大会上提议正式采纳它之前，或多或少地对其进行一些修改。

德雷伯体系命名法的美妙之处在于它数据的丰富性。哈佛的德雷伯纪念星表包含了3万多颗恒星，还没有哪家分类敢与之争锋。大量恒星落在相对较少的类别之中，这也证实了该体系的有效性。就复杂程度而言，德雷伯体系也在西奇的极简主义与莫里小姐的烦琐体系之间，达成了一种令人愉快的折中。此外，它完全依靠可观测到的差别，并没有为哪种特定的理论辩护。

从一开始，皮克林就一直为不进行理论化而自豪。但是，到1910年时，年轻的天体物理学家们都颇为烦躁地投入了理论的怀抱。理想的分类体系必须足够严密，可以引导和支持新的研究；同时还要足够灵活，可以包含恒星动力学、分布和演化方面相互冲突的思想。

141

1910年11月，恒星光谱分类委员会秘书、宾夕法尼亚州阿勒格尼天文台（Allegheny Observatory）的弗兰克·施莱辛格（Frank Schlesinger），寄出了他在火车上帮忙起草的调查问卷。它被寄给了所有15位委员，以及委员会之外因为对分类有强烈兴趣或专长而被挑选出来的十几个人，其中尤其值得一提的是安妮·坎农、威廉明娜·弗莱明、安东尼娅·莫里，以及强烈支持莫里小姐方法的丹麦天文学家埃纳尔·赫茨普龙。

调查问卷先是简要回顾了太阳联盟大会闭幕时，在威尔逊山召开的委员会临时会议。鉴于所有出席人员都认同德雷伯分类是有史以来最有用的分类法，问卷上第一个问题是："您是否赞同这种观点？如果不赞同，您倾向于哪种体系？"

同预计的一样，在接下来几个月里陆续寄过来的回复，绝大多数都赞成德雷伯体系。就连赫茨普龙也表示了支持，尽管在回答第二个问题（"不管是否赞成，您注意到了哪些反对德雷伯体系的意见，您会建议进行哪些修改？"）时，他提出了一些具体的改进要求。

有一些天文学家对该体系的字母命名有些意见。他们觉得，用B和A之类的普通标号，无法在头脑中浮现任何有用的形象。相比之下，诺曼·洛克耶在1899年创设的体系是用每个类别中一颗具有代表性的恒星的名字，给该类别整体命名，比如，小犬座中一颗黄色恒星南河三（Procyon），给出了洛克耶的南河三类（Procyonian division）的定义——这个术语虽然烦琐，但容易在人的脑海中唤起回忆。

皮克林和弗莱明太太在引入字母命名时，谁也没有将它们当成永久不变的东西，而是当成中性化的符号，在其意义浮现之时，可以轻而易举地代之以有意义的名称。尽管如此，多年的使用已经让这些字母饱含意义。至少在哈佛，提到 A 类，研究人员马上就能在脑海中联想到天鹰座中的牛郎星这类 α 星，散发着蓝白色的光芒，具有单纯由氢谱线组成的光谱。

在对大写字母命名表示满意的天文学家中，有一些人对德雷伯体系没有按字母次序排列感到遗憾。他们觉得，O、B、A、F、G、K、M 这个排序，看上去显得怪异而随机，就像毫无意义似的。莫里小姐完全拒绝按字母次序排列这一提议——不只是基于美学方面的考虑，而是因为她已确信，像现在排列出的这些类别，代表了恒星演化的真实过程。她告诉委员会：在猎户星云和昴星团星云中，O 类和 B 类恒星"占绝对优势"，这证明恒星诞生于发蓝白热光的气态星云之中。随着恒星年龄的增长，它们会冷却，渐渐变成白色，然后是黄色，最终在红色衰老期中度过最后的岁月。因此，给每个阶段附加上的字母和数字，应该反映恒星生命不间断的流变。

同莫里小姐一样持有演化观点的那些天文学家，通常用"早期恒星"指白色恒星，并称红色恒星为"晚期恒星"。那些反对者则坚持使用颜色词汇，并警告不要将分类与一种演化理论绑定在一起。普林斯顿大学的亨利·诺里斯·罗素（Henry Norris Russell）是皮克林这个委员会中最年轻的成员，他构想的演化路径与莫里小姐描述的不同。罗素认为恒星也许开始是红色的，接着升温变黄或变白，然后又冷却，再次发红。他在理论上进一步推测，恒星根据它们诞生时的质量会经历不同的生命过程，只有质量最大的恒星才会达到最高的温度。

罗素宣称："在我看来，德雷伯分类中的字母名不按字母次序更好。这有助于防止新手们认为它是建立在某种演化理论的基础之上的。"显然，作为一种标记方案，字母表可以不按次序，但是仍然有效——甚至还能提高它的效用。皮克林在他打字机的QWERTY键盘上，可以看到这一点。

调查问卷的五个问题中的第三个包含了三部分："本委员会目前或近期推荐人们广泛采纳某种分类体系，是否明智？如果不明智，您认为还必须先进行哪些补充观测或其他工作，才能进行这种推荐？您是否愿意参与这项工作？"

人们对这个问题的反应不一，且超越了派系界限。有些对德雷伯体系表示过最明确支持的人，因为担心时机还不成熟，犹豫要不要推动它被正式采纳。德雷伯体系无疑胜过了所有的竞争对手，但是也许还有某种有待创建的宏大体系会取而代之。

143

来自叶凯士天文台的委员会成员埃德温·弗罗斯特，很久以来就梦想能仿效动植物的分类体系，将太空王国也划分为门、纲、属、种，并且统统冠上拉丁文名称。他仍然希望天文学家们将那种体系设定为未来的目标。但是目前，弗罗斯特觉得改动德雷伯体系是鲁莽的，尤其是考虑到皮克林的个性。弗罗斯特在回信中发出警告说："因为习惯性地对其他人的观点表示客气的考虑，皮克林台长也许会采纳那些在一定程度上有共识的建议，这样一来，我们就会在当前这种混乱局面中再添一种分类体系。"

第四个问题有关一个细节："您是否觉得有必要像莫里小姐在《哈佛学院天文台纪事》第28卷中那样，在分类中包含某种记号，表明谱线的宽度？"这个问题也很奇怪地引发了意见分歧。坎农小姐和弗莱明太太两人给出的都是有保留的支持。坎农小姐指出，这种区分只适用于一小部分研究中的恒星。弗莱明太太支持任何不需要长篇附注的记号。

最后一个开放式的问题是："您想建议什么其他的分类标准吗？"得到的回答差别很大，但是大多数人没有回答。

当皮克林告诉德雷伯夫人，以她丈夫的名字命名的体系，得到了越来越多的夸赞时，她称之为"一场胜利"，认为它是台长在该分类体系中所投入的多年辛劳，以及在对它进行扩展方面花的心思，所应得的回报。德雷伯夫人说，她为他感到高兴，也为达到了纪念亨利的目的而高兴。

* * *

坎农小姐感到"深受"分类体系采纳事件的触动。她在回忆录中写道："距离我们的太阳最近的恒星也非常遥远，而我们知道这些恒星也是太阳，在组成上，它们中有许多跟我们的太阳处于完全相同的状态。因此，太阳联盟对天体的组成感兴趣是名正言顺的。"尽管她对他们的兴趣表示欢迎，但她也担心"万一这个庞大的国际组织，采纳其他某种分类体系，而不是采纳我们的，那就麻烦了"。

弗莱明太太根据透过望远镜物镜端放置的棱镜拍摄的数千条

微小的光谱，创建了第一个德雷伯星表。这些照片对光谱的紫色端描绘得相当好，但是几乎没有捕捉到红色端。因为更新的摄影技术以及经过改进的干版底片可以覆盖更宽的光谱范围，坎农小姐用新的照片对原来的某些恒星进行了复查，以测试德雷伯分类体系是否可靠以及是否经得起时间的考验。她煞费苦心地开展了"盲式"工作，首先对较宽的新光谱进行分类，然后再查看弗莱明太太标出的名称。令她感到欣慰的是，两者在整体上相吻合。显然，用光谱的紫色端就足以确定恒星的身份。坎农小姐纠正了原来的一些分类，但是更多的时候是，她仅仅用手头新添的光谱细节对它们进行了一些增补，比如将 F 类改成 F 5 G 类。

弗莱明太太通过重新查看原来被归并到"特殊"类中的许多光谱，修订了日益改进的德雷伯星表。她要赶紧将多卷《纪事》交付印刷，因此她发现变星的步调依然缓慢。那个冬季，她"仅仅"发现了 8 颗。但是，1911 年初，为表彰她累积起来创造的总记录，墨西哥天文学会给这位变星高手，授予了瓜达卢佩·阿尔门达罗（Guadalupe Almendaro）金质奖章。她还是没能获得布鲁斯奖章，但无论是在美国天文与天体物理学会的同行中，还是在国外的粉丝中，都不乏赏识她的人——他们还推选她成了英国皇家天文学会和法国天文学会的荣誉会员。

弗莱明太太经常光临萨拉·怀廷教授在韦尔斯利学院的课堂去担任客座讲师。因此该学院授予她天文学荣誉研究员称号。当她打算在 5 月底，再去韦尔斯利学院讲一次课时，整个春季一直困扰她的疲乏发展成了全身不适。她选择了住院休息，但是刚入院，她的身体状况就开始恶化，并患上了致命的肺炎。当时正在智利一家大型铜业公司担任总冶金师的爱德华·弗莱明，没能在1911年5月21日他母亲去世前，及时赶回波士顿见她最后一面。弗莱明太太享年54岁，将生命中的30年全部奉献给了哈佛天文台。

6月2日，亨利·诺里斯·罗素从普林斯顿大学给皮克林写信说："我刚才非常遗憾地在《科学》杂志上看到弗莱明太太的讣告。我无论如何都得马上给您写信，表达我对这一损失的痛惜之情；我知道整个哈佛天文台圈子，以及更广泛的外界的朋友们，都会从多方面深切地感受到这种损失。"年轻的罗素在剑桥市召开的多次会议上，以及上个夏天长途跋涉到帕萨迪纳参加太阳联盟活动时，都曾与弗莱明太太相聚。他痛惜地说："她的去世是科学界的巨大损失，对她的朋友们也是个可怕的打击。我不认识她常常挂在嘴边的爱子，因此不好向他表达哀思，但是听到她去世的消息后，我感受到的损失是如此痛切，很自然地就写信给您了。"

皮克林在《哈佛毕业生杂志》(*Harvard Graduates' Magazine*)上，发表了为弗莱明太太写的悼词。他在文中重述了弗莱明太太这些年与他分享的关于她祖先的传奇故事——克拉弗豪斯的"格雷厄姆战斗家族"(Claverhouse "fighting Grahams")的部分内容——她的曾祖母如何跟第79苏格兰高地部队的沃克上尉私奔，随同他前往西班牙参加半岛战争，后来又刚好在上尉阵亡的那一天，在科伦纳(Corunna)战场上生下一名男婴。家族祖传的硬气，无疑让弗莱明太太挺直了腰杆。作为她多年的上司，皮克林可以证实："只要告诉她究竟需要什么，她就能保证将事情的方方面面办得妥妥帖帖。"在列举了弗莱明太太众多的天文发现和独特贡献之后，皮克林说她"为女性树立了光辉的榜样，在更高的科学道路上取得了成功，却丝毫不失女性特有的天赋与魅力"。

亨利·诺里斯·罗素在《科学》杂志上读到的那份弗莱明太太的讣告，是坎农小姐写的。她另外还写了一篇较长的，刊登在《天体物理学报》上。这两篇文章为坎农小姐提供机会，去称赞她过世的朋友拥有"天生清晰而聪明的头脑""极具魅力的个性"以及"从事科学事业的女性有时容易缺乏的怜悯之心"。坎农小姐还用心地描述了交由弗莱明太太精心照管的珍贵玻璃底片藏品："每张照相底片都像是一本仅存孤本的珍贵图书，不仅非常脆弱，需要妥善保存，同时还要方便取用，以便随时可以查看。"

让坎农小姐接弗莱明太太的班，正式担任天文照片馆馆长，似乎是顺理成章的事。皮克林在1911年10月，向哈佛大学的新校长阿博特·劳伦斯·洛厄尔（Abbott Lawrence Lowell，珀西瓦尔·洛厄尔的弟弟，他是在查尔斯·埃利奥特于1909年退休后走马上任的）提出了这个想法。皮克林说，坎农小姐在弗莱明太太去世后，不但完全肩负起了馆长之职，而且"非常令人满意地"完成了使命。此外，他还以背书的形式补充道："坎农小姐在恒星光谱分类领域是顶尖级的权威，在变星领域可能也算得上。"

洛厄尔做了负面的回应。他在10月11日回复说："我一直觉得弗莱明太太的职位有些破格，最好不要给予她的继任者同样的待遇，使之成为惯常的做法。"因此，他拒绝向哈佛董事会推荐坎农小姐担任这个职务。相反，他建议皮克林将天文照片馆的工作当作普通的部门工作，自行对她进行安排，这样可以省去不少麻烦，不用付那么高的工资，也不用在大学手册上列出她的姓名。

客座委员会的成员们对此感到大惊失色。在1911年的报告中，他们在谈到对坎农小姐的轻视时说："很反常的是，尽管她在全世界范围内，都被认为是这一领域当今在世的最伟大的专家，而且她为天文台提供了如此举足轻重的服务，却不能在哈佛大学拥有一个正式的职位。"

坎农小姐并没有因为被拒绝授予大学的正式头衔，就不好好履行职责。1911年10月，她着手开展了一些统一和增强德雷伯体系的新项目。她对莫里小姐那些明亮的北方恒星重新进行了分类，并将它们的罗马数字转换成了符合当前德雷伯记号的格式。她继承了弗莱明太太未竟的事业，让黯淡南方恒星的最后星表中那1 688个条目各就其位。她判断的速度有所提升，把握也更大了，她对这项工作的热爱也是如此。坎农小姐觉得，她不如就这样干下去，查看更多的底片，继续无限地进行分类，成倍地扩充德雷伯星表。

* * *

截至1911年，皮克林的变星观测志愿军席卷了美国东北部，并向西拓展到了加利福尼亚州。甚至在澳大利亚也设立了一个"边哨站"。新英格兰一些学院，比如阿默斯特学院（Amherst）、瓦萨学院和曼荷莲女子学院（Mount Holyoke）的师生，都劲头十足地参与了日常观测。英国天文协会变星分会的业余爱好者们，每个月都会提供强大的海外支持。哈佛自己的专业人士仍然处于领军地位，光是利昂·坎贝尔一个人，平均每个月都要通过一架24英寸反射式望远镜，进行1 000次观测。

　　1911年春，当皮克林将坎贝尔派往阿雷基帕，担任博伊登观测站的站长后，坎贝尔的注意力转向了。这个新的职位要求坎贝尔监视那些长期被忽视的南方天空的长周期变星，但是也迫使他放弃了北方对应的变星。为了填补坎贝尔的空缺，皮克林向志愿者队伍发出了号召。他拟定了一份由374颗需要频繁监视的变星组成的清单，并将每一颗分配给一个或多个定期观测者。皮克林还分发了这份清单，邀请其他人加入。考虑到恶劣天气、月光和个人繁忙等可预计的原因所造成的中断，一颗恒星被再多双眼睛盯着也不为过。他准备了印好的表格，以便大家填写报告；提供了寻星图（finder charts），以帮助新加盟的人员定位分配给他们的星星；答应发表志愿者的观测结果。皮克林还竭力主张他的志愿者队伍彼此间加强交流，尽可能进行协作，比如在一个月的不同日子或在一个晚上的不同时辰进行观测，以免出现任何不必要的重复劳动。

148

　　《大众天文学》编辑赫伯特·C. 威尔逊（Herbert C. Wilson）认为，需要对变星观测者进行更高程度的组织。在这份杂志1911年的8月、9月号上，威尔逊向读者恳请道："我们美国就不能有个下辖'变星分会''木星分会'之类的观测者协会吗？"来自康涅狄格州诺威奇（Norwich）的律师、狂热业余观测者威廉·泰勒·奥尔科特（William Tyler Olcott），几乎马上就响应了他的号召，宣布在10月组建美国变星观测者协会（American Association of Variable Star Observers，AAVSO）。

奥尔科特之所以痴迷变星观测，是因为他在1909年参加皮克林台长的一次公开演讲时，受到了他的感染。他们两人后来通了书信，皮克林看到奥尔科特的专心投入之后，就安排利昂·坎贝尔到他位于康涅狄格州的家中，对他进行指导。美国变星观测者协会的创建，让奥尔科特与哈佛间原本已经很密切的关系变得更加牢固了。

曼荷莲女子学院的安妮·休厄尔·扬（Anne Sewell Young）教授，是皮克林最可靠的定期观测者之一。她马上就加入了奥尔科特创建的协会，成为创始会员。1911年12月，她近期的一些观测结果成为美国变星观测者协会首次发表在《大众天文学》杂志上的观测报告的一部分。不久，韦尔斯利学院天文台的萨拉·弗朗西丝·怀廷及其助理利娅·艾伦（Leah Allen），还有玛丽亚·米切尔在瓦萨学院的接班人卡罗琳·弗内斯（Caroline Furness），也加入了美国变星观测者协会。这个团体欢迎所有全身心投入的爱好者，而不管其白天从事何种工作。比如说，查尔斯·Y. 麦卡蒂尔（Charles Y. McAteer）就是匹兹堡、辛辛那提、芝加哥和圣路易斯铁路公司的一位火车司机。夜班货车开进匹兹堡站之后，他就会回到家里，用后院那架3英寸的望远镜观测变星，直到黎明。

美国变星观测者协会的会员们，将精力集中于长周期变星的观测。这类变星大多会在几个月到一年多的时间里，逐渐增亮再

变暗，亮度变化可以高达9个星等。它们总是沿着亮度标尺向上
或向下，为皮克林的追随者填满安静的数小时。但短周期变星却
很难用望远镜追踪。在几天之内，有时是几小时之内，它们突然
闪亮，然后逐渐黯淡下去。在其他时间里，它们一直处于最低亮
度范围的休眠期。人们需要走大运，或者通过一系列的抓拍，才
能瞥见它们短暂的光芒。正是1905年在两三天时间里拍摄的一
系列照片，让莱维特小姐警觉地发现：麦哲伦云中有无数快速变
化的恒星。

149

* * *

莱维特小姐在父亲于1911年3月4日去世后，又被召回了威
斯康星州。春季和夏季她都在帮母亲处理莱维特牧师不多的遗
产。秋季她返回了剑桥市，发现天文台这个大家庭还在为失去弗
莱明太太进行调整。坎农小姐负责监管计算员。1892年就加入
天文台的老职员梅布尔·吉尔（Mabel Gill），已经接手了几卷
《纪事》交付印刷前的准备工作。她与另一位经验丰富的同事萨
拉·布雷斯林（Sarah Breslin）一起，对弗莱明太太长期从事的
一项变星测量工作进行收尾。这些变星都是弗莱明太太发现的，
而测量工作都是比照她专为此筛选出的222颗恒星序列进行的。
莫里小姐再次逃进了哈得孙河畔黑斯廷斯的德雷伯老宅。

莱维特小姐重新开始在哈佛的星空图上搜寻新的变星，继续
思索着她在麦哲伦云中遇到的数千颗变星。

两团南方星云中充斥着如此之多的变星，这是无与伦比的。

莱维特小姐在小麦哲伦云中，找出了900多颗，在大麦哲伦云中找出了800颗——她甚至都还没有冒险进入这两团星云的中心部位，那里的星星全都堆积在一起，根本无法区分开。

索伦·贝利猜测道："如果整个天空中的恒星都那么稠密，它们的数量会超过100亿，并让整个夜空亮如白昼。"贝利在阿雷基帕时，从航行于南半球的轮船的甲板上，以及在南非的大卡鲁都巡视过南方天空。在这些偏远的观测点，他置身于完美的黑夜之中，目睹过星光灿烂的银河溢过夜晚地平线的景象。他的望远镜将天遥地远的距离尽收眼底，让他徜徉在那条恒星之河里。莱维特小姐无缘与天空进行这种亲密接触，只能想象自己目瞪口呆地站在安第斯山脉中，置身于蜿蜒的南方银河之下，看着麦哲伦星云像两头迷途绵羊似的，在后面追赶着这条恒星之河远去的脚步。

150

贝利相信这两团星云是有别于银河系的独特天体系统。如果真的是这样，如果它们确实存在于银河系边界之外，那么每一团星云本身都构成了所谓的岛宇宙（island universe）。也许，散布在太空中的许多其他斑点状的白色星云状天体，都是独立于银河系之外的恒星系统。

贝利用布鲁斯望远镜分别曝光2小时和4小时所拍摄的麦哲伦云，显示出一团团最低达到17星等那么黯淡的星星。莱维特小姐在它们身上为最初的研究找突破口时，也采用了贝利研究球状星团时的策略：在一张玻璃板上画出1平方厘米的十字丝，让它变成一张透明的坐标纸。然后，她将这个十字丝与麦哲伦云的图像叠在一起，将一小组一小组的星星圈在一起，并通过一个装有测微叉丝的目镜，对它们进行清点。

　　她排除了所有的干扰，对单个的成员进行区分、编号，记录它们的相对位置，并追踪这些变星亮度随时间的变化。变星彼此靠得太近，会让她的任务变得更为复杂，它们与合适的比较星靠得太近时，也会如此。这些变星的变化模式，也向她提出了挑战，因为它们中的大多数在大部分时间，都保持最黯淡的状态，却会在很短的时段内突然变得明亮。在1908年发表的《麦哲伦云中的1 777颗变星》（1 777 Variables in the Magellanic Clouds）中，莱维特小姐尽最大努力对每颗变星的光度范围以及它们的最大值和最小值进行了测量。她仅追踪到16颗变星的完整光变曲线，但是，如此少量的且经过选择的样本（仅占全体的1%）还是显示出了一种耐人寻味的趋势：越是明亮的变星，周期越长，就好像两者存在强相关关系似的。

　　因为这16颗变星都属于紧凑的小麦哲伦云，莱维特小姐推测，它们都处于同地球大致一样远的地方——就像她在威斯康星州伯洛伊特的所有亲戚，距离剑桥市都差不多同样远。因此，那些看起来比较明亮的变星，实际上肯定就比较明亮。

　　莱维特小姐很清楚，亮度与周期间这种出人意料的相关性，有可能只是巧合。但是如果同样的模式对于更大量类似的变星也成立，那么这种相关性本身也许预示了某种非同小可的东西。

151

　　1911年，莱维特小姐在玻璃底片上追踪到另外9颗变星的一步步的变化过程。同之前一样，越是明亮的变星，其变化周期越长。她将这些数值画在一张图上，用周期长度作为横轴，将最大和最小的光度值放在纵轴方向上。将这些点连起来，她得到了两条平滑的曲线，用对数坐标表示周期后，她的曲线一下子变成了直线。莱维特小姐的变星所呈现出的这种趋势是真实存在的。1912年3月3日，皮克林在一份《哈佛学院天文台简报》上宣布她的结果时，称之为"非比寻常"。他使用了"定律"一词，来描述她对小麦哲伦云中的25颗变星的发现：光度越大，周期越长。这意味着某些类型的变星用它们光周期的长度，透漏出它们真实的光度。这些变星宣告，可用于标示太空中更遥远距离的东西问世了。一旦天文学家获知了破解恒星密码的密钥——将明亮程度与每一个周期联系在一起——他们就可以通过查看时钟，确定恒星的光度，然后再凭借艾萨克·牛顿平方反比律，得出星际距离：如果一颗变星的亮度只有另一颗同周期变星亮度的四分之一，那么它到我们的距离必定是后者的两倍。

丹麦的埃纳尔·赫茨普龙迫不及待地采纳了莱维特小姐的周光关系（period-luminosity relation）。他也一直在绘制坐标图，将恒星的一个特性与另一个特性进行对比，以测试它们的相关性。与他那个时代的许多人（但不是所有人）一样，赫茨普龙将德雷伯光谱分类视为一种温度梯度：蓝白色的O类恒星最热，红色的M类恒星最冷。因此，两颗光谱几乎相同的红色恒星，温度也差不多相同；如果其中一颗看上去比另一颗亮，那么它要么是距离我们比较近，要么就是比较大。赫茨普龙经常会通过两颗此类恒星的自行，来判断它们的相对距离。如果较远的那一颗，即移动较少的那一颗恒星更明亮，那么它必定有更大的表面积来辐射它的光。这种推理过程打开了赫茨普龙的思路：有可能存在异常巨大的恒星，即巨星。以前，他称赞莫里小姐注意到了可以将巨星与矮星区分开来的光谱细节。如今，他感谢莱维特小姐为原本无从着手的距离测量提供了手段。

赫茨普龙在银河系中识别出了十几例与莱维特小姐之星类似的变星。它们遵循同样的光变曲线，也会急剧地攀升到最大亮度，然后再逐渐变暗。这些星星与莱维特小姐那些具有相同周期的星星相比，要亮上好几个星等。根据赫茨普龙的测算，这些亮度差将小麦哲伦云置于3万光年之外的距离上——这一间距大得令人难以置信。

亨利·诺里斯·罗素顺着与赫茨普龙相同的一些思路，得出了关于恒星大小、亮度和距离的类似结论。基于罗素自己的计算，他认定莱维特小姐的变星以及银河系中与之对应的黄色恒星都是巨星。

莱维特小姐本人没有在这个方向开展研究。她在自己分得的那三分之一片天空中，继续搜寻新的变星，并继续对北极星序的光度进行微调，任由他人利用她威力强大的周光关系将天文学发扬光大。

* * *

马萨诸塞州近海有座楠塔基特岛（Nantucket Island）。1847年，玛丽亚·米切尔在这里做出了举世闻名的彗星发现。人们在那上面建了一座小型的天文台，以纪念她。玛丽亚·米切尔协会设立在这位天文学家位于韦斯特尔街（Vestal Street）上的出生地，及其隔壁的一栋圆顶建筑内。该协会成立于米切尔小姐去世13年之后的1902年，是由她的堂妹莉迪娅·斯温·米切尔（Lydia Swain Mitchell）创建的。莉迪娅也出生在韦斯特尔街上的这座房子里。这位堂妹现在已成了查尔斯·欣奇曼太太（Mrs. Charles Hinchman），她与丈夫和孩子们一起生活在费城，但是每年夏天都会回到楠塔基特岛，并且她觉得有责任延续并发扬这个岛上的天文学精神。她经常向哈佛天文台台长征求建议，并请他推荐客座讲师。从1906年开始，连续好几年，安妮·江普·坎农就以这一身份，在夏季到楠塔基特岛朝圣。她还在这里教授了一门天文学函授课程，并帮忙将韦尔斯利天文台的艾达·怀特塞德（Ida Whiteside）和南卡罗来纳州哥伦比亚女子学院的弗洛伦丝·哈珀姆（Florence Harpham）教授，请上岛来担任"夏季观测员"。在"有月亮的夜晚"，大众都会使用玛丽亚·米切尔自己发现过彗星的那架3英寸望远镜，以及一架5英寸的阿尔万·克拉克望远镜，来观测头顶的天空。后者是由一群自称为"美国女性"的仰慕者，在1859年买给米切尔的。韦斯特尔街的活动受到了广泛的欢迎，这启发欣奇曼太太产生了这样一个想法：给一位年轻女士颁发一笔长达一年的津贴，让她在这个天文台开展研究，同时为当地人授课，增进他们的天文学知识。她向安德鲁·卡内基提出一项捐赠请求，并获赠了1万美元，专用于这一目的。1912年，哈佛的一位计算员玛格丽特·哈伍德（Margaret Harwood），获得了首笔1 000美元的楠塔基特玛丽亚·米切尔协会天文学研究奖金。

　　哈伍德小姐在1907年成为哈佛职员。她是由她的天文学教授阿瑟·瑟尔，从那一年的拉德克利夫学院毕业生中招募来的。哈伍德小姐从大学一年级开始，就跟阿瑟和艾玛·瑟尔夫妇以及他们几位女儿一起食宿，因此在她受雇之前，就已经是天文台的常客了。刚开始，她协助被她称作"天文学爸爸"的瑟尔计算彗星轨道。她还帮助莱维特小姐评估玻璃底片上天极附近变星的照相星等，并向坎农小姐学习如何用望远镜观测变星。皮克林曾调哈伍德小姐过去帮忙，为邦德父子在19世纪50年代编入星表的1.6万颗恒星，重新计算位置。

哈伍德小姐受玛丽亚·米切尔协会邀请，在得到奖金资助的那一年，前半年在哈佛开展研究，6月份再转到楠塔基特岛。她们将哈伍德小姐安顿在米切尔故居楼上一间卧室里，一直住到12月。楼下是博物馆，与她合住的还有楠塔基特岛动植物藏品、化石展览品，以及一个天文学书籍和自然史书籍差不多各半的图书馆。每到周一晚上，她会在客厅里举行一次讲座；结束后，听众会到外面的草地上或是隔壁的天文台观星。当皮克林教授来访时，他宣称这个远离城市的烟雾和灯光的地方是适于用照相望远镜研究小行星的理想场所，于是协会募集资金，购买了这样一套仪器。哈伍德小姐深得为她提供该职位的米切尔家族成员和瓦萨学院校友的欢心，她们都盼望她能在1913年夏天再来一次。

154

在楠塔基特南面很远的另一座岛上，威廉·皮克林在牙买加的曼德维尔（Mandeville）建立了一个单人观测台。威廉在1899年首次将牙买加当成一个观测站点候选地进行了测试，当时他带着家人在这里度假，并注意到此处的空气具有令人愉快的澄澈度。1900年10月，在与他哥哥交流了牙买加适合作为爱神星观测运动的一个前哨基地后，威廉带着家人和一架新望远镜，返回此处待了6个月，租住在曼德维尔一个名叫伍德朗（Woodlawn）

的庄园里。遗憾的是，他没能拍到令人满意的爱神星的照片。为了让这次远征不至于完全白费，他在伍德朗一直停留到1901年8月，为他后来出版的月面图集，拍摄了月球照片。

在接下来的几年里，威廉在打理剑桥市的一个观测基地期间，又前往加州、夏威夷、阿拉斯加、亚速尔群岛和桑威奇群岛（Sandwich Islands）等处，对月球和行星进行了观测。1911年，威廉的冒险性投资失败，他在财务上陷入困境；在爱德华的帮助下，威廉暂时搬到了他熟悉的伍德朗庄园。11英寸的德雷伯折射式望远镜伴随着威廉，来到了他美其名曰牙买加哈佛天文观测站的这个地方。伍德朗曾经是一个占地1 000英亩的种植园，在原来晾晒咖啡豆的院子里，拥有一个理想的望远镜安装点。威廉2 500美元的年薪，在加勒比海地区要比在剑桥市更经用一些。他还宣称曼德维尔的视宁度，可以媲美弗拉格斯塔夫的或阿雷基帕的。他觉得没有理由离开这里。于是，这座热带的伍德朗庄园就变成了伍德朗天文台，而威廉·皮克林也成了这座庄园的天文学主人。他在与世隔绝、变得越来越古怪的情况下，随心所欲地公开谈论火星运河、这颗红色行星上的绿色植被，以及火星上生活着某种动物的可能性。

* * *

坎农小姐对10万颗恒星进行了分类之后，就将这项工作放到一边，跟她姐姐马歇尔太太一道，在1913年夏天去欧洲度假了。她们计划在欧洲大陆参加3个重要的天文学大会，外加这种国际会议附带的所有宴会、游园会、短途旅行和娱乐活动。坎农小姐上次游览欧洲是在1892年，那次她与朋友、韦尔斯利学院的同学萨拉·波特（Sarah Potter）一起，手持照相机，到广受欢迎的旅游景点游历了一番。这一次，她的身份是受人敬重的天文学家，还是所在专业组织中唯一的女性管理人员。在美国天文与天体物理学会1912年的大会上，会员们投票将学会的名称改成了美国天文学会（American Astronomical Society），并推选坎农小姐担任他们的司库。如今，她可以亲临其境去探望外国的同行了，而以前对他们中的许多人，都是只闻其名或者只通过信。

　　坎农小姐注意到格林尼治皇家天文台"没有女助理"。尽管她无论到哪里都很容易同男性成为朋友，旅行还是让她对哈佛拥有庞大女性职工队伍的独特性有了更为深刻的理解。在格林尼治，"我一点也没有感觉到不适应，也没有感觉到丝毫的难堪，总是在同这一位或那一位讨论引人入胜的工作"。那天晚上，皇家天文学家弗兰克·戴森到坎农小姐和马歇尔太太在伦敦下榻的旅馆拜访了她们，并陪同她们前往伯灵顿府（Burlington House）——皇家天文学会和另外4家科学协会的总部，去参加社交晚会。"我以前在广阔的科研世界中，从来没有像今天一样好运：在这些伟大的英国人中，我竟然得到了如此善意的接待，收获了如此诚挚的良好祝愿，并领略到了如此美妙的平等滋味。"几天后，在皇家天文学会举行的大会上，坎农小姐做了个正式的报告，介绍了自己最近在气体星云光谱方面进行的研究。

　　马歇尔太太情有可原地避开了各项科学会议，坎农小姐也已经习惯于成为多达90个男人的房间中唯一的女性。在德国，她报告说："没有一位德国女性参加（德国天文学会）那些汉堡会议。有那么一两次，会有两三位女性进来听上几分钟，但是通常情况下，我是唯一在整个会议期间都坐在会场的女性。这令人感到不是很愉快，但是在会间休息时，这些男人都非常友善，因此也没什么大不了，而且在午餐会上，会出现许多女性。"

156 　　7月30日到8月5日，太阳联盟在波恩举行大会。天文学家们受到的款待包括：乘坐军用齐柏林飞艇（zeppelin），顺道去科隆（Cologne）参观哥特式大教堂，乘坐游船在莱茵河中逆流游览，并在波恩天文台参加联欢晚会。在晚会上，讲英语的代表们为弗里德里希·屈斯特纳（Friedrich Küstner）台长和他的妻子及女儿们，唱起了《他们都是快乐的好小伙》（They Are Jolly Good Fellows）。加拿大天体物理学家约翰·斯坦利·普拉斯基特注意到："德国的午餐会以及实际上每一顿饭所发挥的作用，都比我们的要重要和严肃得多，而且用餐时间也至少比我们长一倍。"

　　皮克林作为这个圈子里的元老，在这个星期里的好几场宴会上发表了演讲。他与大家分享了前几次来波恩时留下的印象：这座城市早就被他视作恒星测光工作的世界中心。正是在这个地方，具有传奇色彩的弗里德里希·威廉·阿格兰德编制了波恩星表（Bonner Durchmusterung star catalogue），并完善了通过与邻近的稳定恒星进行比较，来研究变星的阿格兰德法。阿格兰德本人用过的小型望远镜，如今仍安装在波恩天文台里，成了到访的天文学家们朝拜的对象。

　　曾在威尔逊山上召开过首次会议的皮克林的光谱分类委员会，只有一半左右的成员参加了波恩大会。出席的成员包括亨利·诺里斯·罗素、卡尔·施瓦西、赫伯特·霍尔·特纳，当然还有本地天文台的屈斯特纳。他们在7月31日（星期四）的下午碰头，对将在周五讨论和投票的报告进行了润色。这群人曾考虑过在德雷伯分类中加入一些记号，来表示谱线宽度，但最终还是放弃了这种想法。他们更愿意向前看，探索一种全新设计的恒星分类法的可能性，而不是对德雷伯体系进行改造。

周五上午，皮克林主任在物理研究所向全体参会人员宣读了委员会的推荐意见。他提议，推迟"永久而全面地采纳"任何体系，直到委员会能够制订出一个合适的修订版。但是，在此期间，每个人都应该支持广为人知且备受赞誉的德雷伯分类。大家很快就一致批准了这项决议。针对最早由埃纳尔·赫茨普龙提出并且已被坎农小姐使用的一个改进所做出的二级决议，也很快就得到了一致批准。它包括对单独的字母加上一个下标0。具体来说，A_0表示一个纯粹具有A类特征的恒星，没有表现出任何B类倾向。这个新记号A_0，使得单纯的字母A变成了"大致的"分类。

157

在8月5日的最后一次会议上，太阳联盟解散了它以前的委员会，并且组建了新委员会，以便在下次罗马会议召开前，负责接下来3年里要完成的工作。

坎农小姐写道："在宣读委员会成员名字时，我非常吃惊地发现，自己被列入了恒星光谱分类委员会——这个夏天的新奇体验之一就是与这个委员会的成员们开会。来自许多国家的男人们坐在一张长会议桌边，而我是其中唯一的女性。因为在这个分支领域，世界上几乎所有的工作都是由我完成的，所以我必须进行大部分的发言。"

158

第十章

皮克林研究员

在哈佛学院天文台 1913 年的岁末节日贺卡上，画着一颗金色的五角星，每个角上各写了一个词，标出恒星的 5 个参数：位置、运动、亮度、光谱和颜色。在给坎农小姐的贺卡上，皮克林亲笔写下了他个人的美好祝愿："恭祝分类快乐，并贺新光谱类型！"[①] 坎农小姐每个月都要对大约 5 000 颗恒星进行分类或重新分类。在此过程中，她恢复了弗莱明太太的两种类型——N 类和 R 类，并将 R 类置于 N 类之前。她这种体系中的字母乱序，最终由一个新的助记句子得以克服：Oh, Be A Fine Girl, Kiss Me Right Now!（哦，做个好姑娘，马上吻我！）

来自欧洲和美国各地的天文学家们，在等待修订版德雷伯星表发表的过程中，经常向坎农小姐询问他们所研究的特定恒星的光谱。牛津大学的赫伯特·霍尔·特纳是她的频繁通信者之一。他在 1914 年 3 月 13 日就坎农小姐被"一致而诚挚地"授予了一

[①] 此处皮克林用 "for a Merry Classification and a Happy New Type of Spectrum" 模仿常见的祝福词 "for a Merry Christmas and a Happy New Year"（恭祝圣诞快乐，并贺新禧！）。——译者注

项荣誉向她表示祝贺，而直到5月初她才收到正式通知。皇家天文学会的秘书长阿瑟·斯坦利·爱丁顿（Arthur Stanley Eddington），为出现这一疏忽，向坎农小姐表示了歉意。

爱丁顿保证说："正在准备一份公文，您很快就会收到它；不过，原本应该马上就通知您——这是理所当然的。之所以出现这一差错，似乎是因为埃德蒙·赫伯特·格罗夫–希尔斯（Edmond Herbert Grove-Hills）会长和我本人，对于由谁来写这封信，发生了误会。我们能找的最好借口是，推选荣誉会员是非常罕见的事，我们没有常规可循，因此也没能为防止出错提供保障措施。"弗莱明太太是在8年前当选的，截至1914年，除玛格丽特·哈金斯夫人之外，所有曾获得这一荣誉的人都已去世。

莱维特小姐的工作同样引起了广泛的关注，虽然她没有得到坎农小姐那种正式的嘉奖。莱维特小姐也没有到国外去参加会议，而是一直留在天文台，有时在其他管理人员外出时，还要担负起监督职责。经常扮演这种角色的贝利称赞她适合当领导，因为她性格中"充满阳光"，并且随时可在一切事物中看到"其他人的闪光和可爱之处"。

导致莱维特小姐发现周光关系的那些星星被称作造父变星（Cepheids），这组星星以仙王座（Cepheus）①中的 δ 星为原型。英格兰的约翰·古德里克（John Goodricke）在1785年，首次描述了仙王座 δ 星的变化模式——亮度急剧增加，然后再缓缓

159

---

① 在神话中，克甫斯（仙王座）是被锁链加身的女人安德洛墨达（仙女座）之父。在星空中，两者处于安德洛墨达的母亲卡西欧佩亚（仙后座）的两边。

地变暗。其他星座中的一些变星也被证明具有这种特点。19世纪90年代，已发现的造父变星有30颗左右。接着，索伦·贝利在南半球的星团中又发现了几十颗。后来，莱维特小姐让它们成了一个"人丁兴旺的大家族"。到1914年1月中旬时，她已完成了她所负责的三分之一片天空中变星的统计工作，并结束了从事多年的北极星序工作。这时，造父变星也向更多的追寻者发出了召唤。

1914年3月，一位年轻的美国天文学家哈洛·沙普利（Harlow Shapley）访问了哈佛，他刚在普林斯顿大学亨利·诺里斯·罗素手下完成研究生学习。皮克林照例对他表示了欢迎，向他提供天文台里的一切材料，以满足他的需求。坎农小姐还将他带回家共进晚餐。当他到天文台圆顶室楼上拜访索伦·贝利时，他得到了将决定其职业生涯走向的建议。

沙普利后来赞不绝口地说："贝利既虔诚又好心，是很棒的那种人，只是新英格兰风格太浓，让人感到心疼。"沙普利出身于密苏里州的乡村，在上大学前，当过一份堪萨斯日报的犯罪案件记者。根据沙普利对他们这次交谈的描述——也许是用新闻工作者速记法记录下来的，贝利说："我希望你会愿意到这里来，我一直想请你做点事情。我们听说你准备去威尔逊山工作。你到那里之后，为什么不利用大型望远镜测量一下球状星团里的星星呢？"除了贝利之外，很少有人觉得这些星团有吸引力，但是无论在剑桥还是在阿雷基帕，就连贝利本人都找不到足够大的望远镜，因此无法对它们进行深入的探测。

每当沙普利获得属于自己的观测时间，去使用威尔逊山那架

60英寸反射式望远镜时，他就遵照贝利的建议进行观测。沙普利在回忆录中记录道："在我抵达威尔逊山之后的一两个月内，沙普利和球状星团成了同义词。"在这些星团中，他发现了莱维特小姐之星的新实例。不久，他就提出关于它们性质的一种理论：造父变星并不像大多数天文学家相信的那样，是紧靠在一起绕着彼此旋转的恒星对，而是巨大的彼此分离的单颗恒星。他之所以能做出这种论断，是因为它们突然的亮度激增似乎表明是某种爆发，这不同于那种由一颗伴星造成星食的模式。沙普利猜测，造父变星的变化源自温度和直径上的剧烈脉动。他将它们描述为"搏动或颤动的巨大气团"。

　　沙普利新发现的许多造父变星，都呈现出很长的周期；根据莱维特小姐的定律，这表明它们具有很高的亮度。沙普利由此获得了一条途径，去确定造父变星的位置，以及这些星团在空间中的分布。他采用埃纳尔·赫茨普龙由周期与光度推导距离时用过的技术，并且开始对他能看到的上百个星团中的一部分进行测量。他注意到它们中有一组——"由多个星团组成的一个簇"，都挤在靠近人马座（the constellation Sagittarius）的那一段银河里面。他想弄清楚，那片特定的区域有什么特别之处。

161

* * *

　　欧洲爆发的大战阻碍了那里天文学的发展，在皮克林看来，这也迫切要求美国担当起维持所有领域的科学研究的重务。他觉得自己似乎处在一个理想的位置，可以对科学家同行进行支持，因为他最近被任命为科研百人委员会（Committee of 100 on Research）的执行主任，该委员会是美国科学促进会在1914年刚刚设立的。[①]但是开局不利，皮克林为4个物理学和天文学项目提出的正式募捐申请，都没能从卡内基研究所获得经费。

对于他自己所在机构的需要，皮克林从来都是不知疲倦地提醒洛厄尔校长：哈佛没有给天文台提供任何支持。对火灾的担忧，仍然让台长先生不断呼吁，要用更多的砖砌建筑代替木结构建筑；每当一系列观测手稿以一卷《纪事》的形式出版，而得到永久保存时，他都会松一口气。在1914年及之前的几年里，开销超过了收入，这迫使皮克林减少了一些活动。不过，1914年12月，虽然发生了一些令人遗憾的事情，但天文台也因此收到了一大笔新款项。

皮克林在年度报告中写道："去年，因为安娜·帕尔默·德雷伯去世，天文台失去了一位最慷慨的赞助人。"12月8日，她在纽约家中死于肺炎。"很少有女性会连续多年供养一项伟大的科学事业，并通过每月捐助，展示出对它经久不衰的兴趣。德雷伯夫人在将近30年的时间里，对亨利·德雷伯纪念项目进行了支持；还留下遗嘱，为它设立了一项永久性的基金。"

德雷伯夫人的遗嘱中的条款向天文台承诺，在她已经捐出的25万美金的基础上，再追加15万美金，"专用于照管、保存、研究和使用亨利·德雷伯纪念项目的照相底片"。预计遗嘱认证过

---

① 为促进美国的科学研究，1914年"科研百人委员会"设立时，讨论了研究经费的使用、教育机构中的科学研究、工业领域的科研及其与大学之间的关系、如何遴选大学中的科研人才等议题。——编者注

程可能旷日持久，德雷伯夫人指示她的遗嘱执行人，在她去世的那一年付给天文台 4 000 美元，并在此之后每年支付 5 000 美元，直到她的遗产问题得到解决，这样纪念项目的工作就可以不间断地继续进行。《纽约时报》在 12 月 20 日刊发了一篇文章，报道了她的几笔遗赠，却错误地将她丈夫写成了哈佛天文系原来的教授。她将位于多布斯费里的乡间别墅，遗赠给了娘家一位侄子；她给夫家的外甥女卡洛塔·莫里和外甥德雷伯·莫里都留下了遗产，但是没有留给他们的姐姐安东尼娅。

坎农小姐为《科学》杂志撰写了一篇很长的讣告，她在文中将德雷伯夫人与她熟悉的另一位女性——玛格丽特·哈金斯夫人进行了比较。"我们饶有兴致地注意到，与我们这门科学的发端相关联的两位男人的妻子，在她们丈夫的事业中，都发挥了如此重要的作用……德雷伯夫人不但在他们夫妻共同生活的 15 年中是他的研究伙伴，而且在他于 1882 年英年早逝后慷慨解囊，以最有效的方式让他的工作得以延续。"坎农小姐没有提到自己在这项延续工作中所起到的作用，只是说："1911 年，启动了新德雷伯星表的观测工作，该星表将包括位于天空各处至少 20 万颗恒星的光谱。德雷伯夫人直到生命的最后阶段，仍然对这项工作抱有极大的兴趣，并为它的进展写了鼓舞人心的信件。"

当玛格丽特·哈金斯夫人在几个月之后的 1915 年 3 月去世时，坎农小姐也为她撰写了一篇讣告。英国皇家天文学会的爱丁顿接收了这篇讣告，将其发表在《天文台》（*Observatory*）杂志上。他在 7 月 3 日写给坎农小姐的感谢信中说："它让我对她的魅力产生了不少新的认识。"作为一位贵格会教徒，因而也作为一位和平主义者，爱丁顿在同一封信中，对当前事态朝暴力方向转变表示了哀叹："令人感到悲痛的是，在波恩那些快乐日子之后，我们和德国同行之间竟然出现了这样一道鸿沟。"曾在1913年为到访的天文学家们带来欢乐的齐柏林飞艇，已变成了一种毁灭性的力量，向英国投下了炸弹。爱丁顿写道："要是战斗双方彼此怀有敬意，前景也不会这么黯淡，但是我担心，在过去3个月里，我们这里对德国人的鄙视和仇恨已经大幅增加，尽管我个人还没有悲观到将马克斯·沃尔夫他们想象成'海盗和屠婴狂魔'这种程度。得知几乎所有的美国天文学家都对我们表示同情，我们非常感激，因为你们获知支持德国方面的观点的机会，要比我们多得多。"

皮克林也懊恼，这场大战瓦解了全世界天文台的友好关系。通常就彗星和小行星进行国际交流的途径，已经遭到了破坏。哥本哈根替代德国的基尔（Kiel），被指定为此类信息在欧洲的交流中心，但是欧洲大陆的大多数天文学家都被切断了联系。就连与哥本哈根相连的电报电缆也出了问题，因为大西洋两岸的军事审查人员，都不允许使用密码。这引起了天文学家们的抗议，因为他们总是对他们的消息进行编码（用文字代替数字），以避免长串数字在传输时出错。

* * *

玛格丽特·哈伍德在楠塔基特岛连续三个夏季的成果，都让玛丽亚·米切尔协会感到满意，因此她又获得了第四年的资助。

从1915年6月15日开始，她不管怎样安排时间，1 000美元的补贴都能照拿不误。她选择了到西海岸去，一边在加州大学伯克利分校攻读天文学硕士学位，一边在哈密尔顿山（Mount Hamilton）上的利克天文台（Lick Observatory）担任助理。

6月23日，她在利克天文台的信纸上写道："亲爱的坎农小姐，这封信实际上是同时写给您和皮克林教授的。"她有太多事情想一吐为快了。

"外出旅行方方面面都很完美。"哈伍德小姐在威斯康星州威廉斯贝的叶凯士天文台时，与埃德温和玛丽·弗罗斯特夫妇待在一起，在弗拉格斯塔夫时，受到了珀西瓦尔·洛厄尔天文台员工的接待。在威尔逊山天文台的帕萨迪纳办公室和制造厂，她遇到了哈洛·沙普利。

哈伍德小姐汇报说："第一天下午，我就与沙普利先生讨论了变星，过得很开心。他在讨论期间接到电话，也不管是谁打来的，就让对方过半小时再打，我表示了反对，但是他说没什么重要的事，于是我们继续讨论。过了45分钟，电话铃又响了，当时我正准备离开。他将我叫住，说沙普利太太打电话问我，要不要跟他们一起吃晚饭。她前面打过电话，但是他忙着讨论，无暇问我这样一个日常的问题！于是我就去了他家，并度过了一段愉快的时光。沙普利太太很有魅力，也很年轻，而且在条件允许的情况下，比她丈夫更'牛'。"1914年4月，沙普利在堪萨斯城，与他大学时的女朋友玛莎·贝茨（Martha Betz）举行了婚礼，然后和她一起乘火车度蜜月，前往他们位于帕萨迪纳的新家。

哈伍德小姐继续写道："结婚时，她正在布林莫尔（Bryn

164

Mawr）学院攻读语言学学位。她弹得一手好钢琴，要照顾一个3个月大的女婴（她也是一个宝贝，非常迷人），而且还很会烧菜。沙普利先生教了她一些天文学知识，因此她可以独自在照相底片上进行测量，算出变星的光变曲线，并撰写讨论报告。她很害羞，不爱与人交往，直到我在回住处（好几位威尔逊山计算员合住的寄宿公寓）的路上问过沙普利先生之后，我才对她有所了解。不过，她真的为我演奏了一曲呢。"

第二天，哈伍德小姐沿着威尔逊山的羊肠小道，爬上了顶峰，并在那里过夜。"我看着沙普利先生拍摄某些星团，一直熬到凌晨1点才睡。我用那架60英寸的望远镜拍了一张球状星团M3（Messier 3）[①]的底片！但我还没有看到这张底片，所以最好先不自吹自擂了。12点时，夜间助理霍格先生（Mr. Hoge），在60英寸望远镜圆顶室的厨房里冲了热可可，于是我们吃了一顿有草莓、可可、土司和硬面包的常规夜宵。因为每位观测员都要彻夜工作，午夜这顿夜宵非常必要，而且必须送到正确的地点。"

哈伍德小姐给她哈佛的导师们带来的大新闻是：她发现有一封转到伯克利的信在等着她。这封信是韦尔斯利学院的院长埃伦·菲茨·彭德尔顿（Ellen Fitz Pendleton）写来的，给她提供了一个担任授课教师的机会，从1916—1917学年开始"年薪不低于1 200美元"，而且在1917—1918学年很有可能会升职和加薪。在时间的安排上，可以让她完成硕士学位，但是她需要现在就决定要不要去韦尔斯利学院。

---

① 又称"梅西叶3"。——编者注

坎农小姐原本会对她的下属能去自己母校任教感到兴奋的，但是考虑到教学工作会影响哈伍德小姐正在进行的爱神星光变曲线方面的研究工作，她又犹豫不决了。玛丽亚·米切尔协会的莉迪娅·欣奇曼本人也当过老师，她觉得放弃研究工作是个很糟糕的主意。

欣奇曼太太在1915年9月7日写给坎农小姐的信中坚持道："我不愿意看到她用天文学家的生活交换教师的生活。教师会提前变得疲倦和衰老，而如果我可以根据亲爱的坎农小姐您的情况来判断，天文学家是会永葆青春的。"

欣奇曼太太迅速采取了行动，她向协会董事会提议，委任哈伍德小姐为终身研究员，并担任玛丽亚·米切尔天文台的台长，开出的工资与韦尔斯利学院相同。她的计划遭到一位董事会成员——曼荷莲女子学院的安妮·休厄尔·扬的强烈反对。扬博士认为："虽然我非常看重哈伍德小姐在哈佛和楠塔基特所进行的十分优秀的研究工作，也非常欣赏她受楠塔基特居民喜爱的机敏和良好判断，但是我不能批准任命一位终身研究员去担任楠塔基特天文台的台长。我坚信，继续提供一个或几个研究员席位，给各位有能力或潜力的女性提供学习和研究的机会，将使天文学事业和女子教育获得更多的益处……我们这些担任教职的人都知道，提供给女性的机会是多么稀有（甚至现在也还是如此），我们都以这个天文学研究员职位为荣。米切尔小姐生前对'她的姑娘们'产生了如此浓厚的兴趣，在我看来，她本人也会愿意选择这种方式作为对自己的纪念的。我非常确定，瓦萨学院的卡罗琳·弗内斯教授（她为募集这笔经费付出了太多）和史密斯学院的哈丽雅特·比奇洛（Harriet Bigelow）教授，以及韦尔斯利学院的萨拉·怀廷教授，都会赞同我的观点。"

欣奇曼太太对此大为光火。作为米切尔小姐的血亲，她不喜欢外人对这位已故天文学家的意愿进行解释。此外，迄今为止，欣奇曼太太和她丈夫查尔斯，为设立这个研究员职位，捐款最多，付出的心血也最多。她铁了心，要让董事会倾向于支持她的观点。她通知研究员评选委员会主任坎农小姐："定于10月6日在学院俱乐部开会。我想，他们应该都知道哈伍德小姐所做的工作，以及她在西部的经历……我还将尽可能客气地表明，我们天文台的宗旨是开展研究——绝对无意将它当成教师培训学校，在我看来，如果发挥它的优势，为一位研究员提供了完成其所承担工作的机会，那么它也就达到了高效率。"其他的董事会成员同她一起投了赞成票，这样一来，很乐意地接受了台长之职的哈伍德小姐，就成了全世界唯一一位掌管着一座独立天文台的女性。她当时30岁，刚好与皮克林接手哈佛天文台时同龄。

欣奇曼太太在哈伍德小姐职位一事上取得胜利后，马上就发现在楠塔基特再设立一个天文学研究员职位大有益处。她成立了一个委员会，花了一年的时间，向楠塔基特岛居民、哈佛友人和玛丽亚·米切尔以前的学生募集资金。1916年11月16日，在哈佛天文台为台长就任40周年举行盛大的惊喜派对时，瓦萨学院的杰出校友弗洛伦丝·库欣（Florence Cushing）递给皮克林一张12 000美元的支票，作为给他的额外惊喜。库欣小姐告诉他说："我们希望您笑纳这份可以完全自由支配的捐赠，也希望在未来，您任内以宽广胸怀公平对待女性的这种特色得以承继，使这笔款项能以同样的方式得到管理。"

委员会想将这第二笔津贴命名为哈佛研究员奖励基金，但是洛厄尔校长指出，不能让哈佛大学的大名与一项由个人控制的基金联系在一起。于是，玛丽亚·米切尔协会转而将它新设立的年度奖金，命名为爱德华·C.皮克林女性天文研究员奖励基金。

* * *

1917年2月4日（星期天）那天，坎农小姐在日记中写道："威尔逊总统与德国断绝了外交关系。可怕的潜艇战又开打了。"在两国开始交恶时，皮克林就与美国海军顾问委员会的主席托马斯·爱迪生讨论了潜艇威胁，向他提出了战略性建议，并拿出科研百人委员会的所有资源供他支配。在美国于1917年4月对德国宣战之后，皮克林将他富有创造力的思想，转向了更急迫的军事需求。他与常驻天文台的天才机械师威拉德·格里什一起，为重型火炮的炮手设计了一种确定火炮方位的办法。这种新设备，同皮克林早期的光度计一样，有赖于对北极星的瞄准。战争部（War Department）看上了他这种"哈佛北极星附连装置"[①]，并通知他准备生产这种仪器。

哈洛·沙普利在威尔逊山，宣布了应征进入海岸炮兵部队的

167

---

① 据作者在邮件中介绍：哈佛北极星附连装置是可以安装在普通转轨望远镜上的一个简单附件。通过它，人们可以在夜晚任何时候确定视野中的真实北方，只需要对转轨望远镜做一次设定，无须查看任何书本或表格，也不必知道大致的纬度和时间。获得的结果不会超出重型火炮定位精度的允许范围。——译者注

计划，但是乔治·埃勒里·海尔台长建议他不要去，理由是国家科学研究委员会（National Research Council）一些关键的光学项目可能会需要他帮忙。沙普利答应暂时留在帕萨迪纳，继续观测星团和造父变星。

1917年1月30日，沙普利给贝利写信说："我在星团方面的工作，大体上是我3年前在剑桥市与您谈话的直接结果。当时您建议说，威尔逊山在观测仪器和天气方面都有优势，希望我参加到这项研究中来。"从那以后，沙普利得益于周光关系，已确定了所有包含造父变星的星团到地球的距离。在进行这项工作时，他假定莱维特小姐的定律不只限于麦哲伦云，而是在其他地方的各种条件下也可以适用。

为了确定那些不包含造父变星的星团的位置，沙普利将多种方法和假设结合在一起，以跨越太空中遥远的距离。他经常依赖星团中其他一些变星，它们比造父变星变得更快一些，但是似乎也遵循莱维特小姐的定律。8月，他想与她一起沿着这条思路研究下去，但是她不在哈佛，已前往楠塔基特岛度假并访问哈伍德小姐去了。

在过于遥远、找不到变星的星团中，沙普利对他可以看到的168　30颗最亮恒星的星等进行了平均。接着，他用这些平均值与包含造父变星的星团进行比较，并据此推断出这些更远的距离。对于那些极端遥远、完全分辨不出恒星的星团，沙普利测量了他看得到的一个东西——它们总的视直径，并且与他已经确定了距离的那些星团的直径进行比较。

沙普利测算出星团的平均直径是150光年左右，约合900万亿英里宽。星团到太阳的距离更是达到了令人咋舌的范围，介于1.5万光年到20万光年之间。还没有哪位天文学家像他一样，将已知的宇宙边界拓展到了如此极端的尺度。

在威尔逊山偶然遇到的一些蚂蚁，让沙普利暂时将注意力从远在天边的极大物体，转向了近在眼前的小东西上。他在观察一队队蚂蚁跋涉经过一栋混凝土建筑背面时，注意到它们在经过熊果属灌木丛的树荫时，会从快步跑变成慢步走。刚开始，他推测这些蚂蚁也跟当时的他一样，喜欢在阴凉处休息一下。他在自传中回忆说："但是，我慢慢地开始对此产生了好奇。不久，我拿来了温度计、气压计、比重计和其他各种测量仪，外加一个秒表。我在休息和为再与球状星团大战一晚做准备时，搭建了一个类似观测站的东西。"沙普利发现，蚂蚁根据环境温度调整步伐。温度越高，它们跑得越快，哪怕是背着东西时也如此。气压、湿度等其他因素都不会影响它们的爬行速度。"我发觉观察它们非常好玩。"沙普利像对待其他科学现象一样，尽可能仔细地记录了他的蚂蚁观察，并得出了一个温度-速度比。他测量了35 ℉低温时的蚂蚁〔在白雪覆盖的河岸边的尖光胸臭蚁（*Liometopum apiculatum*）〕以及103 ℉高温时的蚂蚁〔沙普利在帕萨迪纳的家中蚁穴里的矮酸臭蚁（*Tapinoma sessile*），沙普利在家中脱光衣服，打开取暖器，以测试这些蚂蚁的耐热极限〕。他宣称，他可以通过观察半打蚂蚁爬过他的"测速区"，报出气温，精度在1 ℉的范围之内。沙普利将他关于蚂蚁热动力学的数据，发表在《美国科学院学报》上。

慢慢地，沙普利开始将球状星团视作宇宙的"脚手架"。正如行星都在一个广阔平坦的平面上绕太阳运行，这些星团似乎也跟银河处在同一个平面上。这些星团合在一起，围绕在银河系周围，勾画出一个巨大的环。沙普利从这些星团的分布看出他所处的有利位置——搭乘着绕太阳运行的地球，置身威尔逊山顶之上——离这个大圆的中心处很远。他推理道，要是他处于银河系的中心，他会看到这些星团均匀地围绕在四周。实际上，当他往一个方向看去时，他看到一串稀疏的星团，而在相反的方向，却会看到人马座中"成簇的星团"。他得出结论说，中心肯定在那一边。太阳虽然是太阳系的中心，却不是宇宙的中心。对于自己大胆的猜想，他这样写道："在我1917年和1918年发表的一系列有关球状星团的论文中，有些很具革命性，因为这些发现开启了宇宙中前所未知的一部分。"在沙普利新的宇宙图景中，"太阳系不在中心位置，因此人也不在；这种观点相当漂亮，因为它意味着人并不是什么了不起的动物。人只是附带出现的——对此我最喜欢用的一个词是'外围的'"。

现在还说不上来，利用莱维特之星所发射的光芒，天文学家可以深入到宇宙多远的地方。沙普利在造父变星的基础之上，已经勾勒出了银河系的范围。他意识到有必要对莱维特小姐的光度测量工作进行改进，保证它们足够精确，以便对他的结论进行强有力的支持。1918年7月20日，沙普利在写给皮克林的一封信中说："我相信，现在可以对造父变星开展的最重要的测光工作就是，研究哈佛照相底片上的麦哲伦云。莱维特小姐在发表了她的初步工作之后，受许多其他问题的影响，也许已让她的星云变星工作中断和耽搁了六七年之久。"她的疾病（已被诊断为癌症）

无疑是影响莱维特小姐的一个主要问题，尽管她的许多其他科研任务，也确实阻碍了她在造父变星发现方面开展进一步的工作。沙普利在信的最后预言道："恒星变化理论、恒星光度定律、整个银河系中天体的排列以及星云的结构——所有这些问题，都将直接或间接地得益于对造父变星更深入的认识。"

170

＊　＊　＊

　　1918年11月，美国变星观测者协会的会员们——那些专注于长周期变星的观测者，在哈佛学院天文台举行了聚会。他们已经习惯了在协会负责人位于康涅狄格州或新泽西州的家中聚首，但是因为利昂·坎贝尔已经从秘鲁回国，并重新开始与各位志愿者建立密切的联系，于是天文台就成了他们非官方的新总部。为了进一步加强与哈佛的联系，该组织吸纳索伦·贝利、安妮·坎农、亨丽埃塔·莱维特和爱德华·皮克林成了荣誉会员，并向台长表达了特别的敬意："他对我们开展的各项工作施以援手，悉心地关注着我们一路走来所取得的每一次进展。"协会创始人威廉·泰勒·奥尔科特认为，皮克林举手投足，都像是一位仁慈的老大哥。

　　1918年，经由安妮·J.坎农和爱德华·C.皮克林修订的《亨利·德雷伯星表》，在人们长久的期待后，终于付印了第一部分。皮克林自掏腰包，让它得以作为《纪事》的第91卷出版，他还在前言中描述了它的编纂过程。坎农小姐不仅在四年时间里"满怀热情""持之以恒"地对22.2万颗恒星的光谱重新进行了分类，她还投入了两年时间撰写附注，并为材料的印刷进行了其他一些准备工作。整个过程中，都有至少5位助手在帮她，只是不一定总是那5个人。皮克林写下了"格雷丝·R. 布鲁克斯（Grace R. Brooks）、阿尔塔·M. 卡彭特（Alta M. Carpenter）、弗洛伦丝·库什曼、伊迪丝·吉尔、梅布尔·吉尔、玛丽安·A. 霍斯（Marian A. Hawes）、汉娜·S. 洛克（Hannah S. Locke）、琼·C. 麦凯（Joan C. Mackie）、路易莎·韦尔斯以及玛丽昂·A. 怀特（Marion A. White）"这几位小姐的名字，说她们为包含在星表中的每一颗恒星确定了位置和星等，并帮助校对了数百页表格和正文。他着重强调了这些女性在努力工作和协作时的效率："如果每个估计值的归算都慢上1分钟，那么整个工作成果的出版被耽搁的进度会相当于一个助手两年的工作量。"

171

喜欢对什么都清点数目的皮克林，在这里还给出了天文台已满足外界查阅光谱分类的请求次数是37 000次。预计到天文学家们在未来许多年里，都要频繁地查阅这份具有权威性的印刷品，他还千辛万苦地选择了"应该不太会受岁月摧残"的纸张。尽管专家们向他保证说，造纸原料中有60%的碎布就绰绰有余了，他还是选择了80%，虽然费用上会高一些。"我们希望这几卷《纪事》（本期之后还会出8期）将成为纪念德雷伯博士夫妇的一份恒久的献礼。"

卷首插页上的图片，展示了从B到M的主要光谱类型的显著特点，不过皮克林的前言和坎农小姐的结束语，都抱歉地说明：原始玻璃底片上可见的夫琅和费谱线，只有一部分被绘制在这些复制品中。

而那年晚些时候推出的第二卷星表（《纪事》的第92卷）中，作者们选作卷首图片的是一张亨利·德雷伯的画室肖像。它描绘了德雷伯博士的三分之二侧面头像，表情严肃而不严厉，耳边露出几绺散发。美国国家科学院颁发的亨利·德雷伯金质奖章，选用的也是这个头像。

1918年圣诞节那天，皮克林为星表系列出版物中的第三卷写了一篇简短的前言。他回忆道："亨利·德雷伯纪念项目得以设立，是因为德雷伯夫人始终如一虔诚地纪念她的丈夫。因此，作为亨利·德雷伯纪念项目的一部分，这部还在继续编写中的伟大作品的第三卷用她的肖像做卷首图片似乎是非常恰当的。"从这张侧面像来看，德雷伯夫人像是准备在某次科学院的晚宴上迎接客人。她身穿带有精美花边的夜礼服，并将满头红发向上梳起，紧紧地扎成了卷曲的发髻。

172

* * *

早在第一次世界大战结束前，皮克林就开始鼓动恢复科学家间的国际交流。1918年8月，他告诉乔治·埃勒里·海尔："必须严惩那些要为违反多国法规和人性原则的野蛮行径负有责任的人，而我们也不应该忽视在天文台里默默辛劳者的工作，他们在这段可怕的岁月里，一直在倾尽全力拓展我们的知识范畴。"在1918年11月停战之后，皮克林宣称，邮路一通，他就要迫不及待地给德国的老朋友们写信。1919年1月7日，他在给哥本哈根厄斯特沃尔天文台（Østervold Observatory）的埃利斯·斯特龙根（Elis Strömgren）的信中说："我急切地想知道欧洲的天文台受了多大的损失，以及和约实际签署时它们的状况可能如何。"美国和英国一些同行说，要将敌国或中立国的科学家排斥在战后的专业协会之外。皮克林对这种情绪很是不满。他告诉斯特龙根："我相信，许多天文学家都会同意我的观点，觉得我们应该尽全力促进我们这门科学的发展，而不管个人或国家有怎样的考虑。"

但是，那个月晚些时候，皮克林自己也耗尽了最后的精力。他在天文台工作时，突然感到全身乏力，需要别人搀扶着才回到他几步之外的住所。他在2月3日去世，给出的死因是肺炎。

爱德华·皮克林在哈佛学院天文台担任了42年的台长，服务时间比他几位前任任期的总和还要长。他的去世引起了广泛的痛惜。

2月4日，乔治·埃勒里·海尔在写给索伦·贝利的信中说："我热烈地仰慕他经天纬地的才干、独具匠心的观点、强大的组织能力以及不知疲倦的进取心。我也很欣赏他以如此多样的手段，激发科学研究和帮助世界各地的天文学家，并取得了丰硕的成果。哈佛天文台在他的执掌下所取得的大力发展，以及哈佛天文台对天文学进步做出的巨大贡献，都被广泛认为是划时代的科学进展。"海尔在麻省理工学院读书时，志愿到哈佛当过助手。他说，他仍然记得皮克林向他展示亨利·德雷伯所拍摄的恒星光谱的原始照片。"不过，我最愉快的记忆是，当我刚到哈佛天文台时，他对我这个不知名的业余天文爱好者友善地表现出了兴趣。其他许多人都有过这种经历，因为他打动并帮助过的业余天

安娜·帕尔默·德雷伯对她已故丈夫未完成的梦想——拍摄恒星光谱的哈佛项目进行了资助。1888年，约翰·怀特·亚历山大（John White Alexander）为她画了这张坐姿肖像画。

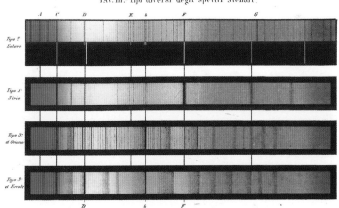

将太阳和其他恒星的彩虹光谱分割开的暗夫琅和费谱线，为梵蒂冈天文台的安吉洛·西奇神父，提供了一种对不同恒星类型进行分类的手段。这幅图出自他1877年的著作《恒星：恒星天文学述论》（*Le Stelle: Saggio di Astronomia Siderale*），图中显示了他识别出的几种恒星类型。

1878年7月29日，聚集在怀俄明领地罗林斯（Rawlins）观看日全食的远征队，包括（从最右边开始）英国天文学家诺曼·洛克耶、托马斯·爱迪生以及亨利与安娜·德雷伯夫妇。

THE OBSERVATORY, CAMBRIDGE.

大折射望远镜的圆顶室主宰着19世纪70年代哈佛学院天文台的外观。一架小一点的望远镜被安装在西翼。

爱德华·查尔斯·皮克林在1877年成为哈佛天文台的台长；作为卓有远见的领导，他在那里服务了40多年。

威廉明娜·佩顿·史蒂文斯·弗莱明刚开始是皮克林家的女佣，但后来创建了一套通过光谱进行分类的恒星分类体系。

弗莱明太太（站在后面）赢得了监管其他女性计算员的地位，并获得了天文照片馆馆长这一令人垂涎的哈佛头衔。

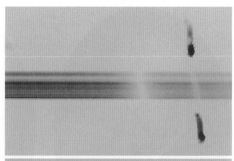

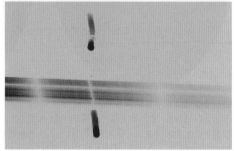

恒星北斗六的这些成对光谱上的蓝墨水短线标示,上图中有一条双K谱线,而在下图中只有一条单K谱线——这一差别导致爱德华·皮克林在1887年发现了第一颗分光双星。

为了拍摄南半球的恒星,哈佛在秘鲁的阿雷基帕建立了一座附属天文台——博伊登观测站,就建在看得到休眠火山埃尔米斯蒂的地方。威廉·皮克林为观测者建的住宅在其右侧。

1895 年前后的韦尔斯利学院毕业生安妮·江普·坎农。拍摄这张照片时，她正在拉德克利夫学院继续学习天文学，同时在哈佛天文台做助理工作。

安东尼娅·莫里（最右）和她妹妹卡洛塔（最左），与她们舅妈安（丹尼尔·德雷伯太太）以及小表妹哈丽雅特和多萝西·凯瑟琳合影。照片中穿黑衣的女子身份不明。

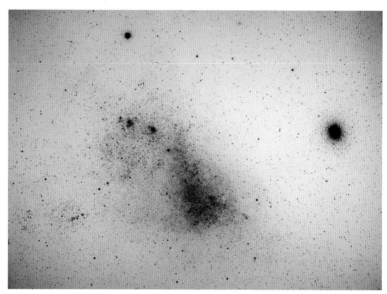

在小麦哲伦云的这张负片底片上，恒星显示为黑点。该星云是银河系的一个伴星系（satel-lite galaxy），在南半球可以看到。右边那个大斑块是被称作杜鹃座47（47 Tucanae）的稠密球状星团。

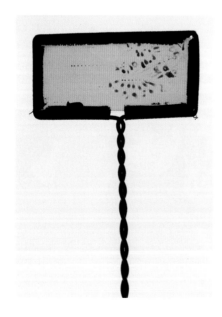

因为形似苍蝇拍而被称作"苍蝇屁股拍"的这个小工具，曾帮助计算员们比较恒星的相对亮度。

亨丽埃塔·斯旺·莱维特发现，在某些恒星的最大亮度与它完成其光度变化周期的时间之间，存在一种关系。这种"周光关系"又叫莱维特定律，它为测量太空中的距离提供了一种方法。

许多著名的外国天文学家参加了1910年8月召开的哈佛会议。很靠左边、穿白衣的是坎农小姐。跪坐在坎农小姐正前方的是利昂·坎贝尔，坐在他前面的是温斯洛·厄普顿——《天文台围裙》的剧本作者。坎农小姐旁边的女子是露西·梅·罗素（Lucy May Russell），她丈夫亨利·诺里斯·罗素站在她的另一边。皮克林站在前排中间位置，穿着一身黑的弗莱明太太也站在前排，她身后是穿白衣的亨丽埃塔·莱维特。秃顶留络腮胡的索伦·贝利坐在很靠右边的位置。

1911年前后，皮克林和他的女员工在砖砌建筑的入口处合影。玛格丽特·哈伍德在最左边，她前面是阿维尔·沃克。艾达·伍兹在前排最右边。她身后那位站在台阶上的白发女士是弗洛伦丝·库什曼。她右边是安妮·坎农，后排站在她们中间的是伊夫琳·利兰。

在这张1918年的哈佛助理牵手照上，由左至右依次是艾达·伍兹、伊夫琳·利兰、弗洛伦丝·库什曼、格雷丝·布鲁克斯、玛丽·范恩、亨丽埃塔·莱维特、莫莉·奥赖利（Mollie

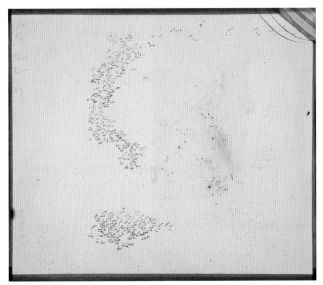

1897年1月23日，用8英寸贝奇望远镜在阿雷基帕拍摄的，曝光时间长达2小时的大麦哲伦云照片。这张照片让剑桥市的员工们仔细查看了多年，在上面找出了几百颗需要编号的天体。

O'Reilly）、梅布尔·吉尔、阿尔塔·卡彭特、安妮·坎农、多萝西·布洛克、阿维尔·沃克和望远镜操作员弗兰克·E.欣克利，最右边是恒星摄影主管爱德华·金。

储存玻璃底片的砖砌建筑，成了安妮·坎农（左）和她同事亨丽埃塔·莱维特的第二个家；坎农根据光谱对25万余颗恒星进行了分类；莱维特的工作是搜寻变星，并监测它们的行为特性。

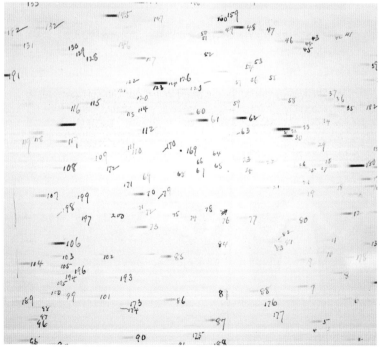

在一次典型的工作过程中，坎农小姐会先在底片上所有光谱旁边写上数字，然后报出每一个数字，以及她对其光谱类型做出的判断，并由一位记录员记下她说的东西。

哈洛·沙普利接任哈佛天文台台长后不久，安妮·坎农陪同索伦和露丝·贝利夫妇，前往秘鲁；她在那里经常是白天步行（或骑马）几个小时，晚上观测到深夜。

坎农小姐说，她不在乎在梯子上爬高爬低，去操作13英寸博伊登望远镜，拍摄属于她自己的南天恒星的底片。

哈洛·沙普利很喜欢这个独特的旋转书桌与书架组合所具有的灵活性，它是由他的前任爱德华·皮克林设计的。

塞西莉亚·佩恩从英格兰剑桥大学来到哈佛天文台；她在剑桥大学时受阿瑟·斯坦利·爱丁顿启发，已致力于天文学研究。

被称作"双子星"的佩恩小姐（右）和阿德莱德·艾姆斯（中），在1924年欢迎哈尔维亚·黑斯廷斯·威尔逊成为第三位研究生。佩恩小姐继续攻读了一个博士学位——哈佛大学授予的第一个天文学博士。

1925年5月19日，玛格丽特·哈伍德坐在地上，摆拍了这张人物群像。哈尔维亚·威尔逊在最左边，与安妮·坎农（她忙得没空抬头）和安东尼娅·莫里（前景左侧）坐在同一张桌子前。坐在绘图桌前的是塞西莉亚·佩恩。

1929年新年前夜表演的《天文台围裙》，从左到右是主演彼得·米尔曼（Peter Millman），扮演约瑟芬的塞西莉亚·佩恩、亨丽埃塔·斯沃普（Henrietta Swope）、米尔德丽德·沙普利、海伦·索耶、西尔维娅·穆塞尔（Sylvia Mussells）和阿德莱德·艾姆斯组成了计算员合唱队，扮演瑟尔教授一角的利昂·坎贝尔。

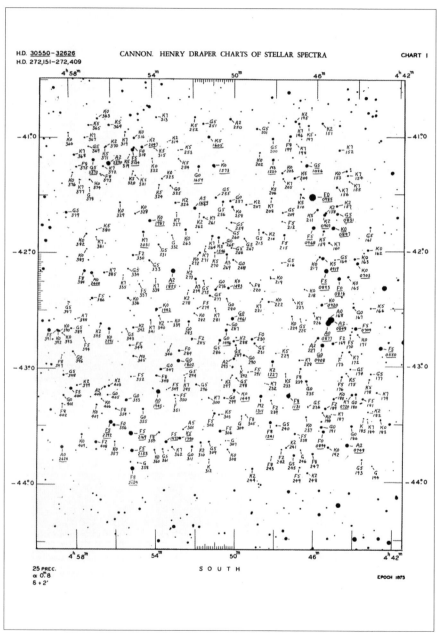

从数字列表转换成图表形式，降低了出版坎农小姐分类的亨利·德雷伯星表补编的成本。

安东尼娅·莫里在哈得孙河畔黑斯廷斯的德雷伯老宅，安装了一架6英寸的克拉克望远镜。她打算用它来对本地居民尤其是孩子们进行熏陶。

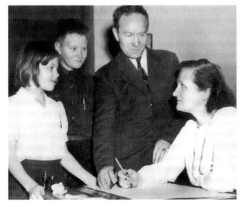

凯瑟琳和爱德华·加波施金小时候在哈佛天文台里面和附近游玩，这样就能始终处于他们父母谢尔盖·加波施金和塞西莉亚·佩恩-加波施金的眼皮底下。

大约有50万张玻璃底片向左或向右靠在哈佛底片库金属柜的架子上。每张底片的纸套上写明了照片拍摄日期、涵盖的天空区域、使用的望远镜、曝光时间、天空条件和其他相关信息。

大折射望远镜如今闲置在它巨大的圆顶室里。两个人可以并排静坐在这个宽敞的可调节的观测椅上，它是由创始台长威廉·克兰奇·邦德设计的。剑桥市上方的天空，在夜晚时已经不够暗，没法用这台望远镜做出新的发现了。

文学爱好者非常之多。"

同海尔一样，贝利最初也是以业余志愿者的身份来到哈佛天文台的。作为这位伟人离世之后的代理台长，他目前的首要任务之一是为海尔的《天体物理学报》撰写一篇皮克林的讣告。在详细描述了皮克林光辉的人生故事的里程碑事件之后，贝利评论说："他对男人和女人来说，都同样有魅力。他优雅的举止和谈吐，在所有对他有亲密了解的人看来，一直都是个奇迹。所有与他有一丝一缕关联的人，无论长幼，也无论贤愚，都会沐浴在他人性的光辉之中。"

贝利也谈到了玻璃底片库，那是从北极到南极、年复一年地收集起来的，集中体现了皮克林的指导精神："它仍然存在于那里，它的潜力远远没被发掘完，它的价值在许多方面还在与日俱增……对皮克林教授来说，在这份伟大的恒星照片收藏中……仍然保留了科学工作永垂不朽的可能性，与世俗名誉相比，它更具独特性，也更有价值。"

坎农小姐是尽善尽美写作讣告的大师，她在《大众天文学》杂志上勾勒了台长受到广泛仰慕的品性："我们将深切地缅怀他，因为他是那么热心，总是热切地想帮助年轻的天文学家——无论是帮他们争取经费，还是帮他们选择终生从事的工作；他总是那么诚挚，在欢迎来访者参观天文台时，算得上是理想的主人；在性格方面，他极具同情心，也很会鼓舞斗志；他通过乐观主义精神和对人性的信念，让我们对自己和自己的能力也深信不疑。"

坎农小姐总结道："他将对星空宇宙的研究，称作人类头脑面临的最大问题；他对参与其中从来都是乐此不疲，直到病入膏

174

育时，他还在谈论工作的新思路……他对恒星的光线进行了测量，并首先将恒星排列成了一种有序演化的序列。作为留给世界的遗产，他将过去35年的天空历史，都印在了哈佛的天文照片藏品之中。"

175

第三部分

头顶的深空

我在繁星中发现了观测地外现象的一个机会。
在那些早期的岁月里，凡事看来皆有可能；
似乎到了明天，我们就可以理解一切。

——塞西莉亚·佩恩-加波施金
（Cecilia Payne - Gaposchkin，1900—1979）
哈佛学院天文台菲利普斯天文学家

有两条传播光明的途径：成为蜡烛
或成为反射烛光的镜子。

——伊迪丝·华顿（Edith Wharton，1862—1937）
《纯真年代》（*The Age of Innocence*）
和其他几部广受好评的小说的作者　　177

第十一章

沙普利的“千女”小时

康奈尔大学的校友玛丽·H. 范恩（Mary H. Vann），成了首位爱德华·C. 皮克林研究员；她在1917—1918学年，对从1887年开始就出现在哈佛玻璃底片上的新星进行了分析。这11颗新星中的大部分，此前还没有人目视观测到，也没有哪家机构用照相机捕捉到。如今，得益于丰富的底片收藏，以及莱维特小姐所完成的北极星序，范恩小姐拥有了必备的工具，可以对这些新星随时间的光度变化进行评估，并绘制出每一颗新星的光变曲线。1918年6月8日，就在她离开天文台去从事战时工作前不久，天鹰座（Aquila）爆发了一颗新的新星，在长达几周的时间里，使得除最明亮的几颗恒星之外的所有其他星星都黯然失色。1918年出现的这颗天鹰座新星，亮度达到 −0.5 星等，被证明是望远镜发明以来最亮的一次新星爆发。但是其摄影研究工作，落在了第二位皮克林研究员多萝西·W. 布洛克（Dorothy W. Block）的肩上，她是纽约市亨特学院（Hunter College）1915届的毕业生。

与如今已永久性地授予玛格丽特·哈伍德的楠塔基特玛丽亚·米切尔协会天文学研究员奖金不同，皮克林研究员奖金没有附带要居住到楠塔基特的条款。哈伍德小姐欢迎获奖者在夏季来岛上访问，如果她愿意的话。但是奖金实际资助的是在一个从秋季到春季的典型学年里，前往哈佛开展研究工作。布洛克小姐将她受资助的1918—1919学年全部投入于对变星、几颗小行星当然还有天鹰座巨新星的光度变化进行测量。春季，她还学会了拍摄恒星，因此在上半夜，她经常担任常规助手的替补。这段经历帮助她在威斯康星州威廉斯贝的叶凯士天文台谋得了一个工作机会，她将成为首位被允许使用世界上最大的折射式望远镜（40英寸望远镜）拍摄天文照片的女性。

在布洛克小姐准备离开剑桥市时，亨利·德雷伯的外甥女安东尼娅·莫里申请成为下一任的皮克林研究员。现年53岁、经验丰富的莫里小姐，比范恩小姐或布洛克小姐都年长一倍。她是1887年瓦萨学院的毕业生，也满足了获得过大学学位这一项关键的要求，而且她还在备受爱戴的玛丽亚·米切尔指导下学习过天文学。

1919年4月8日，玛丽亚·米切尔协会的莉迪娅·欣奇曼，在写给安妮·坎农的一封信中问道："关于莫里小姐，我听说她性情古怪，真有此事吗？我还听说她脑子聪明。我在见到她之前，几乎没法做出判断；但是资助期只有一年，如果您有意选择她，您可以试上一试。"坎农小姐是评选委员会的主任，但是欣奇曼太太有权——也习惯于给出建议："如果她的古怪表现不露骨，我会试一下。"

1918年8月，莫里小姐参加了在哈佛天文台召开的美国天文学会大会，并再次恢复了与天文台时断时续的联系。这是她首次以该组织当选会员的身份参会。当时担任学会主席的皮克林，邀请莫里小姐以志愿合作研究员的身份待在剑桥市。因此，在无望领到工资的情况下，她重新燃起了对她的"初恋"——彼此靠得很近的分光双星——的感情。几个月后，台长去世了，贝利教授又鼓励莫里小姐，去英属哥伦比亚省维多利亚的一座新建天文台，担任约翰·斯坦利·普拉斯基特的助手，这个职位是带工资的。但是她觉得，到了她这个年纪，已经不太容易搬到离她心目中的家乡那么远的地方了。

坎农小姐和莫里小姐是关系密切的同代人，她们在哈佛的职业生涯重叠的时间也足够长，可以对彼此的性格和怪癖做出准确判断。坎农小姐觉得她这位同事完全有资格获得这份研究员奖金，而莫里小姐也很感激地接受了这 500 美元的补贴。

180

* * *

经过修订和扩充的亨利·德雷伯星表的前两个部分，是以《纪事》第 91 卷和第 92 卷的形式发表的。哈洛·沙普利迫不及待地想看到第三部分。1919 年 5 月 8 日，他从威尔逊山自己的岗位上询问坎农小姐："您能预计第 93 卷什么时候发行吗？对我而言，它刚好是最重要的部分。我在用您的结果核对我在星团结构方面的工作，银河系南部的恒星……在其中扮演着重要的角色。"沙普利笔下的"星团结构"，不是指环绕银河周边的遥远的球状星团，而是指他所谓的本星系团（local cluster），即太阳附近的恒星，它们处在足够近的地方，星表对其位置、星等和光谱都做

了相应的描述。坎农小姐的巨著的第一、第二两部分，涵盖了
360°天空全景中好几个纵向区域——从0°（即天文术语中的"零
时"）到90°（即"六时"）。如今，沙普利需要即将在接下来几
卷中给出的"七时"及其后面的数据，以继续他关于太阳邻近区
域结构的研究工作。

坎农小姐向他保证说，第93卷已经排版完毕，但是书籍装
订工在罢工，她也说不清在他们的不满情绪得到安抚之前，出版
发行要耽搁多久。与此同时，她给沙普利邮寄了未装订的书帖①，
以满足他的需求。即便在皮克林去世之后，哈佛天文台仍然继续
遵照他的指导原则进行运作：先收集所有的信息，然后再奉送给
那些渴望获得它的人。

沙普利回信说："非常感谢您好心地寄给我亨利·德雷伯星
表第三卷的这些校样。我已将它们通读了一遍，并且正好获得了
我觉得会包含在里面的、有关本星系团形状和范围的信息。"沙
普利想通过多条途径去测量星系的距离。造父变星已展示出用光
谱作为距离标示工具的实力，但是莱维特小姐之星的数量太少。
沙普利觉得数量更多、属于B类光谱的明亮恒星，也可以为距离
估算提供线索。B类恒星广泛地分布在银河系中，它们的位置和
星等已经通过数千次可靠的测量得到了很好的确定，这些都被整
理进了哈佛的星表里。通常而言，B类恒星比太阳亮200倍左右。
在威尔逊山上，沙普利可以通过60英寸或100英寸的望远镜，从

181

---

① 书帖（signature）指依页码次序的印有数页书页的大张纸或将其折成的一沓，合并
若干沓可装订成书。——译者注

遥远星团中分辨出B类恒星的光谱。通过这些更遥远的B类恒星的相对黯淡程度，他可以估计出它们的距离，因此可以用它们作为备用的里程碑。沙普利觉得巨大的红色恒星也可以用于辅助测量，因为它们也大量地存在于球状星团和银河系之中。

许多开展其他研究的研究人员，也附和了沙普利对其他卷亨利·德雷伯星表早日问世的大力呼吁。但是，后续的卷册面临着一个比劳资纠纷更严重的问题——缺乏资金。索伦·贝利在他担任代理台长后的第一份报告中强调："为了让已故台长这部生平巨著功德圆满，很有必要马上出版所有这些材料。"他预计，出版成本会超出天文台的收入15 000美元。在寻求资助的同时，他还是清点并满足了个别天文学家对特定恒星光谱的紧急请求。每个月都会收到数百条这种询问。

爱德华·皮克林在1910年对洛厄尔校长说过，在他的员工中，他觉得只有贝利教授有能力接手天文台代理台长或台长之职。皮克林在1919年去世后，贝利顺利地担负起了台长职责，但是哈佛管理层没有采取实际行动，确认他为第五任台长。天文台的客座委员会成员及赞助人乔治·R. 阿加西（George R. Agassiz），建议洛厄尔寻求"新鲜血液和真正杰出的人选"。就算是贝利本人，在65岁的年纪，也不会觉得自己是带领天文台走向未来的合适人选。贝利在心目中设想，要由一个更加年富力强的人来掌舵，像威尔逊山的哈洛·沙普利那种人——或者最好是沙普利在普林斯顿的导师亨利·诺里斯·罗素，他年仅42岁，就已被公认为是一位出色的思想家。得知自己获得推选资格，为人谨慎的罗素心存疑虑。一方面，他有点怀疑，要是珀西

182

瓦尔·洛厄尔还在人世，阿博特·洛厄尔会任命他自己"杰出的兄长"——那位研究火星的专家，担任哈佛天文台的台长。可惜，洛厄尔天文台的这位创始人1916年在弗拉格斯塔夫去世了。另一方面，皮克林的弟弟威廉尽管没有角逐这个台长职位，还留在曼德维尔，处于放任自流的状态。要是罗素接受了哈佛的提议，他就要将威廉和其他员工一道接纳下来，这方面的顾虑也让他却步。威廉似乎对火星运河很着迷，他还宣称在月球上探测到了水的存在，并以正在计算海王星外一颗行星的位置而出名。

坎农小姐和莱维特小姐，都是女性而且已年过五十，不符合担任台长的条件，两人也都不想当。莱维特小姐身体一直不好，在她叔叔伊拉斯谟·莱维特于1916年去世后，因为花园街的大房子被出售，她也不得不搬离。她先是搬到了一间出租公寓，但是在她寡居的母亲返回东海岸之后，她们俩就住进了天文台近旁林奈大街（Linnaean Street）上的一套公寓。坎农小姐仍然愉快地与她同父异母姐姐埃拉·坎农·马歇尔住在一起，并继续在国内外获得各种荣誉。特拉华大学在1918年给她授予了科学博士学位，称她是"钻石之州"的杰出女儿。1919年，她的英格兰朋友、牛津大学萨维里天文学讲席教授（Savilian Professor of Astronomy）赫伯特·霍尔·特纳，曾设法提高她在英国皇家天文学会中的地位。特纳在5月13日给她写信说："前几天，我提议推选您为皇家天文学会的外籍会员（Associate），享受与男性同等的待遇。我希望您会将它当作一种新的嘉奖，也希望通过对我们的一位'荣誉会员'进行这种名额转让，可以让我们消除对女性最后残存的一丝障碍。但是，委员会没有答应我的要求，他们觉得您会更喜欢当前这种'孤独的隔离'状态，并视之为更大的荣耀。"

得益于1915年对英国皇家天文学会的宪章所做的修改，此时女性可以当选为会员（如果是英国子民）和外籍会员（如果是外国人）。坎农小姐对保留她的"荣誉会员"地位感到很满足，但是她在1919年春，采纳了特纳提出的另一个有关玛丽亚·米切尔协会的建议。特纳觉得："在当前这样一个重大事件频发、新的重大分歧凸显的时刻，也许可以将其中的某次研究员奖金授予一位英国女性，就当是一种友好的表示也好。这样一种善举的好处是毋庸多言的，它既可以从总体上激励女性的工作，也可以进一步加强两国间的友好关系，还会设立一种新形式的嘉奖。"坎农小姐主持的委员会，已经决定将来年的奖金授予莫里小姐，但是在委员会成员们听来，特纳的提议响应了"皮克林教授的国际主义精神"，于是就答应，再下一任的皮克林研究员将在海外遴选。

183

* * *

哈洛·沙普利的"大星系"，正如他在1918年描述的那样，充满了已知的宇宙。它如此巨大，将其他的一切都囊括在内：球状星团镶在它的外围，星云状天体长在它的体内，而外挂着的麦哲伦云则像是它的附属肢体。但是许多天文学家都不愿意被它束缚住。与沙普利不同，他们将银河系视为众多星系中的一个——一个巨大的群岛中的一个"岛宇宙"。

在1917年前，沙普利也将一切归结为岛宇宙理论。但是，通过球状星团的距离估计，他将银河系的大小一下子猛扩到了十分巨大的规模，于是，他改变了主意。银河系的巨大规模，排除了其他大小相当的星系存在的可能性。沙普利认为，围绕在它周围的，除了一些渣滓和空旷的空间之外，不会有什么实质性的东西。

要决定岛宇宙物质的真相，还得取决于对旋涡星云位置的确定。这些风车状的发光天体，已被成千上万的人观察到。从19世纪中叶开始，最早是由爱尔兰的威廉·帕森斯（William Parsons）及其友人，使用被称作帕森斯顿之利维坦（Leviathan of Parsonstown）的巨型反射式望远镜，看到了它们独特的形状。它们被简称为旋涡，看起来好像是白炽气体的旋涡，又像是星际尘埃的旋风，还像是螺旋状排列的恒星。在不知道它们距离的情况下，人们很难说清楚究竟是什么。有些天文学家将每个旋涡明亮的中心和几条蔓延的旋臂，看作正在形成太阳和行星的新太阳系。不过，将旋涡星云看作是成熟的河外星系的那些人，猜想它们蜷曲的形状有可能就是银河系的一幅蓝图。

乔治·埃勒里·海尔认为，对旋涡星云的不同看法，正好适合公开辩论。1919年末，当他向美国国家科学院提议这个辩论主题时，他还提名了被大量报道的广义相对论，作为可能的备选主题。阿尔伯特·爱因斯坦在1915年提出来的相对论思想，将空间的性质从被动的星星容器，变成了一种在星星出现时会被扭曲的"织物"。爱因斯坦的德国出身，以及第一次世界大战的进程，一开始延缓了这个理论的接纳过程，但是英国和平主义

者阿瑟·斯坦利·爱丁顿，在1919年5月29日发生日全食期间，
从非洲普林西比（Príncipe）岛进行的观测，验证了这个理论的
正确性。这样一次日食观测之旅，想必连皮克林也会批准的。
1919年11月宣布的惊人结果表明，光波确实感受到了引力的影
响，而且影响程度刚好是爱因斯坦预测的那么大。博学多才的爱
丁顿用诗和散文描述了这一发现，借用奥马尔·海亚姆（Omar
Khayyam）《鲁拜集》（*Rubaiyat*）的韵律："哦，就让智者去核
对我们的测量 / 至少有一桩事确定无疑，光线也有重量 / 这事确
定无疑，其他再商量 / 光线也会拐弯哟，当它靠近太阳。"

在相对论和星系两个主题中做出选择时，科学院秘书长、太
阳天文学家查尔斯·格里利·阿博特（Charles Greeley Abbot），
表现出了强烈的偏好："对于相对论，我必须坦白地说，我宁愿
选择另一个主题，如果我们就此召开一次研讨会，总还有差不
多6个院士有足够的水平，至少听得懂几句演讲者说的话。我祈
求上帝，在科学进步后，会将相对论送进四维空间之外的某个区
域，让它再也没法跑回来祸害我们。"在这样确定了旋涡星云的
讨论主题之后，阿博特邀请沙普利来讲解他的单星系思想，并由
利克天文台的希伯·D.柯蒂斯（Heber D. Curtis）对多星系理论
进行辩护。

1920年4月26日晚上，这场辩论在华盛顿特区举行。但是，
以不时有大胆和过度自信言行而广为人知的沙普利，却在登台前
就已经有些萎靡不振了。他不但担心被擅长公众演讲、声名卓著
的柯蒂斯抢了风头，而且在辩论之前很久就得知，哈佛天文台的
客座委员会成员阿加西也会出现在台下，对他是否胜任台长之

185

职做出评判。不幸的是，沙普利在准备讲稿时，设定的目标听众是受过教育的门外汉，因此没有给人留下深刻印象。他率先开讲，花了几分钟时间解释了光年的意思——是光在一年的时间里走过的距离。他照着讲稿说："既然我们有了这个可用于度量恒星距离的满意单位，就让我们在宇宙中漫步吧。"他绘声绘色地带领听众，游历了或远或近的星团，包括猎户座和武仙座（Hercules）中的星团，但是保证说："因为确定球状星团距离的方法，要涉及一些令人厌烦的技术细节，我就不硬塞给你们了。"他回避了旋涡星云，只是强调说，实际上人们对它们所知甚少。"我倾向于相信，它们根本不是由恒星构成的，而真的是星云状天体"——总而言之，是弥散的。他在结尾时总结说，就算这些旋涡星云是由恒星构成的，它们在大小上也跟我们的恒星系统银河系没有可比性。

接着，柯蒂斯登上讲台，决意将沙普利的巨大星系缩减到它十分之一的规模——一个典型旋涡星云的表观尺寸。他摆出了充分的理由，包括银河系本身也呈旋涡状这个证据，以支持旋涡星云也是星系的观点。柯蒂斯说，对旋涡星云的光谱的仔细查看，表明它们更多的是由恒星构成，而不是自由流动的气体。近年来，有十来个旋涡星云被爆发的新星照亮，比如1895年时，已故的威廉明娜·弗莱明在半人马座旋涡星云中发现的那颗新星。柯蒂斯将这些新星的出现解释成旋涡星云中至少包含一些恒星的证据——尽管反对岛宇宙的人会辩驳说，旋涡星云与恒星碰撞时产生了新星。旋涡星云肯定是在运动的：它们的光谱表明，在视线方向上存在非常快的速度，好像它们绝大多数都在逃离太阳。

柯蒂斯认为这些快得令人难以置信的速度是进一步证明旋涡星云处于银河系之外的证据，因为银河系内部没有哪颗恒星运动得这么快。柯蒂斯有力地阐述了他所有的观点，事后理直气壮地向家人炫耀说，他赢得了这场辩论。

当晚，礼堂的人群散尽之后，面对面的对峙结束了，但是旋涡星云的问题仍悬而未决。接下来几个月里，沙普利和柯蒂斯在将他们的演讲改写成发表在《国家科学研究委员会公报》(*Bulletin of the National Research Council*)上的文章的过程中，继续通过信件展开了较量。他们互相交换文稿，权衡对方主张的利弊，但是谁也没法将对方争取到自己这边来。在沙普利等待哈佛是否会聘请他的消息时，柯蒂斯接受了阿勒格尼天文台的台长之职，并从加利福尼亚州搬到了宾夕法尼亚州。

到1920年夏季，加利福尼亚州和宾夕法尼亚州这两个州，与马萨诸塞州、密苏里州和其他31个州都批准了美国宪法第19修正案。还需要一个州批准，全美国的女性才能获得选举权。8月18日，在田纳西州众议院的一次特别会议上，这项法案获得了微弱的优势，正式成为法律。9月7日，坎农小姐第一时间在初选中投了票。她在日记中将1920年11月2日标为"选举星期二"："阴天，寒冷。女性大批出动。我跟贝利一家是10:30去的。投票非常容易！"那天晚上，她去波士顿公园看了一下最新的选举公报，并感受到了对俄亥俄州的沃伦·G.哈定(Warren G. Harding)参议员担任第29任美国总统的普遍热情。

那年秋天在英格兰，第四任皮克林研究员、来自斯托马基特(Stowmarket)的A.格雷丝·库克(A. Grace Cook)小姐，每天晚上都会在室外待上几个小时，观测陨星（俗称流星或"坠落的星星"）。库克小姐坐在折叠躺椅上扫视天空，寻找突然移动的亮光，那表示一片太空岩石或彗星尘埃进入了地球的大气层。当流星出现时，她一只手按下秒表，记录它飞行的时间，另一只手高高地举着一根长约5英尺的细直杆，使之与"入侵者"的路径对齐。在可以看到它的数秒内，她记住这颗流星从出现到消失的过程中，与经过的恒星比较得出的光度变化，然后再将她累积的数据草草地记在纸上。白天，她会在天球仪上画出几条路径，

187 以找出某个流星群的辐射点（radiant）即发源地。尽管英格兰潮湿多雨的天气经常阻碍她，她还是观测了其他一些肉眼可以看到的天文现象，比如极光和月晕，并通过用津贴购买的小型望远镜搜寻彗星。1921年2月9日，在从牛津大学的特纳教授那里领到另外一半的奖金之后，库克小姐给坎农小姐写信说："他似乎能理解，对于一个独自工作，并且每年只能拿出一点点钱来投入科学研究的人，这样一笔经费是多么大的恩惠。这像是美梦成真了。我只希望我能将它派上最好的用场。我尽力这样做了。"在独自工作了几个月之后，她补充说："我天文领域的大多数朋友想着，我人在美国的哈佛大学。他们以为领取这笔研究员奖金是需要去那边工作的！"

* * *

坎农小姐一直知道事情将会如何发展。哈洛·沙普利在1914年以普林斯顿大学研究生的身份到访剑桥市时，她第一次

见到他，就说："年轻人，我知道你将来要干什么。你会成为哈佛天文台的台长。"然后，她笑了。多年后，当哈佛大学最终聘请沙普利担任这个职务时，他依然记得她的笑声，觉得那是带有预言性的，甚至有可能是通灵的。

坎农小姐在1921年3月28日的日记上写道："沙普利博士来了！"第二天，她与他"谈了很久"，并下结论说："我喜欢他。他那么年轻，言谈那么明晰，又那么有才华。"事实上，35岁的沙普利还没有被任命为台长，严格说来，他还在见习期，给他的头衔是模糊的"观测员"。鉴于他在关于宇宙尺度的辩论中表现得不够出色，在大胆提出自己的几种理论时又表现得傲慢，哈佛只准备给这位未经考验的新负责人一年的时间，让他证明自己不会辜负哈佛的信任。要是他与哈佛大学或天文台发生了冲突，乔治·埃勒里·海尔会很高兴地将他召回威尔逊山。

沙普利本人觉得，搬到剑桥市是永久性的。那年春季，他在玛莎带着3个孩子米尔德丽德、威利斯和艾伦（Mildred, Willis and Alan）到堪萨斯城走亲戚时，花了几周时间布置台长住所，以便安顿家人。

188

到天文台的头一天，沙普利顺便去了一趟坎农小姐的办公室，请求看一下仙女座SW星（SW Andromedae）的光谱，这颗黯淡的变星引起了他的兴趣。她凭惊人的记忆，说出了一个5位数字，并叫一位助手去取来那张特定的照相底片。令沙普利吃惊的是，"这个女孩去底片架上，找出了这张底片，仙女座SW星赫然在目！"

沙普利和坎农小姐一起，启动了对不同光谱类型的恒星分布的研究，在很广的星等范围内，清点了每一类中恒星的数目。皮克林在几十年前试图进行类似的统计分析；与沙普利在哈佛底片库中发现的可供他使用的数据相比，那时的数据量只有如今的二十分之一。整个天空的照片现在都保存在砖砌建筑里，也让那里的人从早到晚忙得团团转。

　　沙普利谈到他早期担任观测员时说："幸运的是，哈佛学院到处都是薪水低廉的助手。我们的工作就是那样完成的。"在威尔逊山，他已经习惯于亲自对照相底片进行测量。在哈佛，他创造了"女小时"（girl-hour）这个词，用来表示年轻和不那么年轻的女性，在各种底片测量和计算任务方面所花费的时间。他打趣道："有些工作甚至要用好几'千女'小时（kilo-girl hours）。"毫无疑问，亨利·德雷伯星表正在进行的编纂工作属于较费时间的工作。第 4 卷在沙普利到任前就付印了，天文台的友人詹姆斯和玛格丽特·朱伊特（James and Margaret Jewett）夫妇，以及美国变星观测者协会的会员们对此捐款襄助。如今，资深计算员弗洛伦丝·库什曼正在阅读坎农小姐对第 5 卷、第 6 卷这两卷的校对稿。

　　沙普利淘汰了皮克林原来的非正式秘书——一本正经的艾达·伍兹（Ida Woods），转而选择了更年轻也更亲切的阿维尔·"比利"·沃克（Arville "Billy" Walker），协助他处理信件。他立即与莱维特小姐合作，对麦哲伦云中不同类型的变星展开了研究。他们一起表明，麦哲伦云中除了造父变星之外，还包含一些短周期的星团变星。这正是沙普利所需要的验证，为他在球状星团中推导出的远距离提供了支持——他对银河系的扩大化就建立在这种距离的基础之上。

1921年春，沙普利从他在威尔逊山的朋友、同事阿德里安·范玛宁（Adriaan van Maanen）那里，得到了对他大星系理论的进一步支持。通过比较在相隔数年的时间里对相同旋涡星云拍摄的底片，范玛宁将它们的旋涡形状与他注意到的实际旋转运动联系在一起。范玛宁认为，旋涡星云不但旋转，而且它们快速的旋转表明它们就在银河系之内。在距离太阳不超过几千光年的地方，它们的旋转速度还在合理范围之内。但是，如果搬移到河外星系那么远的距离，他在底片上标出的几毫米，经过转换，就会变为太空中多运行的许多千米，并使得旋转速度超过光速。因为没有东西能跑得比光更快，在沙普利看来，范玛宁对旋涡星云的测量，直接让岛宇宙理论沦为了谬论。

沙普利在6月8日向范玛宁欢呼道："祝贺您获得这些星云的结果！看来，我们联手让岛宇宙理论陷入了困境——您将旋涡星云搬了进来，我将银河系推了出去。我们真是太聪明了！"

为了让更广泛的哈佛社群熟悉自己，沙普利举行了一场天文学方面的研讨会，并努力表现得比上一年在华盛顿举行的"辩论"好一些。这一次，他还在演讲时讲了小笑话。参加研讨会的前校长查尔斯·埃利奥特，却在会后建议沙普利，没必要用无关要旨的幽默来装点他宏大的主题。

为了在剑桥和波士顿赢得天文学的新朋友，沙普利设立了一系列的"开放夜"，邀请公众来参加非技术性的讲座，或者使用某些望远镜看看夜空，可以免费入场，但是感兴趣的访客需要进行登记才能拿到入场券，因为天文台里面容纳不下太多的人，而想进来参加活动的人很多。得到的热烈反响令沙普利喜出望外，他又计划另外再匀出一些夜晚，来欢迎当地学校的学生和各家男孩和女孩俱乐部的成员。

190　　那个秋季，当海尔询问是否应当期待沙普利回帕萨迪纳时，洛厄尔说哈佛想将他留在东海岸。1921年10月31日，刚好在收到海尔来信的那一天，哈佛大学的高层投票决定，任命沙普利为常任台长。

　　沙普利刚为走上领导职位松了一口气，就清醒地意识到了潜藏在曼德维尔的威胁。威廉·皮克林在《大众天文学》杂志上发表了他最新的研究结果，报纸上很快就刊登了这位常驻牙买加的哈佛教授，关于"月球上的生命"的描述。威廉报告说，月球上的环形山中储有大量的水，偶尔还有蒸汽冒出，植被在月球表面会以有规律的周期快速涌现。威廉在表明自己的主张时断言："因此，我们在家门口发现了一个活生生的世界，那里的生物在某些方面与火星上的类似，但是与我们这颗星球上的完全不同；那是在过去50年里，遭到我们广大天文学专业人士系统性忽略的一个世界。"

　　威廉当时正在欧洲度学术假，那是贝利从哈佛董事会为他争取来的特殊待遇。贝利对他的铺张浪费持宽容态度，并给他涨了一点工资——那是威廉在哈佛天文台工作30多年中头一次得到提薪。贝利为威廉辩护道："在我看来，人们可以很放心地接受他大多数的观测现象，难于接受之处都来自他的阐释。"沙普利可没有这样的耐性，他计划等威廉一到强制退休年龄，就让哈佛与位于曼德维尔的伍德朗天文台断绝联系。

与此同时，沙普利怀着大不相同的感情，面临着失去莱维特小姐的危险，他将她当作"曾经接触过天文学的最重要的女性之一"来珍视。这位周光定律的发现者罹患癌症，已经生命垂危。沙普利在他的回忆录中写道："我没做过几件像样的事，其中之一就是在她临终前去探望了她。朋友们都说，台长亲自去看望她，让她的生活变得大不一样了。"

坎农小姐在莱维特小姐的人生之旅接近终点时，经常去看望她，给她带去小礼物，并在日记上记录着她每况愈下的情景。"12月12日。白天下雨，夜里大雨如注。亨丽埃塔在晚上10:30与世长辞。"14日，坎农小姐参加了"第一公理会小教堂在下午2点为亨丽埃塔举行的葬礼。她的棺材上铺满了鲜花。"

191

* * *

索伦·贝利从执掌哈佛天文台的位子上体面地隐退了。为了给新台长留出回旋余地，贝利提出回到秘鲁，再去阿雷基帕逗留一段时间。与妻子露丝一起，他期待着与南方星团富有成果的重聚。他们的儿子欧文如今已经是哈佛大学的植物学教授，并与玛格丽特·哈伍德的妹妹海伦结了婚，这次就没有陪他了。但是，坎农小姐会一起去，沙普利鼓励她去拍摄属于她本人的银河系底片，用于以后分类那些比9星等还黯淡的恒星。她在旅途中留下了详尽而优美的记载："1922年3月1日，当格雷丝班轮公司的圣路易莎号（*Santa Luisa*）驶向巴拿马、秘鲁和智利时，纽约的天际线逐渐隐没在湿润的雪幕中。"

轮船开了两个星期，才取道巴拿马运河，抵达莫延多——最靠近阿雷基帕的港口。坎农小姐惊叹于加通（Gatun）和米拉弗洛雷斯（Miraflores）的水闸，对上方天空的景象更是叹为观止。"船底座的 ε 星和 ι 星（Epsilon and Iota Carinae），船帆座的 κ 星和 δ 星（Kappa and Delta Velorum）。我是多么热切地凝望着这些星星啊，我最初的天文研究就是关于这些明亮南天恒星的光谱，此前我却从来没有亲眼见过它们。"

自 1896 年布鲁斯望远镜的那次危险卸载以来所取得的进步，已经改变了莫延多港的面貌。坎农小姐不得不向轮船上的旅伴"匆忙道别，因为这个港口通常使用一种新奇的登陆方式"。"岸上的一台蒸汽吊车吊出一把椅子到转驳船上，乘客自己坐上去，便可迅速被运至莫延多港的码头上。自那以后，我们就预计每个转弯处都会碰到新奇的事。果真如此！距离阿雷基帕还有 104 英里，一路充满了奇迹。"他们穿越了沙漠，看到了安第斯山脉。在阿雷基帕火车站，一辆等候他们的汽车载着他们走完了到天文台的最后两英里路。"就这样开车穿越色彩缤纷的阿雷基帕——南美的开罗，跨过智利河，进入亚纳瓦拉（Yanahuara）镇，那里的街道非常狭窄，在汽车经过时，行人都要紧贴到墙壁上，才能避免被撞到。"

192　　阿雷基帕观测站在 1918 年 11 月关停了，当时的站长 L. C. 布兰查德（L. C. Blanchard）将望远镜镜头罩起来，就应征入伍了。即便是在美国卷入战争之前，缩减的经费也让这个观测站的产出大为减少，而在饱受战争困扰的洋面上运送玻璃底片的风险又高得可怕。长期的看门人胡安·E. 穆尼斯（Juan E. Muñiz）

一直看守着上锁的、荒无人烟的观测站，直到和平来临时才重新开放。阿雷基帕观测站以前的两位助手之一弗兰克·E. 欣克利（Frank E. Hinkley），在忠心耿耿的穆尼斯的协助下，于1919年开始负责此处的运营。自从欣克利在1921年9月离开后，穆尼斯独自管理房屋和设备的维护，进行气象观测，并新拍摄了1 000多张天空的照片。

在阿雷基帕透明的空气中进行观测，能揭示出太多的深度和细节，坎农小姐都觉得自己是在盯着一张动态的、长时间曝光的照片。她学着用各种望远镜拍摄自己的底片，包括"那架笨重的24英寸布鲁斯望远镜。我努力拍到的每张底片，对我而言都很宝贵。在冲洗、晾干后，我马上就对它们进行查看，搜寻新的或不同寻常的天体"。这类天体中有一颗被证明是新的长周期变星，另一颗是新星。

坎农小姐给沙普利写信说："估计在返回老剑桥时，我会成为一名运动员，因为操作那架13英寸的望远镜，需要转动一个沉重的圆顶，爬上大大小小的梯子，还有许多穆尼斯先生宣称我无法胜任的其他事情，因为那不是'女人干的活'。但是，我都干得了，只是要除掉一件事——为黯淡的光谱拍张好的底片。"她已经58岁，却精力充沛，经常在下午时"在你从未见过的糟糕路面上"步行5英里，往返于阿雷基帕，然后在望远镜前工作5小时或更久。"但是那太有意思了，我一点都不觉得累。事实上，在晴朗的夜晚，半夜时分太美丽了，我都舍不得去睡觉。"

除了从这些工作中得到乐趣外，坎农小姐还很高兴地"在美好的阿雷基帕"看到贝利在剑桥市很少显露出来的一面。她注意到："某种新英格兰式的保守与羞涩，在秘鲁热带的天空下消融了。"

5月初，当贝利一家和坎农小姐这样忙碌奔波时，大多数其他天文学家都重聚在罗马，参加乔治·埃勒里·海尔原来的太阳联盟在战后的化身——新的国际天文学联合会（International Astronomical Union，IAU）的第一次大会。原计划在1916年召开的会议，由于大战而落空，但是在1919年，来自12个国家、多个领域的科学家，聚首布鲁塞尔，缔结了新的伙伴关系。国际天文学联合会是最早产生的那批具有前瞻性的学术团体之一，比利时国王阿尔贝（Albert）亲自宣布了它的诞生。

尽管与1922年的大会相距千万里之遥，坎农小姐的思想在罗马得到了很好的展示。恒星分类委员会现任主任亨利·诺里斯·罗素，在1919年初邀请了她参会，从那时起，她就一直在与委员会的其他成员交换意见。罗素的正式报告表明，坎农小姐的体系经过讨论后，被毫发未损地保留了下来，并通过几条对光谱学专家有用的附加条款得到了加强。比如说，引入了一个S类，表示一类新的红色恒星。[因此，已深入人心的助记句子相应地变长为"哦，做个好姑娘，马上吻我，亲爱的"（Oh, Be A Fine Girl, Kiss Me Right Now, Sweetheart）。]而且，小写字母c这个前缀，原来是莫里小姐更精细的分类体系的遗存，如今可以被合法地放置在任何大写字母前面，表示一颗恒星明显具有窄而清晰的谱线。这个c已被证明很有用，并在恒星命名中赢得了它应有的地位。与之类似，过去的10年还凸显了区分巨星（giant star）与矮星（dwarf star）的重要性，于是也允许在合适的位置加上前缀g或d。

索伦·贝利作为国际天文学联合会变星委员会的主任，撰写了委员会报告，但是他请沙普利在罗马代为宣读。这份报告勾勒出一个合作的前景：法国、意大利和其他国家，今后将协同观测，参照的是美国变星观测者协会中业余爱好者和专业人士密切合作的成功模式。

哈洛和玛莎·沙普利夫妇在1922年最初的几个月，对于他们能否去罗马，一直摇摆不定。他们的两个儿子，威利斯和艾伦，在那个冬季都患上了重症肺炎，有段时间夫妇俩都担心威利斯要挺不过去了。当这场危机过去之后，沙普利又怀疑长时间离开新上任的职位是否明智。但是，一旦他和玛莎决定要去之后，他就影响了其他与会天文学家的旅行计划，并要确保与罗素一家乘坐同一条船出国。他甚至说服阿瑟·斯坦利·爱丁顿，将英国皇家天文学会成立百周年的庆典从6月挪到5月，以方便已经出国的那些美国外籍会员参加。从国际天文学联合会大会5月10日结束，到29日英国皇家天文学会的活动在伦敦开始之间，沙普利在荷兰举行了几次星系结构方面的讲座，并访问了位于波茨坦、慕尼黑、贝格多夫（Bergedorf）和巴伯尔斯贝格（Babelsberg）的德国天文台。

6月中旬，沙普利再次坐到了哈佛天文台里皮克林那张旋转办公桌前，向乔治·阿加西和客座委员会夸耀此行所取得的成功。"在皇家天文学会成立百周年的庆典上，我谈了哈佛正在开展的工作；在英国天文协会（British Astronomical Association）一次特别会议上，我还做了主题演讲。在罗马的国际大会上，11

位哈佛天文台的天文学家被遴选成为26个委员会之中的8个委员会的成员，在美国各天文台中，只有威尔逊山获得了更多的荣誉。因为哈佛天文台的研究兴趣非常广泛，我本人参加的委员会个数，自然也超过了其他任何一位美国天文学家，仅有英国皇家天文学家能与我并驾齐驱。"

也就是说，阿加西应该忘记他曾经怀疑沙普利没有能力执掌哈佛学院天文台。

195

第十二章

佩恩小姐的学位论文

有人可能觉得哈洛·沙普利会后悔舍弃威尔逊山那些巨型望远镜和理想的观测条件，到一个云雾缭绕的东海岸大都市来生活。但是，沙普利一在剑桥市安顿下来，就发觉自己更愿意扮演天文台台长这个新角色，而不是做艰苦的观测工作。他在回忆录中坦承："对我来说，观测工作一直是很辛苦的。在那些漫长的寒夜，我'吃苦'不少。我觉得白天没有补够觉，因为我老在灌木丛中跑来跑去，观察蚂蚁。"

在哈佛，他与长期通信伙伴、蚁学家威廉·莫顿·惠勒（William Morton Wheeler）成了朋友。他曾寄给过惠勒许多瓶蚂蚁，请他做出专业的鉴别。沙普利继承皮克林的头衔，担任了佩因实用天文学讲席教授（Paine Professor of Practical Astronomy）。他在教职工餐饮俱乐部，与来自其他领域的教授交往密切，也磨炼出了他关于天文学教育的思想。尽管天文台那些资深的员工——索伦·贝利、爱德华·金和威拉德·格里什，都拥有教授头衔，但是他们既没有博士学位，也没有讲授过哈佛的课程。那位在大学里教初等天文学的是罗伯特·惠勒·威尔森（Robert

Wheeler Willson），他并没有和天文台合作。实际上，正如沙普利指出的那样："哈佛天文台参与的不是知识的传授，而是知识的生产。"他决定将其使命扩大到研究生培养方面。沙普利说，要是哈佛原来就设置了天文学研究生培养计划，洛厄尔校长也没必要刚刚引入"一个从加利福尼亚来的密苏里人"来接皮克林的班了。

　　根据自己在普林斯顿大学亨利·诺里斯·罗素手下攻读研究生的经历，沙普利清楚地知道，研究生要有奖学金才能过下去。哈佛天文台手头唯一的奖学金就是爱德华·C. 皮克林女性天文学研究员奖金。于是，沙普利向女子学院寻求他的研究生生源。1923年1月底，经过一番搜寻，他迎来了自己招收的首位研究生阿德莱德·艾姆斯（Adelaide Ames）。

　　艾姆斯小姐在上一年6月，以最优等的成绩从瓦萨学院毕业，入选美国大学优等生荣誉学会（Phi Beta Kappa）。她是一位军官的女儿，到华盛顿特区上高中前，在菲律宾生活过一段时间，并曾游历中国、印度、埃及和意大利。在瓦萨学院，她选修过微积分、分子物理学与热学以及物理光学与光谱学。她将对这些课程目录的描述附在提交给哈佛的申请信中。她还担任过《瓦萨综合新闻》（*Vassar Miscellany News*）的记者和编辑，并希望利用这段经历在新闻媒体领域谋职。在1922年夏季和秋季的几个月时间里，艾姆斯小姐试图获得一份记者的工作，但是没有成功。如今，她转向了她的第二志愿——天文学。沙普利也有过类似的经历。在1907年进大学前，他已经是一位有经验的报社记者了。他之所以选择密苏里大学，就是因为它新成立了一个备受吹捧的新闻学院。但是，他在入学时才得知，新闻学院要推迟一年才能招生，于是他就选修了天文学、物理学和古典学课程。尽管已流利地掌握了拉丁文，他还是在不久之后放弃了古典学，转而投身于学校天文台的活动与仪器之中。

因为1921—1922年度的皮克林研究员空缺，这笔基金的银行利息增加了，使沙普利能够增加奖金的额度。他向艾姆斯小姐提供了650美元，以保证她可以基于玻璃底片进行两个学期的计算和研究，并为拉德克利夫学院的研究生学位选修学分。既然艾姆斯小姐已下定决心要成为一名天文学家，沙普利也就同意了让她在春季学期马上入学，而不必等到秋季。在她过来之后，沙普利安排她研究自己最喜欢的问题的一个方面——银河系中恒星的距离和分布。艾姆斯小姐使用来自阿雷基帕的底片，对200多颗南方恒星的视亮度（apparent brightness）进行了评估和再评估。她还根据它们光谱中选定谱线的强度，估计了它们的真实或"绝对"星等。然后，她计算视光度和绝对光度之间的差值，在可能误差的限度内，确定这些恒星的距离。

坎农小姐在2月12日（星期一）的日记上记道："新任皮克林研究员艾姆斯小姐，在努力计算绝对星等。"那周晚些时候，她又重申："新研究员艾姆斯小姐工作掌握得很好。"3月，坎农小姐在给这位新人以前的教授——瓦萨学院卡罗琳·弗内斯的一封信中提到："艾姆斯小姐证明了自己是个高效、勤奋的人，而且看来对绝对星等问题兴趣非常浓厚。"5月时，一份哈佛《简报》报道，哈洛·沙普利和阿德莱德·艾姆斯合写了一篇《233颗南方恒星的距离》（"Distances of Two Hundred and Thir-

197

ty-three Southern Stars"）。沙普利以这种新形式的表彰，做到了比乐于成人之美的皮克林更成人之美。已故的前台长，亲自撰写了几乎所有的《哈佛天文台简报》，他在文中总是赞扬别人的功劳，但在文章最后却只署上自己的名字。沙普利让研究者们的署名醒目地出现在第一页，就放在通告标题的正下方。

1923 年秋季，艾姆斯小姐的研究生新同学塞西莉亚·海伦娜·佩恩（Cecilia Helena Payne），从遥远的英格兰剑桥来到了哈佛所在的剑桥市。佩恩小姐将自己对天文学的兴趣追溯至 1919 年普林西比岛的日食观测，正是此次观测证明了爱因斯坦的相对论是正确的。她虽然没有参加远征，但在剑桥大学的纽纳姆（Newnham）女子学院念书的第一年，就听远征队领队阿瑟·斯坦利·爱丁顿在课堂上谈起过此事。当时，佩恩小姐在那里学习植物学、物理学和化学。她说，他的演讲如同"霹雳"一般。爱丁顿给了她极大的启发，她回到宿舍就凭记忆将他的演讲一字不落地默写了出来。完成了这一壮举之后，她觉得自己的世界全变了，连续 3 个晚上都夜不成寐。佩恩小姐在大学天文台的一个开放参观日见到了伟大的爱丁顿，并向他坦率地承认，她想成为一名天文学家。爱丁顿对她进行了鼓励，说他看不到"有什么不能逾越的障碍"。在其他教授看来，英格兰女性在这个领域顶多成为一名业余爱好者，外加一份担任女教师的薪水。但是，佩恩小姐坚持不放弃。她在自己的课表中增选了天文学，研读专业期刊，学习如何计算轨道，重新开启了纽纳姆学院废弃已久的天文台，并使用里面的小型望远镜开始探索天空。

1922 年，一位同学带佩恩小姐去伦敦听了哈洛·沙普利在英国皇家天文学会的演讲。从沙普利在威尔逊山时写的球状星团方面的多篇论文中，她已经得知了他的大名，但当面见到时，他的年轻和风格还是令她感到惊诧。佩恩小姐记录："他说话非常直截了当，以高超的手段描绘出宇宙的真实图景。这是一个与恒星同行，并将它们当成老朋友来谈论的人。"后来在被介绍给这位演讲人时，她告诉沙普利说，她希望去美国在他手下工作。沙普利幽默地回答她："当坎农小姐退休时，您可以去接她的班。"沙普利当然是在开玩笑，但是佩恩小姐却为此抱起了希望。她在第二年就完成了大学学业，然后受沙普利承诺给她皮克林研究奖金的鼓动，她又争取到了其他一些资助她移居海外的奖金和经费。

沙普利将佩恩小姐安排在砖砌建筑的二楼，就坐在亨丽埃塔·莱维特原来的位子上。在这里，佩恩小姐终于摆脱了从童年开始就束缚她的维多利亚式清规戒律，并通过拼命工作，来享受新的美国式的独立。她每天很早就到天文台，并待到很晚才回家，有时会连着几天都不离开工作岗位。不久，就有流言传出，说是莱维特小姐的鬼魂附上了这一摞摞的底片，让佩恩小姐的灯盏彻夜通明，而实际上只是佩恩小姐在不眠不休地埋头苦干。

佩恩小姐寡居的母亲，从伦敦给沙普利写信恳求说："她虽然身体健康，但实际上并不是个身强体壮的人，主要靠满腔热情来支撑。我对她能从事自己热爱的工作感到高兴，但有时也不禁要担心，她并没有让自己得到必要的休息。"佩恩小姐在哈佛的"养母"安妮·坎农和安东尼娅·莫里，也像艾玛·佩尔茨·佩恩（Emma Pertz Payne）一样忧虑，并发誓会对她女儿进行保

199

护。疼爱佩恩小姐的还不只是她们。爱德华·金教授仍然是哈佛的摄影大师，他指点佩恩小姐熟悉几架望远镜各自的特性。夜间助理弗兰克·鲍伊（Frank Bowie）帮助她冲洗底片，并风趣地告诉她，如果用哪颗新彗星的坐标［它的赤经和赤纬（right ascension and declination）］在本地的地下赌场下注，也许会获得丰厚的回报。

个子高、人害羞，看起来还有些笨拙的佩恩小姐，与可爱迷人的艾姆斯小姐很快成了形影不离的好朋友，而且在跟坎农小姐姊妹俩打桥牌时，还是搭档。因为这两位研究生走得很近，人们都称她们是"双子星"。她们俩私下里，亲热地称沙普利为"亲爱的台长"（Dear Director），或干脆简称为"D. D."。她们喜欢他上下楼梯时一步跨两级的样子，也欣赏他鼓励这些薪水过低的女雇员时不经意间带来的快乐："我觉得我都能干这活，因此我肯定您也能。"佩恩小姐向艾姆斯小姐承认说，她太崇拜D. D.了，甚至都愿意为他"献出生命"。但是，当沙普利建议佩恩小姐继续莱维特小姐在光度测量方面的工作时，她提出了异议。她说，她更愿意遵循自己的研究计划，即用原子结构和量子物理的新理论来分析恒星光谱。

哈佛天文台还没有人尝试过这方面的研究。也没有人具有开展这种研究的背景。但是佩恩小姐来自剑桥大学的纽纳姆学院和著名的卡文迪许实验室（Cavendish Laboratory），那里有不少这些新兴领域的先驱。卡文迪许实验室是J. J. 汤姆森爵士（Sir J. J. Thomson）的家，他因为发现电子而获得了1906年的诺贝尔物理学奖。汤姆森的学生欧内斯特·卢瑟福（Ernest Rutherford），是原子核的发现者和最早的探索者，也获得了1908年的诺贝尔化学奖。他被佩恩小姐描述为"声若洪钟、身如铁塔的金发巨人"。佩恩小姐在卡文迪许实验室学习时，从1922年的诺贝尔物理学奖得主尼尔斯·玻尔（Niels Bohr）那里，直接学到了"玻尔原子"的复杂结构。尽管玻尔带有浓重丹麦口音的授课，没有像爱丁顿的相对论讲座那样给她留下深刻的印象，但是她记了详细的笔记，以供日后参考。

200

沙普利同意让佩恩小姐按自己的意愿行事，而且可以自由地查阅玻璃底片库。她顿时对使用这些宝贵的材料充满了恐惧，担心地大声说道："要是我打碎了哪张玻璃底片，该怎么办啊？"他以一贯的轻松向她保证，如果出了那样的事，她可以自行保留玻璃碎片。

* * *

索伦和露丝·贝利夫妇在1922年3月返回秘鲁，满心指望在这座南半球天文台待上好几年。但是，在坎农小姐于10月离开后不到几个星期，他们就不得不改变计划，因为贝利太太中风了。她的左半脑受到影响，说话不利索了，还造成了右半身偏瘫。贝利遵照当地医生的建议，在一位女佣的帮助下，尽心尽责地照顾她。随同他继续拍摄的大麦哲伦云的照相底片，他还向北方捎去了露丝的康复报告。沙普利对他们夫妇所处的困境深表同情，想要免除他们在阿雷基帕担负的重任。他将爱德华·金和他妻子凯特作为可能的替代人选。现年62岁的金是贝利的终身好友，技艺精湛，而且非常愿意前往，但是哈佛医学院的医生觉得，他不适合在高海拔地区从事艰苦的工作。

1923年3月，楠塔基特天文台的玛格丽特·哈伍德前往阿雷基帕帮助贝利夫妇。她使用布鲁斯望远镜替索伦拍摄照片，又利用战后从美国红十字会家庭服务中获得的经验照料露丝。她在6月给沙普利写信说："我非常喜欢这边的工作。如今，我在下半夜使用布鲁斯望远镜。圆顶很容易操纵，这架望远镜也很好用……这个地方很可爱。到目前为止，我只找到了3种蚂蚁，它们看起来没有特别不像新英格兰的蚂蚁，但是你看到标本时，也许会更清楚。"

201　　到8月时，医生建议仍然无法清晰地说话和写字的贝利太太回老家休养，因为她在离海平面较近的地区，得到完全康复的机会看来会大一些。贝利太太回到剑桥市，与儿子和儿媳住在一起，一直住到她丈夫可以回来跟她团聚。

沙普利在为南半球观测站物色新站长时，去了一趟威斯康星州的叶凯士天文台。第二任皮克林研究员多萝西·布洛克在离开哈佛后，在那里谋到了差使。在叶凯士天文台，布洛克小姐与客座天文学家约翰·斯特凡诺斯·帕拉斯基沃普洛斯（John Stefanos Paraskevopoulos）相爱了。他们结婚后，布洛克小姐跟着丈夫一起搬回了他的祖国希腊。当沙普利委任他们去接管阿雷基帕观测站时，这对新婚夫妇正在雅典国家天文台并肩工作。"帕拉斯"博士和太太在1923年12月抵达秘鲁，贝利终于可以回家了。他在这个地区的老朋友们纷纷前来向他道别，作为临别赠礼，他们还给贝利授予了历史悠久的圣奥古斯丁大学（University of San Agustin）的荣誉科学博士学位和荣誉天文学教授头衔。

年富力强的帕拉斯夫妇通过临时搬迁观测站，以避开阿雷基帕的阴雨季节。他们将两架望远镜运到智利北部靠近丘基卡马塔（Chuquicamata）的一个海拔9 000英尺的观测点。他们在那里澄澈、黑暗的夜空下，拍摄了大量的照片，直到4月来临，阿雷基帕的条件再次变得合适观测。

阿雷基帕观测季节的缩短，促使沙普利再次考虑皮克林将博伊登观测站搬迁到南非新址的主意，但是预算方面的限制不允许有此类举措。沙普利首先得满足天文台更急迫的需求。来自乔治·阿加西和其他客座委员会成员的私人捐赠，让台长得以在砖砌建筑里安装了一个自动喷水灭火系统。尽管皮克林认为这栋房子的砖砌外墙足以防火，但沙普利仍然担心，因为它的木地板、架子、底片箱子、办公桌和其他办公家具都是可燃物品，还是会对宝贵的玻璃图像造成消防威胁。

沙普利提醒洛厄尔校长："自从1850年，在乔治·P.邦德教授的监管下，拍摄到第一张恒星照片以来，哈佛天文台就一直保有一个天文照片的储存库，其中的藏品也日益丰富。"如今，这栋建筑里保存了将近30万张玻璃底片。"1900年前拍摄的照片，在恒星运动和变星研究中尤其好用；当然，它们都是不可替代的，其他天文台也无法复制。"新装的自动喷水灭火装置终于给这份藏品提供了它应有的保护，惴惴不安的天文学家们终于松了一口气。对这套系统进行的多次测试表明，从喷水灭火装置中喷出的水，不会对玻璃底片上的宇宙造成损害。而今，新的金属柜又为它们提供了进一步的庇护，做到了防尘、防霉和防潮。

202

接下来，天文台还需要三四位助手，对这些照相底片进行探究。1924年1月，艾姆斯小姐刚结束为期一年的研究员奖金资助期，沙普利就聘请她来填补亨丽埃塔·莱维特仍然空缺的职位。拉德克利夫学院要到6月举行毕业典礼时，才能给艾姆斯小姐授予科学硕士学位，这没什么关系。如今，她已经准备好帮助沙普利，在旋涡星云的旋臂中搜寻恒星形成的证据。不久前，贝利在阿雷基帕使用布鲁斯望远镜拍摄的一张照片上，就出现了上千个新的旋涡星云。

沙普利向佩恩小姐施加压力，让她不要止步于硕士阶段——用她原创性的研究工作去攻读一个博士学位。只有很少几位女天文学家，在纽约、加州和巴黎的大学里获得过这种罕见的荣誉，佩恩小姐将是哈佛第一位女天文学博士。她的研究工作已经得出了一些意义重大、可以发表的成果。她准备署名C. H. 佩恩，向《自然》杂志投一篇关于最热恒星光谱的报告。沙普利向她提出异议："你是不是对自己身为女性感到羞愧？"这个问题促使她将作者署名改成了塞西莉亚·H. 佩恩。几周后，当沙普利觉得她另外一些发现可以再发一篇论文时，他让佩恩小姐赶紧写出来，以便赶在第二天邮寄截止期之前及时投出。他在满怀热望中甚至主动提出帮她打字。佩恩小姐对与D. D.临时搭档表示惊叹："多么美好的夜晚！我写稿，他打字，一直忙到深夜。论文已经投进了邮筒。我在走回宿舍房间时还如在梦中。我的双脚好像都没有着地……像是在空中飞行。我都不想告诉他，我自己打字也挺快的。"

1924年2月19日，沙普利在威尔逊山的前同事埃德温·哈勃（Edwin Hubble）给他写了一封信。收到信的那一天，佩恩小姐刚好在他的办公室里。信是这样开头的："亲爱的沙普利，您会有兴趣听听这个：我在仙女星云中发现了一颗造父变星。"没有多少通告会比这条消息更令他感到紧张。肉眼都能模模糊糊看到的仙女星云，在所有旋涡星云中，个头最大，也得到了最多的密切观测。1885年8月，一颗新星在它的中央爆发，但是因为在那个早期阶段，天体照相还处于原始状态，这一事件没有被定格在玻璃底片上。那以后，在仙女星云中就没有发现存在单颗恒星的证据——无论是在它的中央，还是在它的旋臂上都没有。沙普利的朋友阿德里安·范玛宁测量过仙女星云的自转。他发誓说，他看到这个星云在快速地转动，这意味着它肯定处于相对较近的位置——近到可以看见单颗的恒星，前提是里面得有恒星。如今，哈勃使用那架100英寸望远镜，连续多个晚上以一系列长时间曝光的拍摄，在仙女星云中揭示出整个恒星群。

哈勃在信中说："在这个观测季，天气允许的情况下，我尽可能密切地追踪着这团星云；在过去的5个月里，我捕获了9颗新星和2颗变星。"他为其中一颗变星绘制的光变曲线显示，它具有莱维特小姐那种造父变星的特性：快速提升到最大亮度，再缓慢变暗。哈勃新发现的造父变星，在最大亮度上接近非常黯淡的18星等，但是它长达31天的周期又决定了它绝对要比太阳亮上几千倍。这颗星星之所以黯淡，只是因为它距离我们太过遥远。使用沙普利对造父变星的定标，哈勃将仙女星云置于100万光年之外。因为这团星云在相距这么远的地方还显得那么大，它在大小上必然同银河系不相上下，所以，仙女星云本身肯定是一个星系——一个岛宇宙。

沙普利在读了哈勃的消息并看过那条光变曲线之后，将这几页信递给佩恩小姐说："这封信摧毁了我的宇宙。"

2月27日，沙普利在以"亲爱的哈勃"起头的回信中，听起来还不太情愿承认失败："您在来信中告知我，在仙女星云方向发现了一组新星和两颗变星；我好久没有读到这样有意思的文章了。"沙普利没有像哈勃宣称的那样，将这些变星置于星云内部，而只是说它们大体而言在那个方向上。

沙普利从来就不太喜欢哈勃。他们两人都出生于密苏里州，但是哈勃在牛津大学做了3年的罗德学者①之后，就将他的美国中西部口音，改成了一种古怪的英国腔。他还坚持使用"一战"期间在陆军中被授予的军衔，在退役后的生活中，他依然自称为哈勃少校。1919年9月，当这位少校应海尔之邀，到威尔逊山做报告时，他还下穿马裤，上披斗篷。沙普利和哈勃在同一个山顶进行观测的短暂时期里，每当一方说"好啊！"（Bah Jove）时，另一方就会皱起眉头。尽管如此，沙普利觉得哈勃一丝不苟的工作是无可挑剔的，并在信中承认："您的变星到这团星云的距离，以及您手头那几张宝贝照相底片，当然会让您确信，这些星星确实具有可变性。"

哈勃原本就只想让沙普利一个人看到这颗造父变星的消息，因为他计划通过进一步的观测，确认仙女星云的距离，然后再

---

① 罗德奖学金（Rhodes scholarship）设立于1902年，资助来自世界各地的青年前往牛津大学学习，得奖者被称为"罗德学者"（Rhodes scholar）。——译者注

发表一个公开声明。但是，在投下了这枚炮弹之后的那个星期，哈勃就请假与斯坦福大学校友、洛杉矶富孀格雷丝·伯克·莱布（Grace Burke Leib）结了婚，并和她在欧洲度了3个月蜜月。当他回到工作上来之后，又在仙女星云中发现了11颗造父变星。沙普利曾经担心过，银河系中那11颗"可怜的"造父变星，不足以支撑他的大星系理论。如今，哈勃在仙女星云中发现的这十几颗造父变星，给了单星系理论致命的一击。哈勃的这些造父变星，证明了范玛宁对旋涡星云快速自转的测量不可信。哈勃的这些造父变星，确实表明宇宙中包含多个"岛宇宙"。

范玛宁给沙普利写信说："在哈勃发现造父变星之后，我一直在重新琢磨我的这些运动，并思考我该如何看待这些测量。"他仍然相信它们，只是其他人已经不信了。

岛宇宙得到证实，令沙普利以前的"辩论"对手希伯·柯蒂斯感到陶醉。1924年，柯蒂斯在《科学》（*Scientia*）[①]上发表文章表明，这些新见解的含义让他感到无比激动："在人们的头脑中，很少形成比这更伟大的观念，即在构成我们银河系的数百万颗恒星中的一个太阳的一个较小的'追随者'上，我们这些微不足道的居民，可以在它的边界之外，看到其他类似的星系，而它们每一个的直径都有数万光年，每一个都像我们银河系一样，由10亿或更多的恒星构成，而且我们这样做，还深入到了更大的宇宙之中，抵达了介于50万光年到1亿光年远的地方。"

205

---

① *Scientia* 是1907年在意大利博洛尼亚创刊的一份综合性科学期刊，在"一战"和"二战"之间刊载过许多著名科学家的论文。——编者注

正如沙普利在1918年将太阳远远地推离银河系中心时嘲弄的那样：人类也许不是"什么了不起的动物"，但是人类的思想却可以穿越时空。

* * *

塞西莉亚·佩恩对曾经过妮蒂·法勒、威廉明娜·弗莱明、安东尼娅·莫里和安妮·坎农之手的同一批物端棱镜（objective-prism）底片，进行了耐心的筛选。这些符文般的谱线图案曾帮助她的前辈们对恒星进行分类，她却在里面读出了新的潜台词。它关系到单个原子的行为——吸收和释放少量的光。每个光谱中的几千条夫琅和费谱线，都记录着电子在绕原子核运动时，从一个能级到另一个能级的跃迁。

佩恩小姐的构想得自加尔各答的印度物理学家梅格纳德·萨哈（Meghnad Saha），他是第一个将原子与恒星联系在一起的人。1921年，萨哈证明了不同类型的恒星之所以能展示出它们独特的光谱图案，是因为它们在不同的温度下燃烧。恒星越热，围绕在原子核周围运动的电子，就越容易跃迁到更高能级的轨道。获得足够的热量后，最外层的电子会挣脱束缚，留下带正电的离子，继而表现出不同的光谱特征。萨哈给出了数学方程，用于预测不同元素在极高的温度下时——实验室中的炉子是达不到这种高温的——光谱中夫琅和费谱线的位置。然后，他用自己的预测值，与根据哈佛藏品发表的光谱进行匹配。两者间的吻合表明，亨利·德雷伯分类体系中的类别，几乎完全取决于温度。O

类恒星比 B 类恒星热，后者又比 A 类恒星热，如此等等，一直向下推到序列的末尾。

其他研究人员，从早期的分类者安吉洛·西奇，到如今的理论家亨利·诺里斯·罗素，都同样注意到了温度与恒星类型之间的相关性，但是在萨哈之前，还没有人给出过它的物理机制。从特定夫琅和费谱线的位置和强度，萨哈可以估计出不同德雷伯类型中恒星的实际温度范围。

在萨哈充满希望的引领下，佩恩小姐在剑桥大学的一位导师爱德华·阿瑟·米尔恩（Edward Arthur Milne），对他的技术进行了重新构建和改进。米尔恩及其合作者拉尔夫·福勒（Ralph Fowler）导出了不同的恒星温度值，尽管它们仍然按照哈佛体系的顺序排列。福勒和米尔恩还考虑到恒星大气压比萨哈所假设的要低得多，因为恒星周围的气体有足够大的空间扩散，可以变得非常稀薄。与地球表面的气压相比，恒星的大气压是微不足道的，每平方英寸还不到零点几盎司①，而这种气体稀薄的条件又会增加原子电离的倾向。

到 1923 年时，福勒和米尔恩已经巩固了原子跃迁与相应夫琅和费谱线强度之间的联系。如今，开辟出了一个新的研究方向：通过仔细查看不同光谱类型中谱线的强度，细心的分析人员也许可以得出每种组成元素的相对丰度。揭示这种内情的原材料已存在于美国，就在剑桥和帕萨迪纳的底片库中。当佩恩小姐离开纽纳姆学院前往哈佛天文台时，米尔恩极力主张她在哈佛的玻

①　1 盎司 ≈ 28.35 克。——译者注

璃照片上挖掘光谱，看能否检验和验证萨哈的理论。佩恩小姐说："我听从了米尔恩的建议，并着手对亨利·德雷伯体系中固有的定性信息进行定量分析。"

普林斯顿大学的亨利·诺里斯·罗素受此吸引，也想开展同样的研究。因为普林斯顿缺乏所需的资源，罗素安排了几次到威尔逊山度长假，并派了一位研究生唐纳德·门泽尔（Donald Menzel）去哈佛查看照相底片。门泽尔在实验光谱学方面的训练，与佩恩小姐可发挥其作用的原子知识刚好互补，但是两人没有合作。

佩恩小姐在写到她早年的奋斗过程时说："我独自奋力前行，显然，得设计一种定量方法来表达谱线的强度，于是我就建立了一个粗略的目视估计系统。接着要做的是识别线光谱（line spectra），选择已知的谱线进行核查，还有一个苦力活，就是估计几百道光谱的强度。"她经常感到迷惑不解。她在硅元素的谱线上取得了第一个突破，她在最热的恒星中探测到了这种元素，而且是处于4个连续的电离阶段（从中性的原子到失去一个电子，然后是失去两个电子，最后是失去三个电子）。根据这些观测，她计算出了失去电子所需要的热量，并由此确定O类恒星的温度在23 000℉到28 000℉之间。

有时，同样喜欢开夜车的莫里小姐，会过来聊一下她目前在南天双星光谱研究中的一些小细节。佩恩小姐说，两个女人愉快的讨论"会被蚊叮虫咬痛苦地打断"，因为莫里小姐坚持要开窗户，却又不忍心打蚊子。

一个元素接一个元素，佩恩小姐用光谱进行估计、绘制和计算，从而得出恒星的温度。她所有的数据都描述了恒星大气层（产生其光谱的那些可见表层）的温度。恒星内部深处的温度只能靠猜测。还没有人知道恒星通过什么过程，来产生如此巨大的能量。

沙普利有意让佩恩小姐获得哈佛的第一个天文学博士学位。他组织了一个正式的指导教师委员会，给她安排了一次博士资格笔试。她在1924年6月10日通过了这项考试。作为正式的博士学位候选人，佩恩小姐参加了在新罕布什尔州和加拿大安大略省召开的暑期天文学会议，开会期间她一直都在操心上哪儿找钱完成学业。皮克林天文学研究员奖金只提供一年的资助，而且不能续约。

208

8月在多伦多参加英国科学促进会（British Association for the Advancement of Science）的聚会时，佩恩小姐与她最早的偶像阿瑟·斯坦利·爱丁顿以及爱德华·阿瑟·米尔恩重逢了。他们提醒她，女性在英格兰从事天文学的机会仍然没有增加，她应该尽量留在大西洋的这一边。幸运的是，佩恩小姐是一位未满30岁的女大学毕业生，希望在美国学习的同时还保留外国公民身份，因此满足了美国大学妇女协会（American Association of University Women）的罗丝·西奇威克纪念奖学金（Rose Sidgwick Memorial Fellowship）的各项要求。9月，她从那里获得了1 000美元的资助，于是她在哈佛第二年的费用有了着落。

佩恩小姐继续对恒星的温度进行测量，并梳理出了不同类型的恒星中各种元素的相对比例。尽管她确定的温度来之不易，但与以前的思想在吻合程度上令人满意，而丰度方面的新数据令她警觉。考虑到恒星与地壳是由相同的成分组成的，大多数天文学家都假定其构成比例也必然吻合。他们预计，常见的地球物质，比如氧、硅和铝，也会被证明在恒星上同样普遍。事实上，佩恩小姐的计算揭示，那种对应关系对几乎所有物质都成立，只是有两个值得注意的例外——最轻的两种元素氢和氦。氢大量存在于恒星大气之中。氦也不少，不过恒星上氢的丰富程度似乎比地球上要高100万倍。那里充沛的氢和氦，使得其他的恒星成分看上去都像是微量元素了。

12月，沙普利将佩恩小姐这份离奇报告的草稿送给了罗素——恒星成分方面的权威。罗素称赞了她的方法，但是对她的结果表示了不满。他在1925年1月14日告诉她："氢比金属丰富100万倍显然是不可能的。"

209　　佩恩小姐在采用自己的方法时已经非常谨慎了。不过，她没有反驳罗素这样一位地位崇高、经验丰富的权威。她顺从地对她的结论进行了缓和处理。当她在2月份向《美国国家科学院院刊》（*Proceedings of the National Academy of Sciences*）投稿时，她指出她得出的氢和氦的百分比"高得不合情理"，并且假定它们"几乎可以肯定不反映实际情况"。在恒星物理化学这样一个年轻的领域，不必为异常的结果感到羞愧。相反，它们还会为其他人指出有待研究和解释的诸多奥秘。

* * *

1925年2月1日，索伦·贝利正式从哈佛天文台退休了，但他并没有停止在那里工作。如今他年届古稀，仍然在球状星团中不断发现和研究变星。他还在沙普利的建议下，开始撰写哈佛天文台的官方台史。

威廉·皮克林也在1925年退休了。同贝利一样，威廉也继续从事天文工作，自费维持着曼德维尔天文台。德雷伯夫人在1886年捐赠给哈佛的那架11英寸折射式望远镜，曾经被他用租借方式长期留在牙买加，在沙普利强迫他归还之后，他又买了一架新的。而那架11英寸折射式望远镜一运回剑桥市，沙普利就让它再次投入了恒星光谱和测光的专项观测之中。

1925年，亨丽埃塔·莱维特的一位仰慕者，在不知道她已去世的情况下，为她献上了一份迟到的嘉奖。瑞典皇家科学院的约斯塔·米塔格–莱弗勒（Gösta Mittag-Leffler），在2月23日的一封来信中，是这样起头的："尊敬的莱维特小姐，我的朋友兼同事、来自乌普萨拉（Uppsala）的冯·塞佩尔（von Zeipel）教授告诉我，您在小麦哲伦云中，发现了联系造父变星的星等与周期的经验定律，令人仰慕。这给我留下了极为深刻的印象，我很认真地倾向于提名您为1926年诺贝尔物理学奖的得主——尽管我必须承认，我在这方面的认识还很不完整。"写信者是一位英勇无畏地拥护对从事科学事业的女性进行奖励的人，他在1889年曾鼓动大家，为俄罗斯数学家索菲娅·柯瓦列夫斯卡娅（Sofia Kovalevskaya）争取到了斯德哥尔摩大学学院（Stockholm University College）的正教授职位。1903年，他成功地向诺贝尔委员会施压，让他们在将物理学奖授予放射性的发现者皮埃尔·居里和他的同胞亨利·贝克勒尔（Henri Becquerel）时，将玛丽·居里夫人也列入其中。

沙普利在3月9日给米塔格–莱弗勒回信说："莱维特小姐在麦哲伦云中的变星方面的工作，导致她发现了周期与视星等之间的关系，也为我们提供了一个非常强大的工具，用于测量遥远的星际距离。对我个人而言，它也帮了大忙，因为我有幸对莱维特小姐的观测进行解释，并将它置于绝对亮度的基础之上。在将它拓展到球状星团中的变星上之后，用于我对银河的测量。就在最近，哈勃在测量旋涡星云的距离时，也用到了我在莱维特小姐工作的基础上所建立的周光曲线。她在哈佛天文台工作的许多时间里，精力都要投入繁重的建立标准星等的日常工作，以便我们后来者能在此基础上进行星系研究。要是被免除这些必要的琐事，我敢肯定，莱维特小姐的科学贡献会比现在更为出色。"沙普利请求对方允许他将来自瑞典科学家的令人感到欣慰的致敬，分享给莱维特小姐的母亲和弟弟——当然是在保密的情况下。

佩恩小姐经常暗自庆幸，她自己避免了强加在莱维特小姐身上的例行事务。1925年春，她在写作博士论文的6个星期里，自称始终处于"一种狂喜的状态中"。在论文中，她描述了她工作流程的新颖性，列出了经她校准的恒星温度，并总结了恒星中化学元素的丰度。基于她早先与亨利·诺里斯·罗素交换的意见，她重复了关于氢和氦比例巨大的警示。她再一次将它们巨大的丰度当作"几乎可以肯定不反映实际情况"，而不必予以认真考虑。

正如皮克林在1895年创设《哈佛天文台简报》来宣布弗莱明太太发现的第二颗新星——船底座新星，沙普利在1925年开创了用"哈佛天文台专著"（Harvard Monographs）的方式，来展示佩恩小姐的博士学位论文。沙普利没有将她的杰作塞进一卷《纪事》，分发给征订的天文台和科研机构，而是以精装版形式出版了《恒星大气》（*Stellar Atmospheres*），并以每本2.5美元的价格发售。他送了一本给罗素当作礼物，罗素马上就表示了感谢，声称："我昨天收到它之后就一口气读完了。"罗素宣称，佩恩小姐的学位论文是他读到过的最好的博士论文，也许唯一的例外是沙普利本人关于食双星轨道的博士论文。罗素说："尤其令我印象深刻的是，对这个主题的广泛把握，明晰的写作风格，以及佩恩小姐的研究成果本身所具有的价值。"

佩恩小姐的工作的惊人收获是，它揭示了所有的恒星在构成上都非常相似。德雷伯星表中的字母类型只表示在温度上的差别，而不是在化学构成上的差别。亨利·德雷伯若泉下有知，也会为此感到惊讶的。

但是，氢含量的问题仍亟待解决。要是数量多、强度大的氢谱线不表示真实的丰度，那么它们又表示什么呢？作为许多光谱中最显著的特点，氢谱线的图案指导了将恒星分成不同类别的工作。光谱形状主导了亨利·德雷伯分类的准备工作，皮克林在早年时就是以与此差不多的方式玩过拼图游戏。他总是将几百片拼图反扣过来，不愿从图片上得到任何提示，而是单纯依靠形状来拼出全图。对谱线的新看法，如今充满了原子方面的含义。这样一来，氢谱线的突出表现也显得不那么协调了。这个新谜题吸引了罗素，他的休闲活动之一就是解答报纸上的填字游戏。罗素公开地将对复杂光谱的分析，比作"解答一道为人带来荣耀的纵横填字游戏"。他开始钻研起光谱内涵的细枝末节——他将更多的时间花在威尔逊山天文台，带领那里的天文学家们对他研究的特定恒星光谱进行拍摄；他还与美国国家标准局（National Bureau of Standards）的物理学家们开展合作，从他们实验室里的单种元素的光谱中获益。

在《恒星大气》的编辑前言中，沙普利提醒潜在的读者：将原子分析应用于天文学，仍然是一个襁褓中的领域。他说，佩恩小姐这本书展示了该问题的总体状况，但是在不远的将来，它还需要修订和扩充。同时，他充满自豪地总结道："这本书已经被接纳为满足拉德克利夫学院哲学博士学位要求的学位论文。"

就在佩恩小姐获得博士学位的同时，坎农小姐又收获了两个名誉学位。1925年5月29日，也就是在她准备乘船前往英格兰的那一天，韦尔斯利学院打算授予她一个学位。于是，她改订了几天后出发的另一条轮船的船票。坎农小姐在接受学位时说："亲爱的彭德尔顿校长，我向您保证，能从我的母校——在这里，我最早尝试开展天文工作；在这里，怀廷教授首次引领我的思想进入了新发展起来的光谱学这一神奇的领域——获得这样一项荣誉，将是我在自己选择的天文科学日益广泛的领域里持续努力和热情高涨的最大动力。"而在1921年，当格罗宁根大学（University of Groningen）邀请她到荷兰，接受数学与天文学名誉博士学位时，她发现时间安排不方便，就请他们将证书邮寄给她。1923年，美国女性选民联盟（League of Women Voters）提名她为"在世的12位最伟大的美国女性"之一［同时获奖的还有社会工作者简·亚当斯（Jane Addams）、妇女参政论

212

者卡丽·查普曼·卡特（Carrie Chapman Catt）以及小说家伊迪丝·华顿］，也没能诱使她离开天文台一天。

参加完韦尔斯利学院的典礼之后，坎农小姐启程前往英格兰，参加7月中旬在剑桥大学召开的国际天文学联合会的大会。这一次，她是独自前往的，因为比她大16岁的姐姐，已年近80岁，不能陪同她了。大多数的参会代表都住在学生宿舍里，而坎农小姐作为阿瑟·斯坦利·爱丁顿和他姐姐威妮弗蕾德（Winifred）的特别嘉宾，住在天文台居所的一间房子里。在国际天文学联合会的大会期间，哈洛·沙普利就坎农小姐在亨利·德雷伯星表补编（Henry Draper Extension）方面的进展做了一次图文并茂的演讲。接下来，她去了牛津大学，住在她的朋友赫伯特和戴西·特纳（Daisy Turner）夫妇家，并成了该校历史上第一位获得名誉科学博士学位的女性。然后她又转到了格林尼治，参加弗兰克·戴森爵士和卡罗琳·戴森夫人为庆祝英国皇家天文台成立250周年举行的庆典。有几位皇室成员也参加了这一庆典，据坎农小姐保留的一张剪报显示，王后的礼服呈现出柔和的蓝色，是某种介于风信子和绣球花之间的色调。

佩恩小姐也参加了1925年的这些天文学会议，并在整个夏季期间都留在英格兰家中，与她母亲和妹妹利奥诺拉（Leonora）——一位雄心勃勃的建筑师在一起［她的考古学家弟弟汉弗莱（Humfry）去希腊进行考古发掘了］。7月底，她给沙普利写信说："我很希望回去工作。到剑桥大学的一次访问，让我最终确信，回到美国是去欢庆的，不是去辞职的，这一趟也不算白跑。"秋季，佩恩小姐以博士后研究员的身份，再次加入了哈佛天文台。她在剑桥市租了一间公寓，登记成为合法的美国永久居民，并期盼获得完整的公民身份和投票权。她突然发现自己的钱用光了。以前的补贴都是每个月的月初发放，她以为工资也会在老时间发。但如今，她尴尬地意识到，必须等到月底才能领到工资。为了应付迫在眉睫的资金短缺，她典当了自己的首饰和小提琴。

214

第十三章

《天文台围裙》

塞西莉亚·佩恩发觉她很喜欢拥有一个自己的家。她在新公寓里安顿下来之后，就快乐地沉迷于烹饪、缝纫和招待这些被她称作"女性欲望"的活动之中。她解释说："要让一个项目出成果，得花好几年的时间，而在厨房里忙活几个小时，就能创造出一份杰作，这会让人产生巨大的满足感。"

佩恩原先将自己设想成"反叛女性身份的人"，后来才意识到她真正反叛的是"被当成低人一等的人对待"。她一点也不介意被当成不同的人对待——"女人跟男人当然不同。她们整体的观点和行事方式都证明了这一点"——只要她的科学家同行们不因为她的性别而瞧不起她。在哈佛天文台，她几乎碰不到这种事。在这里，安妮·江普·坎农可以为邦德天文俱乐部（Bond Astronomical Club）的一次会议，先焙烤一些燕麦饼干，再就她在光谱学方面的最新发现，向参会人员进行权威性的讲解。

坎农小姐前不久刚与她姐姐马歇尔太太一起，搬进了邦德大街一栋舒适的平房，就在天文台地盘的外沿。她称这个地方为"星星小筑"，里面经常因为举办天文台的社交活动而热闹非凡。

坎农小姐的客人签到簿上，龙飞凤舞地题写着一条格言，"自从
夏娃吃禁果以来／许多事情都有赖于晚餐"，它很好地表达了这
样一种哲学。签到簿的内页上保存着此类活动的记录，比如"天
文台的女士们来吃晚饭"（后面是所有16位受邀女士的签名），
"爱德华·弗莱明过来吃午饭"以及"在户外喝茶。艾姆斯上校
夫妇和阿德莱德"。

　　不过，在天文台社区里，好客的典范非玛莎·沙普利莫属。
就像最早的女性影响者——前几任台长的妻子、姐妹和女儿，沙
普利太太也是通过家庭纽带接触到天文学的。尽管如此，她作为
数学家的技能在婚前就已操练出来，而且更胜她丈夫一筹。玛莎
在帮助哈洛完成了普林斯顿大学博士论文中的计算之后，继续为
《天体物理学报》撰写了自己关于食双星轨道的几篇论文。在帕
萨迪纳时，她和哈洛合作撰写了好几篇有关造父变星的论文。搬
到剑桥市后，尽管要肩负起照看四个孩子的重任（她在1923年6
月2日产下了第四个孩子劳埃德），沙普利太太仍继续计算食双
星的轨道根数①。尽管她没领到薪水，她的名字还是出现在多份对
她的成果进行报道的哈佛天文台《简报》和《公报》②（*Bulletin*）
上。同时，她继续发扬莉齐·皮克林好客的传统，经常邀请到访
的科学家到毗邻天文台的台长居所，与家人在一起吃住。哈洛欢
快友好的领导风格，需要玛莎经常举行派对，让各位员工可以与

---

① 确定圆锥曲线轨道的基本要素。一般情况下为6个，分别表示轨道的大小、形状、
轨道在轨道面上的方位、轨道面的取向和天体在轨道上的初始位置。——编者注
② 1898年由爱德华·皮克林创办的《哈佛学院天文台公报》（*Harvard College Obser-
vatory Bulletins*），又称《哈佛天文台公报》，简称为《公报》。——编者注

尊贵的客人们相互应酬，打乒乓球、玩猜字游戏和演奏音乐。她本人是一位技艺高超的古典钢琴演奏家，她练琴时的音乐声传进办公室，也没有谁会介意。沙普利太太作为台长夫人被大家亲热地称为"哈佛学院天文台第一夫人"。

最初被皮克林聘用的老计算员们所组成的核心团队，在沙普利的新式管理下，仍在砖砌建筑里坚守岗位。路易莎·韦尔斯在1887年加入天文台，弗洛伦丝·库什曼在1888年加入天文台，伊夫琳·利兰、莉莲·霍奇登（Lillian Hodgdon）和伊迪丝·吉尔在1889年加入，接下来是伊迪丝的妹妹梅布尔，她在1892年加入，以及韦尔斯利学院毕业生艾达·伍兹在1893年加入。

坎农小姐和莫里小姐也是天文台的两名老兵，她们最初因为接受过天文学方面的大学教育脱颖而出。到1925年，已可以轻松地点出十几个与她们比肩而立的女学生、大学校友和研究生学位的拥有者了。其中之一是玛格丽特·哈伍德，她在沙普利将皮克林研究员奖金用于支持研究生学习之前许多年，就去西部攻读了硕士学位。阿德莱德·艾姆斯和塞西莉亚·佩恩目前正在指导两位硕士生——来自瓦萨学院的哈尔维亚·黑斯廷斯·威尔逊（Harvia Hastings Wilson）和来自斯沃斯莫尔学院（Swarthmore College）的玛格丽特·沃尔顿（Margaret Walton）。天文台还有一位新的女性客座研究员——普丽西拉·费尔菲尔德（Priscilla Fairfield）教授、博士。费尔菲尔德小姐在1921年从加州大学伯克利分校获得了天文学博士学位，此后在马萨诸塞州西部的史密斯学院，讲授"天体力学"和"照相底片测量与归算"这两门课。她在1923年夏天刚来哈佛工作时，只要求给她提供能支付

216

本地生活费用的微薄津贴。1925年，除了夏季待在这里，她还会在下雨的周末来回奔波200英里，往返于北安普敦（Northampton）和剑桥市之间，因为下雨时，她不必在史密斯学院的学生天文台履行监管职责。

满心感激的沙普利，为费尔菲尔德小姐争取到了来自美国国家科学院古尔德基金（Gould Fund）的500美元经费。他在1925年11月23日为她出主意："我建议您马上开始动用这笔经费。我还想建议您好好安排一下，以便快速而有效地花掉这笔钱。因为我相信，这边提供的一点帮助，加上您用古尔德基金的经费所取得的巨大成功，会促使史密斯学院在一年左右之内，对这项工作进行支持。"费尔菲尔德小姐当时正在对属于德雷伯M类恒星中的巨星和矮星的光谱以及自行进行比较，以便更清晰地界定它们谱线间的差别。她使用古尔德基金的经费，以每小时30美分的工钱，雇用她的学生担任计算助理。沙普利补充说："在我看来，我们现在有可能在史密斯学院建立一个有用的测量或计算部门，其目标有二：让人心安理得地完成科学工作，将史密斯学院变成一个可以让女研究生们完成天文学工作的学校。"在一段手写的附言中，他承认最后面这个愿望是"来自一位拉德克利夫学院教授的可笑声明！"。

沙普利很自然地想要扩充他的天文学研究生培养计划，以便同时招收女生和男生。刚开始，他手头只有皮克林研究员奖金，他只好将合格的男性申请者推荐到其他地方。这种状况在1926年发生了改变，这得益于客座委员会主任乔治·阿加西的慷慨解囊。新设立的阿加西奖学金使得多伦多大学的弗兰克·S. 霍格

（Frank S. Hogg）成为第一个在哈佛学院（而不是拉德克利夫学院）攻读天文学博士学位的人。霍格先生刚好与来自曼荷莲女子学院的新任皮克林研究员海伦·B. 索耶（Helen B. Sawyer）同时到来。很快大家都明白了，分析彗星光谱的霍格先生与研究星团的索耶小姐，在彼此心中激发了超越科学研究的兴趣。他们的恋爱关系也推翻了天文台流传多年的一个笑话：为什么砖砌建筑像天堂？因为那里既没有人出嫁，也没有人迎娶。

* * *

约翰和多萝西·帕拉斯基沃普洛斯在阿雷基帕阴云不散的几个月里，试图通过转移到智利的观测点来挽救观测事业。经过 3 次这样的尝试之后，他们接受了一项新的哈佛使命。沙普利大张旗鼓为天文台募集资金的活动，从洛克菲勒基金会的国际教育委员会争取到 20 万美元，从大学内部也募集到同样额度的捐助——他终于有足够的经费将博伊登观测站从秘鲁搬迁到南非了。1926 年 11 月，帕拉斯夫妇开始打包仪器设备，准备运往东边。他们计划将布鲁斯望远镜作为布隆方丹的主力望远镜，直到有更大型、更现代的望远镜来取代它。匹兹堡的 J. W. 费克公司（J. W. Fecker）正在制造一架 60 英寸的反射式望远镜，它注定将成为南半球最大的望远镜。

皮克林在 1904 年购买过一架 60 英寸反射式望远镜，本指望用它来改善他的目视测光计划。但是，英国天文学家安德鲁·安斯利·康芒建造的那台设备表现很差，皮克林在捣鼓了它几年之

218　后，就将它闲置在了一旁。沙普利从这架废弃望远镜的几面反射镜中回收了一面，让它在新的60英寸望远镜中得到重生。

南半球观测活动的迁移和扩大，看起来是哈佛天文台在30年里最显著的一项物质成就。对这项工程进行远程监管令沙普利筋疲力尽，却并没有影响他其他方面的活动。他与现任皮克林研究员索耶小姐一起，为围绕在银河系周边的一百来个球状星团设计了一套分类方案。他与艾姆斯小姐一起，越过这些星团观测到了更遥远的旋涡星云——它们如今被认为是河外星系或"岛宇宙"——并对它们进行了统计。沙普利还接待了被哈佛玻璃底片库吸引过来的一些外国访客：他一会儿要向埃纳尔·赫茨普龙道别——他从1926年到1927年在这里待了7个月时间，一会儿又要迎接新的客座研究员——来自俄罗斯的鲍里斯·格拉西莫维奇（Boris Gerasimovič）。同时，作为哈佛天文台的发言人和首席筹款人，沙普利还安排了大量的公开演讲和一系列面向大众的广播节目——他在整理和编辑节目稿件准备出版。在开展所有这些工作的同时，他还在撰写一部有关星团的哈佛天文台专著。

台长明显表现出的精疲力竭，让乔治·阿加西感到不安。阿加西在1927年5月20日提醒沙普利："您是那种令人羡慕的不世出之英才，适材适所。您不要让身体机器运转得太快，以免伤身。懂得保存体力的旅行者，比每天紧赶慢赶的人走得更远，收获也更大。下放一些权力让别人来分担；如果做不到，就少出点活。别累坏了自己，您可是太有价值的人啊。"沙普利承诺，会在夏天快结束时安排一次家庭度假。

7月，帕拉斯夫妇抵达南非的奥兰治自由邦（Orange Free State），并将布隆方丹东北14英里的马塞尔斯波特（Masel-spoort）选作新的固定观测站点。它在海拔4 500英尺的小丘上，差不多只有安第斯的山峰一半那么高。但是至关重要的视宁度，这里却比阿雷基帕的还好。诞生于"哈佛山"上的博伊登观测站，如今在"哈佛小丘"（Harvard Kopje）上将天地景观尽收眼底。布隆方丹市对这个新建的科学中心张开双臂表示欢迎，政府出资给马塞尔斯波特铺设了水管，架设了电线和电话线。几周之后，帕拉斯夫妇又可以在南半球重新开始巡天工作了。

沙普利在9月给洛厄尔校长的报告中，对该年度一些重点工作进行了总结，列出了40多项在研项目的概况，但没有试图用非天文学家的术语对这些研究进行描述。他不愿意同过去的报告一样，按标题和作者列出天文台过去12个月发表的论文和专著，因为那太多了，要是完整地列出所有的文献目录，会占去太多的页面。在他提交了这份报告之后不久的1927年10月11日，哈佛天文台台长和"第一夫人"宣布了他们第五个孩子卡尔·贝茨·沙普利（Carl Betz Shapley）的诞生。

11月，楠塔基特玛丽亚·米切尔协会仁慈的创始人莉迪娅·欣奇曼，又给哈佛天文台捐款设立了一项女性特别奖金。沙普利在致谢函中说："这项捐赠来得正是时候，在收到它的前一天，拉德克利夫学院在天文台培养的一位研究生海伦·索耶小姐，与我谈到了继续攻读天文学博士学位的可能性。"索耶小姐考进曼荷莲女子学院时，选修的是化学专业，但是受安妮·休厄尔·扬教授的影响，她在大三时转到了天文学专业。有件事对她的影响特别大："1925年1月24日发生日全食时，扬小姐设法找来了一列火车专列，将整个学院的人都带到康涅狄格州，前往落在日全食带里面的一个高尔夫球场。在那里，壮丽的景象让我终生与天文学紧密地联系在一起——尽管当时我们站在几乎齐膝的雪中，我的双脚感到冻得慌。"

还在曼荷莲女子学院时，索耶小姐就已经将"球状星团当成自己心爱的天体而偏爱有加"。在哈佛，她与研究这些天体的世界权威沙普利合作，甚至还将她的观测结果记录在他也在用的记录簿上。索耶小姐也很高兴见到星团研究最早的倡导者——索伦·贝利，并沉浸于他在秘鲁时用布鲁斯望远镜拍摄的那些照相底片之中。她使用这些图像和其他一些图像，根据星团中心恒星的聚集程度，帮助沙普利将星团分成了几个子类。其中的差别暗示着星团处于不同的演化阶段。在沙普利的指导下，索耶小姐还重新确定了所有这些星团的视照相星等（apparent photographic magnitude），以确认每个星团的距离。

1928年6月，索耶小姐准备接受拉德克利夫学院授予的硕士学位，而霍格先生也将获得哈佛的硕士学位。他们两人对未来充满憧憬，尤其盼望在学术上取得更大的成就。弗兰克觉得他只要再花一年时间，就可以拿到博士学位，而海伦至少还需要两年，也许三年。拉德克利夫学院坚持要求她掌握德语，而曼荷莲女子学院给她打下的数学和原子物理学基础又不够扎实。事实上，她第一次参加哈佛的研讨会，听佩恩小姐讲《受激氢原子的生命周期》时，还傻乎乎地以为这个标题是开玩笑的。

* * *

佩恩小姐在1927年完成了从博士后研究员到全职天文学家的身份转变，每个月可从哈佛天文台领到175美元的工资。作为新职责的一部分，她肩负起了台内所有出版物——《纪事》《公报》《简报》和专著的编辑工作。她兴趣盎然地从事着编辑工作，表现出对"大学印刷办公室里的喧嚣、新出校样的外观和气味、校对的细节与设计排版的技艺"的真正热爱。她还为其他作者绘制图表，并在必要时为外国作者重写论文，以改善其英文表达。

佩恩小姐虽然不是教授，但是带研究生，并在指导弗兰克·霍格的博士论文。沙普利觉得她应该获得一个学术职位，就向洛厄尔校长提议了此事。洛厄尔曾经拒绝让哈佛董事会授予坎农小姐天文照片馆馆长这一头衔，这次他又拒绝给佩恩小姐哈佛大学的教职。此外据沙普利说，洛厄尔校长还发誓：在他的有生之年，佩恩小姐都别想被提拔到哈佛的教授岗位上。

佩恩小姐虽然在这个方向遇到了阻碍，但在对她开放的领域还是取得了进展。正如沙普利早先向她提出来的那样，她接手了莱维特小姐在照相星等方面的工作。同样是在沙普利的要求之下，她开始撰写一本有关高光度星的新专著，是她那本《恒星大气》的续篇。

佩恩小姐在钻研最亮恒星的光谱时，想知道它们发出的光在穿越宇宙空间的过程中是否会变暗。也许某种不明的吸收介质，比如粉尘或不透光的气体，会从星光中盗走部分光辉。如果真是这样的话，那么明亮的O类恒星肯定比看起来的更明亮，因此会

221

比设想的更靠近我们地球一些。正如牛顿的平方反比律所规定的那样，单单是距离，也会让它们按已知比例变暗：对于两颗发光情况相同的恒星，距离观测者两倍远的那一颗，亮度只有另一颗的四分之一。将粉尘的因素加入这个方程中，会使远处的恒星显得更遥远。

在佩恩小姐之前，已有人仔细考虑过光"星际吸收"（interstellar absorption）的可能性了。哈佛天文台至亲的爱德华·金就怀疑存在一种昏暗效应，并进行了多年的摄影实验，对它进行检验。尽管金没能量化光在太空中穿行时的损失，但他相信确实发生了一定的损失。沙普利则信心十足地争辩说，没有不可见的障碍会让恒星或旋涡星云的亮度变暗。在沙普利看来，只有明显的大块遮挡物，比如某些星云里面包含的暗带（dark lane），才能吞没光。在这些区域之外，他确信不会有任何障碍。沙普利对球状星团距离以及太阳到银河系中心距离的估计，都假定了光在星际空间穿越时不会受到阻碍。佩恩小姐觉得，最好不要在这一点上反驳 D.D.。出于对他的顺从，她采纳了他的观点，并举出证据对该观点进行了支持。

222　　沙普利设定的目标是，对整个银河系进行测绘。他曾将太阳移出银河系中心，已经是一个好的开端，但是那只是绘制整个图景的第一步。如果从外面观看，我们银河系是不是也呈现旋涡状，有多条恒星构成的旋臂，绕着一个明亮的中央核球（bulge）旋转呢？还是说它像许多小云状（blob-shaped）的非旋涡星系？抑或是呈现出一种更不规则的布局？沙普利在探寻过程中，依靠造父变星和其他变星，作为他的"航路点"。为此，他在寻找新的助手，从最新的底片中识别出新的变星，并用佩恩小姐的新测光标准，去追踪它们变化的光度。在佩恩小姐看来，由内向外对银河系进行测绘，有点像在浓雾中，从伦敦的一个街角开始，描绘出整个伦敦及其周边地区。

* * *

沙普利在1928年5月26日询问普丽西拉·费尔菲尔德："对于这个夏季，测量星团造父变星（cluster type Cepheid）的自行，以及用您的部分古尔德基金在哈佛天文台雇一位女孩进行测量，您现在有什么计划？"沙普利请她尽快做出答复，因为他要去莱顿（Leiden）参加在那里举行的国际天文学联合会大会，还要去海德堡参加德国天文学会的大会："一周之后，我要离开地球的这一边两个月。"

费尔菲尔德小姐在5月29日回信说："我改变了计划，这个夏季我自己也准备去地球的另一边。我计划在9月初返回，希望这只是推延而不会阻碍我对星团造父变星的自行进行测量。"

7月，莱顿举行了有史以来最大规模的、最具全球性的天文学家聚会。参会人员共有243位，他们第一次收到了星星状的姓名牌，以便彼此辨认。在1925年那次大会之后，又有包括阿根廷、埃及和罗马尼亚在内的新国家加入了国际天文学联合会。会上，到处洋溢着一种新的战后和解精神，14名德国天文学家也能够自由参与所有的讨论和活动——只是他们不能就政策问题进行投票，因为他们的政府还没有加入联合会。国际天文学联合会主

223 席、莱顿天文台台长威廉·德西特（Willem de Sitter），以个人名义邀请他们来参会。德西特在开幕词中称之为"了不起的德意志民族"，以彰显这个国家在"天文学贡献的数量和重要性"方面的伟大之处。

费尔菲尔德小姐在莱顿火车站刚下车，就吸引了一位攻读天文学的荷兰学生——巴托洛梅乌斯·扬·博克（Bartholomeus Jan Bok）。他被当地组委会抽调来担任外国代表的官方接待员，特别负责接待独身前来的女士，比如金发、娇小玲珑的费尔菲尔德小姐和她在史密斯学院的上司哈丽雅特·比奇洛。在为期一周的会议期间，他真诚欢迎的热烈程度与日俱增。不管普丽西拉出现在哪里，"巴尔特"（Bart）都陪伴在她身边。

除了沙普利和费尔菲尔德小姐，哈佛天文台的参会成员还包括塞西莉亚·佩恩、玛格丽特·哈伍德、安东尼娅·莫里和阿德莱德·艾姆斯。艾姆斯小姐在她第一次参加的大会上，被选为国际天文学联合会会员，为表彰她在旋涡星系研究中取得的成就，她还实至名归地被任命为星云与星团委员会委员。沙普利给她在马萨诸塞州的父母写信，告诉他们她在会议期间看起来有多开心。

费尔菲尔德小姐试图抵挡她的新追求者展开的求爱攻势，他才22岁，比她足足小了10岁。但是，巴尔特·博克坚持不懈，最终打消了她的疑虑。

博克给沙普利留下了一个不同但同样良好的印象。在莱顿大学时，他在威廉·德西特和埃纳尔·赫茨普龙的指导下学习过，并认真阅读过沙普利关于银河系的论文。博克如今在格罗宁根大学攻读博士学位，他告诉沙普利，自己是多么盼望能与他合作。

沙普利对年轻天文学家的热情向来持包容态度，他也觉得这听起来是个好主意。

在莱顿举行的国际天文学联合会正式会议上，世界各国的天文学家表示，他们仍然对德雷伯恒星分类体系感到满意。后续的研究只是更加证实了它持久的实用价值。

同时，该体系那广受仰慕的提出者却还留在剑桥市的家中。坎农小姐要照顾她日益病弱的姐姐，并为正在编纂的亨利·德雷伯星表补编的新的部分，核查更多黯淡的恒星。办公室就在坎农小姐隔壁的海伦·索耶，可以听到她"日复一日地"对她的记录员玛格丽特·沃尔顿报出字母类别。坎农小姐差不多以沃尔顿小姐能记录下来的最快速度报出类别。刚开始学习天文学的哈佛低年级本科生杰西·格林斯坦（Jesse Greenstein）曾经评论说，一般人也许可以从远处判断出一头动物是大象还是熊，"而坎农小姐却可以一眼就区分出是乖乖象还是捣蛋象，是灰熊还是棕熊"。亨利·诺里斯·罗素在某次定期访问哈佛天文台时，想向日益年迈的坎农小姐讨教诀窍，但是佩恩小姐说，那是徒劳的，她怀疑坎农小姐是否能解释自己的识别过程，甚至对自己是如何设法做到这一点的也未必知道。她即时识别恒星的能力不可思议，也不遵循任何有意识的思路。她就是能够看出每颗星星的本来面目。

而罗素更多地依靠逻辑。自从说服佩恩小姐将她的发现称为"几乎可以肯定不反映实际情况"以来的这些年里，氢丰度问题让他迷惑了很久，百思不得其解。他在威尔逊山期间，亲自收集了新的数据。不止一次，他从一系列计算中得出结论：氢元素

224

在太阳和其他恒星中占主导地位。但是每当这种情况出现，他都将结果当成假的而不予承认——直到他再也无法否认它们的真实性，才承认氢不可避免地无所不在。1929年7月，罗素在发表于《天体物理学报》上的一篇长论文《论太阳大气的组成》中，终于同意了佩恩小姐的观点，并引用了她1925年的研究成果。他在这篇长达50页的论文的结尾，承认了"H（氢）的巨大丰度是不容置疑的"，但并没有提及他早先对此的怀疑。

宇宙的构成逆转了。氢与氦具有超级充沛的丰度——塞西莉亚·佩恩最先凭直觉发现了这一点——使得宇宙的其他成分都不值一提。曾经长期被假定含量极少的东西，如今被罗素深入的分析证明含量丰富：最轻、最无关紧要的两种元素，处于绝对的统治地位。

225

* * *

1929年4月22日，巴尔特·博克给哈洛·沙普利写信说："您好心提供给我的阿加西研究奖学金，让我感到非常幸福，我双手接下了它。普丽西拉得知我有机会去哈佛，也很开心。在没得到它时，她答应来格罗宁根，但如今我们获得了这一美妙的机会，一切都显得好多了。我将永远不会忘记，是您给了我一个为我心爱的女人工作的机会，我一定会全力以赴，不让您失望的。"

这位新研究生在9月7日（星期六）抵达美国，星期一，在纽约州特洛伊（Troy）市未婚妻的哥哥的家与她举行了婚礼。一周后，他给沙普利写信说，他正在伯克希尔（Berkshires）度蜜月，享受了"一段最美妙和幸福的时光"。

　　股市在1929年10月崩盘，但没有马上给哈佛天文台带来负面影响，那里在整个12月仍然气氛活跃。沙普利已经提议将剑桥市作为美国天文学会半年大会的举办地，并邀请了大约100名学会会员，到台长居所参加新年晚会。晚上的娱乐节目是，让员工们全副打扮，登台表演《天文台围裙》（*The Observatory Pinafore*）。这部轻歌剧的剧本和歌词是在50年前的1879年由原来的望远镜助理温斯洛·厄普顿（Winslow Upton）创作的，使用的曲调借自1878年大获成功的一部吉尔伯特（Gilbert）与沙利文（Sullivan）歌剧，其内容是关于一艘以女士围裙命名的英国皇家海军舰艇。厄普顿显然是从登上皇家军舰"围裙号"（*H.M.S. Pinafore*）表演合唱的姐妹们、堂表姐妹们和姑姨们那里获得了灵感，他在剧中将她们替换成了一群女性计算员。厄普顿将原剧中两个在出生时就被互换的男婴，改编成从皮克林的光度计中偷出的两块棱镜，围绕它们演绎出了一个滑稽的新阴谋。

　　厄普顿的剧本对哈佛天文台的每个人和每件事都进行了恶搞式的滑稽模仿。因为他在那里的服务时间，与威廉明娜·弗莱明在儿子出生前担任见习生的时间有重叠，他一定要在剧中提到"我们的苏格兰女佣"，说她"已经不幸地回到了她的祖国"。

　　在开演不久的一个场景里，年轻的厄普顿住在通往大折射式望远镜的楼梯旁的阁楼上，哀叹休息时会被喧嚣的活动吵醒。阿瑟·瑟尔听到他的哀叹，就建议他在天文台外找间房子住。厄普顿发誓说："当我的工资够高时，我会另找一间的。"瑟尔对此进行反驳："如果你想等着涨工资，而不是早早辞职，我恐怕你

226

会老死在那个房间里的。"

尽管哈佛天文台现在的情况同厄普顿那时大不一样了，但天文学领域工作者的工资仍是一个经久不衰的话题。歌词将这一点表达得格外清楚："天文学家是个可怜虫，他像笼中鸟一样自由；他富有同情心的耳朵，必须始终敏锐地倾听台长的指示。他必须打开圆顶，转动方向盘，并以不知疲倦的热情去观测星星，他必须在寒冷的深夜辛苦劳作，却永远别想指望获得一份体面的薪水。"

如今的剧组人员都很乐意再现所有这些作古之人在新年的往昔之灵，尤其是绅士风度十足的皮克林，他在剧中被激怒时最强烈的诅咒是"哦，北极星！"。

1月13日（星期一），在邦德天文俱乐部的月会时，他们又重演了一遍，又有达上次半数的客人挤进了台长居所观看。沙普利故作正经地保证说："那一晚之后，我们重新恢复了冷静而有条理的工作，以维持哈佛天文台的科学地位。"

外国人如今将哈佛视作"世界天文学家团聚的地方"。他们觉得它的多国特色不同寻常，就算是在天文学这样一个明确需要国际合作的科学领域也是如此。1930年，沙普利很高兴地接待了来自挪威的斯韦恩·罗斯兰（Svein Rosseland）和来自爱沙尼亚的恩斯特·欧皮克（Ernst Öpik），尽管他曾向乔治·阿加西半开玩笑地说过，"让现在的职工和访问学者们找地方坐下来"都很难了。在他担任台长的这些年里，职工队伍的大小已经差不多扩大为原来的3倍了。

笼罩在沙普利头上的一片乌云是星际掩食（interstellar obscuration）。1930年春季，加利福尼亚州利克天文台的罗伯特·J.

特朗普勒（Robert J. Trumpler）给出了证据，证明银河系中充满了尘埃。曾经在澳大利亚为沙普利收集过蚂蚁的特朗普勒，如今证明了银河系中弥漫着不可见的小颗粒。外加进来的尘埃，破坏了几乎所有的光度确定，同样也破坏了根据光度推导出的距离。特朗普勒通过观测100个疏散星团（open cluster）——恒星紧密聚集在一起，但又不像球状星团那样挤成一团——得出了这些结论。他用两种方法对每个疏散星团的距离进行了计算，一种是用它的视亮度，另一种是用它的视直径（apparent diameter）。两种数值都按预计的那样，会随距离的增加而减小，但是疏散星团的亮度衰减速度比其大小的缩小速度要快得多。肯定有某种"暗物质"（dark matter）介入其中，吸收了它们的光。据特朗普勒所知，这种神秘的吸收介质局限在银河系内，但是其分布并不均匀，它聚集在银河系所在的平面上，而靠近两极处比较稀少。

　　沙普利在估计银河系的直径大小为30万光年时，倚重的一点是透明度。将星际吸收因素考虑在内之后，银河系的直径大小要缩小一半左右。索耶小姐注意到："这是对沙普利思想的断然否决，他深刻地感受到了这一点。"但是，他还是想把这一消息通告哈佛天文台的上上下下。索耶小姐说，沙普利请她"主持一次研讨会，对特朗普勒的论文进行评阅。我想，他知道，我对这种状况的同情，会让我尽可能温和地对它进行处理"。那次讲演是索耶小姐在哈佛的最后一次登台。9月，她和弗兰克·霍格在她位于马萨诸塞州洛厄尔市的家中举行了婚礼，天文台大家庭的多数成员都参加了。他们夫妇俩将家安在南哈德利（South Hadley），那里靠近他们的新工作地点——索耶小姐担任曼荷莲女子学院安妮·休厄尔·扬教授的助教（有时间撰写她球状星团方面的博士论文），而霍格则在阿默斯特学院担任研究员，掌管那里的一架18英寸望远镜。

斯沃斯莫尔学院毕业生、前皮克林研究员、坎农小姐的现任记录员——玛格丽特·沃尔顿嫁给了R. 牛顿·梅奥尔（R. Newton Mayall）。他是一位景观建筑师，同时也是一位业余变星观测者。一个夏天，沃尔顿小姐在楠塔基特岛协助玛格丽特·哈伍德时，遇见了梅奥尔。不过，沃尔顿小姐还是保留了她在哈佛天文台的职位，并继续使用她的娘家姓。

228　婚姻不再像坎农小姐刚进入天文学领域时那样，意味着女天文学家职业生涯的终结。她赞同这种新趋势，并捍卫了她手下所有皮克林研究员新娘们的权利："那些不限于固定时间、也不必待在办公室内的研究，已婚妇女不是也可以轻松地开展吗？"作为楠塔基特天文学奖金评选委员会主任，她在一份定期报告中如此反问。"恒星照片可以在家里查看，时间可以不确定，而且花费的时间也许不会多于一位妻子或者母亲经常用于打桥牌或进行其他社交活动的时间。"

* * *

索伦·贝利花了6年时间撰写《哈佛天文台的历史和工作：1839—1927》。1931年初，全书以哈佛天文台专著形式出版。仅仅几个月后的6月5日，贝利在他位于诺韦尔（Norwell）的避暑别墅中，突发急症去世。他妻子和儿子给他送了终。痛失亲友的坎农小姐借引了《尤利乌斯·凯撒》（*Julius Caesar*）中的一句话，用于她朋友的讣告："他的人生是温柔的。"[①] 她与贝利交往了30年，因此在《太平洋天文学会汇刊》（*Publications of the Astronomical Society of the Pacific*）上，可以如实地报告："他因为自己广泛的同情心、公正、无尽的仁慈和毫无私心，赢得了所有人的敬重。"

贝利的另一位同事兼好友爱德华·金在《大众天文学》上另写了一份讣告。但是，讣告还没来得及登出来，金自己也病倒了，并在9月10日去世，距离他退休仅过了10天。佩恩小姐因为同金一样喜爱收藏古版本古典文献，而跟他走得很近，她在接下来一期《大众天文学》上，发表了悼念他的文章。她引用了贝利在前一年春季写给金的一封信——当时两人都回顾了他们漫长的天文学职业生涯："我们从事的工作，得到了广泛认可，赢得了许多人诚挚的敬意，乃至一些人真正的爱戴，这些确实为乐观看待人生并觉得生活值得过，提供了充足的理由。"

尽管经济陷入了大萧条，沙普利还是在1931年为哈佛天文台的捐赠基金新争取到了100多万美元的馈赠和遗赠，其中大部分来自洛克菲勒基金会。7月，在原来那栋砖砌建筑旁，开始兴建一栋更大的砖砌建筑，并采用了最新的防火保护设施，为底片藏品在未来50年里预计的增长提供了空间。10月，沙普利宣布，几架照相望远镜不久之后将从天文台山搬迁到剑桥市西北林地中一个更僻静的观测点，此地靠近马萨诸塞州的哈佛村。新观

229

---

① 引自莎士比亚戏剧作品，原文为"His life was gentle"。——编者注

测点名叫橡树岭（Oak Ridge），那里林立的枫树、橡树、松树和桦树，将为望远镜提供庇护，使之免遭风、煤烟和人造光源的侵扰。沙普利还公布了他的一项计划，在橡树岭安装一架60英寸反射式望远镜——在北半球与为布隆方丹建造的那架遥相呼应。这30英亩林地很快将成为美国东部拥有最精良设备的天文观测站。

沙普利"对天文科学的贡献"，最近为他赢得了美国国家科学院为永久纪念亨利·德雷伯博士而设立的奖章。德雷伯奖章获得者组成的这个小小的精英团体包括爱德华·皮克林、乔治·埃勒里·海尔、亨利·诺里斯·罗素和阿瑟·斯坦利·爱丁顿。沙普利觉得，为该名单增加一个女性名字的时机已经成熟，于是就提名支持坎农小姐。

沙普利给科学院的德雷伯基金委员会成员写信说："她在此奖章设立者建立的纪念基金的赞助下，所开展的终身工作正在接近尾声。在此已不必对她所做贡献的重要性和永久性进行评价了。"她是将这一分类体系变成当前这种普遍接受形式的研究者，她独自对其中的25万颗恒星一一进行了判定。沙普利继续写道："据我所知，亨利·德雷伯星表在美国还没有得到任何正式的表彰，不管是奖章、表决、名誉学位或其他别的形式。坎农小姐对这类表彰毫不在乎，但是我觉得，她完成的工作是在德雷伯夫妇资助下对科学的最大贡献，考虑将这个奖章授予她是有其合理性的。"

委员会同意了。大喜过望的沙普利在官方证书没有寄到前，自制了一张私人证书。其内容如下：

安妮·江普·坎农博士

砖砌建筑中仁慈的存在，著名的学位与奖章收集者，

九部不朽杰作和数千个燕麦饼干的创作者，

弗吉尼亚里尔舞舞者（Virginia Reeler），桥牌玩家，

仙女座SW星之教母，尤其是

美国国家科学院德雷伯奖章获得者

这是那个老古董荣誉组织授予女性的首枚奖章，

也是无论什么性别、种族、宗教或政治倾向的天文学家

所能获得的最高荣誉之一——为表彰您获得德雷伯奖章

这一巨大的荣誉，我代表哈佛天文台全体工作人员

以普通的星尘为您施涂油礼——向您敬献总星系（metagalactic）

幸运徽章——并为您佩上这个象征着成为世界上最开心的

德雷伯奖章获得者的纪念章。

231

第十四章

坎农小姐设立的奖金

哈佛天文台即将到来的节庆，是哈洛和玛莎·沙普利夫妇承办过的最大聚会：预定在1932年9月举行的3年一届的国际天文学联合会大会。沙普利台长在邀请国际天文学联合会到哈佛来召开大会时，请求将这次的间隔由通常的3年改成4年——仅改变这一次。这种推延将使本届大会的招待活动可以与往届在欧洲各国首都举行的招待会相媲美——之前都有教会和国家的要人主持豪华的庆典。哈佛这次更为朴素的大会，没有此类宏大的排场，但会赶上日全食这种自然奇观。1932年8月31日（星期三），当地时间下午4点前不久，月球会遮挡住太阳，让新英格兰的天空变暗。到访的天文学家们，可以自行在从加拿大魁北克到缅因州、佛蒙特州、新罕布什尔州和马萨诸塞州部分地区的全食带上进行观测，然后再收拾起观测设备，奔赴剑桥市开会。

沙普利的计划有一个巨大的风险，就是坏天气。根据当时的天气预报，日食那天观测条件理想的概率只有一半，而不成功的日食观测必定会让天文学家们的心情陷入阴霾。1923年南加州日食期间，坎农小姐受云量蒙骗，没能拍摄到闪光光谱（flash

spectrum），就连她这样一个人也短暂地心情低落了。不过，沙
普利台长这次寄希望于老天。他派自己培养的第一位研究生、如
今在星系探索方面的得力助手阿德莱德·艾姆斯，负责安排国际
天文学联合会的接待工作。

232

1932 年 5 月，随着大会时间的临近，沙普利和艾姆斯小姐开
始对他们广泛而具有权威性的河外星系普查工作进行收尾。他们
查看了哈佛底片收藏中的 1 000 多个岛宇宙。他们根据形状对这
些星云进行了分类——其中 700 个是旋涡星云，并遵照一个统一
的光度测量体系，对每一个的总亮度（total brightness）进行了
计算。沙普利-艾姆斯星表（Shapley-Ames Catalogue）首次展
示了此类天体在整个天空中的分布。尽管沙普利的银河系图景仍
然缺乏细节，但他和艾姆斯小姐已经采取行动去追踪更大宇宙的
轮廓了。它比他们原来设想的还要大，而且显然一直在扩张。早
在 1914 年，亚利桑那州洛厄尔天文台的维斯托·梅尔文·斯里
弗（Vesto Melvin Slipher）就已表明，大多数旋涡星云的光谱都
在朝红端移动，这意味着它们都在沿视线方向后退——高速逃
离。后来，威尔逊山的埃德温·哈勃以斯里弗的这些发现为基
础，通过对这些逃离的旋涡星云的距离进行精心的估计，他得出
了一种新的关系，称为哈勃定律（Hubble's law）：星系离得越
远，它逃离的速度越快。

6 月底，在艾姆斯小姐将沙普利-艾姆斯星表的正文和表格
交给大学印刷厂之后，她与几位天文台的同事一起，前往靠近
新罕布什尔州霍尔德内斯（Holderness）的斯夸姆湖（Squam
Lake）短暂度假。她朋友玛丽·艾伦（Mary Allen）家在那里有

一个乡村湖滨宿营地，可以纵览怀特山全景。26日（星期天），艾姆斯小姐和艾伦小姐划着一条独木舟，来到湖心，遭遇一阵狂风袭击后，她们的小船被掀翻了。她们刚开始还觉得碰到这种倒霉事很好笑，并努力想将独木舟翻转过来。后来，她们就将小船扔在那里，直接朝岸上游去。两位年轻女子都是游泳健将，但是当游在前面的玛丽来到浅水处，回头张望时，却看不到身后的人了。她大声地叫了几声阿德莱德，却毫无回应。她狂呼救命。其他人冲到现场，并在陷入歇斯底里的幸存者最后一次看到她同伴脑袋浮出水面的地方，反复潜水搜寻。他们都没有找到她的踪迹。只好让人给斯普林菲尔德兵工厂（Springfield Armory）的司令官塔莱斯·L. 艾姆斯上校打电话，告诉他：他32岁的女儿在游泳时因抽筋而溺水身亡了。

沙普利在周一得知这个噩耗后，关闭了天文台，并和利昂·坎贝尔一同驱车前往斯夸姆湖，协助艾姆斯上校处理后事。几位警察在那里，指挥徒步的和乘船的搜救小组。飞机贴近湖面盘旋搜寻，直到天黑。星期二，坎农小姐在日记中写道："还是没有找到阿德莱德的遗体。"过了一周多，她的遗体才被找到。7月7日，在剑桥市基督教堂举行葬礼时，坎农小姐说，看一眼艾姆斯上校夫妇都让人心碎。第二天，他们将女儿——他们的独生女——葬在了阿灵顿国家公墓（Arlington National Cemetery）。

* * *

传统上对女性从事大多数科学领域职业的禁止，致使在

1897年，一个以波士顿为中心的小组织成立，名为女性科学研究援助协会（Association to Aid Scientific Research by Women）。在早期，该组织的唯一职能是募集资金，支持美国女性到意大利那不勒斯的动物研究站（Zoological Station）开展研究——那里的安东·多尔恩（Anton Dohrn）教授像皮克林一样，对女研究人员表现出诚挚的欢迎。几年之内，该协会将其职责拓展到给个人科学家提供奖金，后来又设立了一个奖项——埃伦·理查兹研究奖（Ellen Richards Research Prize），表彰获奖者取得的终身成就。这个奖项纪念的是已故化学家和该协会的创始成员埃伦·斯沃洛·理查兹（Ellen Swallow Richards），她也是第一位被麻省理工学院录取为全日制学生的女性。1876年，她在该学院建立了女性实验室（Women's Laboratory）。在既不领工资又没有教职头衔的情况下，她承担了几年教学任务，然后成为化学分析、工业化学、矿物学和应用生物学领域的助理教授。甚至到了这个时候，她还是没有薪酬，但是，作为一位已婚妇女——麻省理工学院采矿工程系主任罗伯特·哈洛韦尔·理查兹（Robert Hallowell Richards）的太太，她有资本无偿地工作。

　　女性科学研究援助协会将1932年度的埃伦·理查兹研究奖的1 000美元，授予了两位众望所归的获奖者——宾夕法尼亚大学威斯塔研究所（Wistar Institute）的生物学家海伦·迪安·金（Helen Dean King）博士和哈佛学院天文台的安妮·江普·坎农博士。做出那个决定之后，该协会的12名成员宣布，他们对这些年有目共睹的进步表示满意，并起草了一个决议，解散了该协会。它这样写道："鉴于本协会为之奋斗了35年的目标已经达

234

成，在科学研究领域，女性获得了与男性平等的机会，其成就也获得了同等的认可，我们决定，在这次会议结束之后，本协会将不复存在。"

外界的观察者也许会觉得该协会的解散有些为时过早。坎农小姐似乎就抱持这种观点，因为她采取了行动，来延续它有益的事业。1932年6月10日，她给史密斯学院学生事务主任马乔里·尼科尔森（Marjorie Nicolson）回信说："您有关埃伦·理查兹研究奖的来信令我很感兴趣，随信寄来的支票当然是对我多年从事天文研究的一种令人愉快的嘉奖。"她说，她心存加倍的感激，因为她认识该奖金的命名人。她还回顾了自己在波士顿大学俱乐部以及大学校友会的几次聚会上，与理查兹太太就女性的机会所进行的几次交谈。

坎农小姐继续写道："我希望，我可以通过您向颁奖委员会、捐款人以及原女性科学研究援助协会的所有成员，表达我对被授予这一奖励的深深感激之情。我希望，以某种方式将其用于促进女性的天文学研究。而且，每念及此，都会不断地激励我更加努力，去完成我正在研究的各种问题，因为我意识到，如此多具有代表性的女性的信念，需要通过一个人所能提供的最高水平的服务予以辩护。"

坎农小姐拿出她的1 000美元奖金，设立了安妮·江普·坎农奖（Annie Jump Cannon Prize）。她希望美国天文学会能够每两年或三年，将它授予一位实至名归的女性，而不论她是什么国籍。她知道，让本金的利息积累到可观的数额还需要时间，但是她不愿意无限期地推迟第一次颁奖。她已经快70岁了，她决定在自己身体还健康时，至少亲手颁发一次坎农奖。她觉得，她也许可以用某种女性饰品——以恒星为图案的胸针或项链，来增加该奖项的分量，因为这种饰品作为纪念品，在奖金花完很久后还能佩戴。她开始寻找可以为她打造心目中这种饰品的女工匠。

＊　＊　＊

1932年8月31日，涌向东北部观看日全食的人，不只是天文学家。日食事件在变得家喻户晓之后，成了一大吸引游客的景观。尽管大多数进行观测的科学家都是仰面朝天看，也有一些人测量日食对诸如无线电波传播和动物行为之类地面现象的影响。哈佛蚁学家威廉·莫顿·惠勒读过一些历史记录，上面说蚂蚁在日食期间会停止所有的活动，好像是被突然降临的白日昏暗吓呆了。惠勒很确定，蚂蚁是对突然下降的气温，而不是对突然消失的阳光，做出了反应。他很想了解更多的情况，于是就向有关方面征求志愿报告。

惠勒在《美国艺术与科学院院刊》上承认："当然，在日全食期间现场观察昆虫的行为是有困难的，因为观察者都很想观看这一神奇的天文景象，他也许无缘再次观赏到了。"但是，惠勒希望昆虫学家能放弃仰望苍天，转而俯首收集一些基本信息，以便在未来的日食期间能做进一步的验证。他说："即便是天文学家，也得了解在日全食期间预计会出现什么情况，才能事先做好详尽的准备。"

天文学家们一如既往地为这一时刻做好了准备。7月13日，一艘轮船满载着英国皇家天文台的仪器设备，包括一架45英尺长的望远镜，从格林尼治早早地出发了，以确保与之同行的科学家有充足的时间，在现场进行安装和调试，而那些只计划观看日食，并不对它进行观测的人，在最后时刻抵达也没什么关系。

8月，一批加拿大天文学家齐聚魁北克省的路易斯维尔（Louiseville），并将他们的仪器设备安放在当地的露天市场里。他们在那里还遇到了法国观测队，以及来自纽约的美国业余天文协会（American Amateur Astronomical Association）日食观测团。三群人都享受到了最佳的观测条件，并在101秒的日全食期间，实现了大多数的观测目标。在其北面仅25英里的圣亚历克西德蒙（Saint-Alexis-des-Monts），另一组观测人员提前好几个星期就在营地上架设好了大量仪器，却很不凑巧地受到了乌云的侵袭，而且还无法跑到其笼罩范围之外。与之类似，在新罕布什尔州戈勒姆（Gorham）的一组观测人员也报告说，出于天气原因，观测完全失败了——虽然这个组里有4个人开快车，到东边30英里的地方，总算透过乌云的间隙，看了一眼清晰的日全食景象。其他伙伴留在原地，仍然执行着他们演练好的整套程序，希望能侥幸在日食期间盼来云开之时，尽管实际上他们并未如愿。总之，只有少数幸运的研究者，赢得了这场日食的赌局。其中包括了哈佛的几个观测团，尤其是驻扎在缅因州西格雷（West Gray）的主队。在靠近马萨诸塞州西阿克顿（West Acton）的一个观测点，有人注意到一些婚飞（nuptial flight）的蚂蚁，从土壤中爬出来，在空中交配——这种行为被公认为表示气温下降。

9月3日（星期六），当参加在剑桥市举办的国际天文学联合会大会的将近200名代表，汇聚到拉德克利夫广场的艾丽斯·朗费罗礼堂（Alice Longfellow Hall）参加开幕式时，他们中的许多人都交流了这次日食观测的经历。拉德克利夫学院的教务长伯尼斯·V. 布朗（Bernice V. Brown）在开幕词中也忍不住拿日食说起事来："我们已习惯欢迎戴着玫瑰色眼镜看世界的大学生来到这个学院，而欢迎戴着烟色墨镜的到访者，在我们还是头一次。"

学生们都放暑假了，腾出了教室和宿舍供天文学家们使用。布朗教务长说，她希望有些客人在学生开学后还会再度来访。她还致谢道："哈佛天文台不但时刻准备指导并乐于指导拉德克利夫学院的女孩们，而且已经给我们培养了一大批研究生。我们很高兴让他们的同行感到宾至如归。"

英国皇家天文学家、国际天文学联合会现任主席弗兰克·戴森爵士，向布朗教务长表示了感谢，并向传达了赫伯特·胡佛总统正式问候的海军部长查尔斯·弗朗西斯·亚当斯（Charles Francis Adams）表示了敬意。接着，戴森爵士又转向沙普利，回忆起了早先的一次到访："1910年，在前往威尔逊山参加太阳联盟大会的路上，我们看到了皮克林教授参与的许多工作。我们都很高兴能故地重游。我们也很欣慰能再次看到坎农小姐那和蔼可亲的面孔。我们都很高兴能看到哈佛天文台以及诸位从事的各项工作，尤其是您在银河系方面开展的研究。"

戴森爵士在面向全体听众致辞时，向所有人表示了欢迎，特别提到了来自德国和奥地利的代表，因为这两个国家还没有正式加入国际天文学联合会。接着，他请全体参会人员起立，听

237

他宣读莱顿大会之后去世的22位国际天文学联合会会员的名单。戴森爵士说："其中有些会员，比如比格尔丹先生（Monsieur Bigourdan）、哈根神父（Father Hagen）和诺伯尔博士（Doctor Knobel）是寿终正寝，但是也有一些人，比如安道尔先生（Monsieur Andoyer）、费里埃将军（General Ferrié）和特纳教授，我们本希望还能与他们共事多年的，他们的英年早逝让我们损失惨重。我们特别就哈佛天文台极具天分和魅力的阿德莱德·艾姆斯小姐的不幸罹难，向沙普利教授和天文台的员工们表示同情。艾姆斯小姐还是负责筹备这次会议的本地委员会的秘书长。我们将谨记所有这些故人为天文学做出的贡献，并满怀深情地将他们铭记在心。"

* * *

艾姆斯小姐的去世重创了她的"双子星"塞西莉亚·佩恩。佩恩小姐也是受邀前往斯夸姆湖的客人之一，她无法忍受谈论那里发生的惨剧。一天，她遇到一位道听途说了这起事故的熟人，只听那人脱口而出："啊，我怎么听说你溺水身亡了！"佩恩小姐对此坦承道：她倒希望事实果真如此，让湖水夺去她的性命，而不是艾姆斯小姐的。

事后，佩恩小姐将"一心扑在工作上、又害羞又缺乏魅力的"自己，与她的"双子星"做了比较，并将后者当作又漂亮又开朗并受到所有人疼爱的偶像来崇拜。佩恩小姐决定，以后要让自己更多地"拥抱生活，并尽一些作为人的本分"。变得开放而脆弱之后，她头一次坠入了爱河。她在回忆录中写道："毫无理性，毫无根据，却彻彻底底（因为如果有所保留，我就什么也不是了）。我没过多久就看出来了，我的爱没有得到回应，也永远不可能得到回应，于是我陷入了绝望之中。"普丽西拉和巴尔特·博克夫妇在艰难的时光里给她以支持，还鼓励她外出一段时间。她采纳了他们的建议，并规划了一次长途旅行，去北欧访问一些天文台。

1933年夏季，佩恩小姐游览了莱顿、哥本哈根、伦德（Lund）、斯德哥尔摩、赫尔辛基，以及爱沙尼亚历史悠久的塔尔图天文台（Tartu Observatory）——约瑟夫·冯·夫琅和费曾为它制造了一架9英寸的折射式望远镜。无论访问哪里，她都受到了欢迎和喜爱。前一年夏天，在剑桥市举行国际天文学联合会大会期间，她与鲍里斯·格拉西莫维奇恢复了友好交往，后者邀请她去普尔科沃（Pulkovo）访问。然而，她一到欧洲，其他东道主和美国驻爱沙尼亚领事，都劝她略过苏联那一段旅程。领事告诉她，美国与苏联没有建立外交关系，她要是在那里遇到什么困难，他们都没法帮助她。但是，佩恩小姐听不进这些恳请，她一心只想兑现自己对格拉西莫维奇的承诺。

在火车穿越苏联边境之后，佩恩小姐发现自己成了车上唯一的乘客。在列宁格勒，格拉西莫维奇和一位司机开着一辆皮卡货车来接她，但是因为三个人坐在前排座位上是违法的，在前往天文台的路上，她一直都只能坐在车厢的地板上。她记录道："我在普尔科沃待了两个星期，却感觉像是过了一辈子似的。紧张的气氛从未和缓。不仅仅因为这座伟大天文台的台长，生活单调乏味，所处的环境肮脏不堪；也不仅仅因为食物匮乏 —— 食物是严格的配给制，他们和我分享自己的配额。我带给他们一些咖啡，他们为此开了一个派对来庆祝 —— 大家都好几年没尝过咖啡的滋味了。一天晚餐有特别的加菜 —— 胡萝卜，我的东道主承认，那是他从附近的菜园子里偷来的。难怪我差点被食物噎住 —— 尽管它味道确实不怎么样，但我毕竟是在从他们的餐盘里分东西吃。每个人都担惊受怕 —— 不敢说话，怕万一被人偷听到。一位年轻女子……将我带到一片广阔田野的中央，低声恳求我帮助她出国。她说：'我可以去刷盘子，让我干什么都行，只要能离开这里。'我该怎么办？我本来能做些什么呢？我吓坏了。"

在这种严酷的环境中，佩恩小姐彻底忘掉了个人的哀伤。她感觉待在那里时自己好像一直在屏住呼吸，在去德国的火车上，她还带着那种压迫感。8 月，在格丁根（Göttingen）参加数学研究所主办的德国天文学会大会时，她仍心有余悸。她在会上看到了自己的导师爱丁顿，但是不敢尝试进入他那个头面人物圈子，她选择坐在大礼堂的后排。一位与她年龄相仿的陌生年轻男子坐到了她旁边，用德语问她："您是佩恩小姐吗？"他自我介绍说是谢尔盖·伊拉里奥诺维奇·加波施金（Sergei Illarionovich Ga-poschkin）。他说，他骑着一辆自行车，从 150 英里外的波茨坦赶过来开会，就是希望能找到她。他给了她一份自传性的简述，解释了他所处的绝望境地。那晚，她读了这份简述后就失眠了。加波施金是一位面临纳粹迫害的俄裔流亡者。他出生于克里米亚的村庄叶夫帕托里亚（Yevpatoria）的一个有 10 个孩子的贫寒家庭。他在渔船上、农场里和工厂中都干过活，但一心只想实现成为天文学家的童年梦想。他在保加利亚和柏林都上过学，并且写了一篇关于食双星的博士论文，其中引用了哈洛·沙普利和塞西莉亚·佩恩两人的几篇论文。最近，他因为政治原因，被巴伯尔斯贝格天文台（Babelsberg Observatory）辞退。加波施金被德国怀疑为苏联间谍，而苏联也拒绝让他再入境，因为当局认为他是德国间谍。佩恩小姐意识到："我当然知道，我必须帮他摆脱降临在他身上的众多灾难中的最后一个。我在第二天见到他时告诉他，我不能做出承诺，但会尽力帮他。"

加波施金后来写道，他第一眼见到佩恩小姐时吃了一惊，因为他一直以为她跟著名的哈佛天文学家安妮·江普·坎农一样老了。她的年轻和仪态，让他联想到："一颗被遗忘在树上熟透了的桃子，颜色变深，外表也有点发皱，但是里面却更加鲜美了。"

佩恩小姐发现，说服沙普利，让他觉得有必要拯救加波施金，相对比较容易。因为自20世纪20年代初以来，沙普利台长一直致力于帮助受战争、革命和国内斗争影响的俄裔天文学家。沙普利说，没问题，他们会在哈佛给加波施金留一个位子，但是怎样将他弄过去呢？他既没有国籍，又穷困潦倒。已在1931年归化为美国公民的佩恩小姐，前往华盛顿，加快促成了给这位没有国籍的人发放签证。

1933年11月26日（星期天），加波施金乘船进入波士顿港，佩恩小姐在码头迎接他。她开车将初来乍到的加波施金送到她帮他在剑桥市租的公寓，当晚又带他参加了台长居所举行的派对，并将他介绍给了沙普利和其他天文台员工。考虑到加波施金会讲的英语很少，佩恩小姐继续用德语跟他交谈。他们几乎总是有机会交谈，因为他被分配在她的直接领导下，开展新光度标准方面的工作。连他每年800美金的工资，也是从她的项目经费中开出来的。他们由熟悉培育出了亲密的感情。在一起工作了3个月之后，他们"私奔"到了纽约，并于1934年3月5日在市政厅里登记结婚。事先得到了通知的沙普利，通过纽约的一些朋友，为这桩婚事提供了便利；他们不仅担任了婚礼的见证人，还请这对夫妻享用了有香槟和鱼子酱的新婚午宴。第二天，新娘从伍德斯托克酒店（Hotel Woodstock）给沙普利写信说："我从没想到过，我还有这种福分。"

沙普利在他的一次"中空方块"（Hollow Squares）聚会上，向哈佛天文台众人透漏了佩恩与加波施金的婚事。这些非正式的会议，每周都在新扩建的砖砌建筑的图书馆里举行。它们之所以叫这个名字，是因为会临时将那些阅读桌重新摆成一个长方形，椅子都排在外围，这样所有参会人员都可以面对面。沙普利利用"中空方块"［被研究生们改称为"哈洛方块"（Harlow Squares）］，来分享其他天文台的研究进展，介绍到访的天文学家，并为哈佛员工提供一个论坛，来报告他们自己的工作进展或提出新的思想。

显然，没有人注意到佩恩小姐和她的俄裔研究助理之间碰撞出了浪漫的爱情，因为大家普遍的反应是震惊，甚至觉得骇人听闻：怎么会这样？他们两人除了都是三十好几的孤独天文学家之外，绝对没有共同之处，而且塞西莉亚身高5英尺10英寸[1]，比她新婚丈夫

---

[1]　5英尺10英寸为177.8厘米。——编者注

高出半头；再说，人人都觉得，他既没有钱可图，又没有前途。

* * *

随着时间的流逝，有人对这次"中空方块"聚会上宣布结婚消息的故事进行了添油加醋。大家都喜欢说，坎农小姐的反应是直接晕过去，但是她当然并没有晕倒。她知道，两位科学家的结合所产生的结果，会比两人单干的总和要大。无论是单身还是已婚，塞西莉亚都是她的首届安妮·江普·坎农奖的第一人选，该奖将于1934年12月在费城召开的美国天文学会大会上颁发。该学会的现任会长和第一副会长——亨利·诺里斯·罗素和哈洛·沙普利，恰好是对获奖人职业生涯特别重要的人。

坎农小姐1 000美元本金所收获的利息不多，这样最早的奖金只有50美金。但是，她找到了一位能干的珠宝匠玛乔丽·布莱克曼（Marjorie Blackman），制作出了一枚旋涡星云形状的理想金质胸针。布莱克曼小姐对天文学不熟悉，她先用银试制了几次，掌握了星云的尺寸比例，在背面磨平一片用于雕刻，并附上一个小圆环，使得这枚胸针既可以佩戴，也可以当作项链挂坠。坎农小姐很开心。她在大会召开前夕，给美国天文学会秘书长雷蒙德·史密斯·杜根（Raymond Smith Dugan）写信说："我觉得它很秀气。难道这不是女性创造的第一个宇宙吗？"

在12月28日的宴会上，罗素向加波施金太太颁发了这一奖项，以表彰"她在阐释恒星光谱方面所做的有价值的工作"。她发表了一篇简短的领奖致辞，随后就邀请坎农小姐讲了几段亨

242

利·德雷伯星表编纂过程中的逸闻趣事。

这些日子，越来越多人请坎农小姐分享自己的回忆。她的记录员玛格丽特·沃尔顿，已经将某些逸事打印出来，并分门别类地将它们归档，文件夹上贴着"在南天恒星下"和"多佛的旧日时光"之类的标签。坎农小姐清楚地记得童年的一些细节，就像她能清楚地回忆起她的恒星分类一样。她向沃尔顿小姐口授："在我出生的那所房子里，一个白色大理石的壁炉架上，立着一个枝状大烛台，像一棵镀金的树。它的底座上，两个小孩正要叫醒一位在睡觉的猎人。五根向外伸展的枝条，撑起蜡烛，其四周围绕着棱柱形玻璃坠片。我记忆中最早的玩具就是这些可以很容易取下来的棱镜。抓一片拿在手上，捕捉一束阳光，就能看到五颜六色的彩虹在墙上跃动，这给我幼时的眼睛带来了愉悦。甚至现在，我还会拿一个坠片在手上，端详它上面雕的许多星星。星星和棱镜！我儿时的娱乐活动多么有预示性啊，它竟然预见了我终身从事的职业。"

坎农小姐继续兴致勃勃地对更黯淡的恒星进行分类，但是因为缺少经费，出版工作滞后。1937年，沙普利通过改变呈现格式，解决了这个问题。典型的亨利·德雷伯星表和前几期亨利·德雷伯星表补编，是用成行成列的数字表格表示，而新的"亨利·德雷伯星图"（Henry Draper Charts），则以复制照相底片的形式来呈现。在这些照相底片上，坎农小姐对光谱进行了编号，并给每一道指定字母类别，有时还对光度进行估计。这样，每一张加标注的图片，都压缩了好几百颗星星的数据。助理们不再需要列出单颗恒星以及它的其他星表标号，也不需要以赤经和赤纬给出其位置。这种快捷方式节省了如此多页的印制，因此每年可以出版的光谱数量增加为原来的5倍到10倍了。坎农小姐也没必要放慢速度了。

在进行分类的同时，坎农小姐还编写了变星观测的文献提要。她1900年继承下来的索引卡是15 000张，如今已经增加了许多倍，达到了20万张左右。她还有一个小得多的天文诗歌收藏——弥尔顿、朗费罗、丁尼生和其他诗人的诗歌——都夹在一个小巧的笔记本里面。她非常喜欢拉尔夫·沃尔多·爱默生（Ralph Waldo Emerson）的《自然》，在本子上抄录了其中的诗行："哦，耐心的星星，教教我如何保持你那种宁静的心情吧！／你每晚爬上古老的天宇／在空中既没有留下阴影，也没有留下伤痕／你既不显老，也不惧怕死亡。"

坎农小姐如今已年过七旬了，却还是每周去天文台6天。每年春季，她会挑选一名新的皮克林研究员，以及一名新的受资助者，去接受楠塔基特岛九旬老人莉迪娅·欣奇曼的资助。新进年轻女士们的新鲜面孔，逐渐取代了熟悉已久的老面孔。弗洛伦丝·库什曼在1937年退休了，她干了49年计算、校对和协助威拉德·格里什的工作；后者在不久之后也退休了。照片馆的助理馆长莉莲·霍奇登，在服务了半个世纪后，也离开了。霍奇登小姐的头衔与坎农小姐的一样，是天文台授予的，而不是哈佛大学的职位。然而，1938年1月，在詹姆斯·B.科南特（James B. Conant）接阿博特·劳伦斯·洛厄尔的班，担任哈佛大学校长5年之后，哈佛董事会正式承认坎农小姐为威廉·克兰奇·邦德天文学家和天文照片馆馆长。在同一批任命中，哈佛董事会还提拔

243

加波施金太太担任菲利普斯天文学家（Phillips Astronomer），以纠正对她的歧视。

天文台秘书阿维尔·沃克在公布这两件大事的内部公报上惊叹道："老天！在哈佛大学301年的光辉岁月中，哈佛董事会（通过这两项任命）头一次专门在学术上对女性予以认可。这是一个重要的时刻。让我们以AA制午宴的形式进行庆祝吧——指挥官酒店（Commander Hotel）——1月18日（星期二），中午12:30——每人85美分。请尽快将你的计划告知沃克小姐。"整整50位表示良好祝愿的人出席了这次午宴。

沃克小姐在激动的心情下，略微夸大了坎农小姐和加波施金太太所获荣誉的性质。虽然她们的新头衔确实是哈佛董事会授予的，也得到了监事会的批准，但是它们并不完全是学术性的。坎农小姐继续在原来的岗位上工作，只是现在它获得了与创始台长威廉·克兰奇·邦德的名字连在一起的荣耀。菲利普斯天文学家中的"菲利普斯"这个名字，也是从哈佛天文台创立不久就与之联系在一起的。爱德华·布罗姆菲尔德·菲利普斯（Edward Bromfield Phillips）是老邦德的儿子乔治在哈佛的同学和密友；1848年，年仅23岁的他在自杀前不久留下遗嘱，将10万美元的家产捐给了哈佛天文台。因此，威廉·克兰奇·邦德就成了首位菲利普斯教授，他的继任者乔治·菲利普斯·邦德和约瑟夫·温洛克也依次获得了这一头衔。在皮克林主政期间，一笔更大的捐赠将台长的头衔改成了佩因教授，以纪念其捐赠人罗伯特·特里特·佩因（Robert Treat Paine）。此时，菲利普斯教授这个头衔就传给了阿瑟·瑟尔，当瑟尔在1912年正式退休后，它又被传

给了索伦·贝利。既然菲利普斯教授这个头衔现在属于加波施金
太太了，她也就在哈佛大学手册中被列为了大学的管理人员。沙
普利希望还能更进一步。当他迫切要求哈佛董事会任命加波施金
太太为菲利普斯天文学家时，需要向他们保证，给一位女性授
予这个头衔，不会使她成为大学的教员，就连天文系的教职工
也不算。同时，沙普利向科南特校长掏心窝说："在未来某个时
候，如果大学政策允许，我想建议将这个头衔改成菲利普斯天文
学讲席教授。"毕竟，她已经在授课，并担任了研究生的指导工
作，是国际天文学联合会3个委员会的委员，而且还是享有国际
声誉的天体物理学家、光谱学家和光度测量专家。她同时还是两
个孩子的母亲。以她父亲的名字命名的爱德华，出生于1935年5
月29日，凯瑟琳出生于1937年1月25日。加波施金一家在列克
星敦（Lexington）买了一所建在一大块土地上的房子，他们将
院子里的石头和荆棘清理干净，种上了鲜花和树木。

* * *

　　安妮·江普·坎农奖每三年由美国天文学会执行委员会颁
发一次，其现金价值逐渐升高。1937年，获奖人是夏洛特·穆
尔·西特利（Charlotte Moore Sitterly），她是亨利·诺里斯·罗
素专用的计算员。对于每位新的获奖人，坎农小姐都会找一位新
的女匠人，用珠宝制作一个她自己的装饰性宇宙。1940年获奖
的是一位计算彗星和小行星轨道的专家——哥本哈根大学厄斯特
沃尔天文台的朱莉·温特尔·汉森（Julie Vinter Hansen）。尽管

245

在颁奖时，温特尔·汉森小姐人在美国工作，但是她没法离开伯克利，前来参加再次在费城举行的庆典。她在1941年1月收到邮寄过去的支票和与之相伴的纪念品后，立刻给坎农小姐写了封感谢信："'奖章'寄到了，令我惊喜的是，它并不是真正的奖章。我喜欢它是具有女性风格、可以天天佩戴的胸针。我觉得它非常漂亮，收到之后，我就一直将它佩在身上。昨天，我在奥克兰（Oakland）接受广播采访时也戴着它，我趁机告诉大家，我是多么地感激这个国家及其天文学家，我特别高兴能有机会说这些，因为我没能去费城，已错过了一次说出心里话的机会。"

温特尔·汉森小姐紧接着问道："加州的气候太宜人了，这个冬天，您怎么不过来转转呢？我知道，这边的天文学家都会很高兴地欢迎您。"坎农小姐拒绝了，她的活动安排得太满，没法考虑旅行之事。1月21日，坎农小姐告诉英国牛津的笔友戴西·特纳——赫伯特·霍尔·特纳的遗孀："上周六，我用短波广播了《星光故事》（The Story of Starlight）。沙普利博士得了流感，卧病在床，他说他躺着听了我的节目。他对它给予了好评，这让我大为得意。对这样一群假想的听众演讲，有些怪异……你还记得邦德俱乐部吗？它还在举行活动，我在为一群将于两周后与我会面的人，准备一门天文学文献选读的课程……我为外面许多有趣的事情忙得团团转。我亲爱的邻居露丝·芒恩（Ruth Munn），刚才过来谈了一下，下周剑桥市历史学会将在她家开会。她想让我穿上我最好的夜礼服。"

1941年的国际天文学联合会大会原计划8月份在苏黎世召开，但是因为欧洲出现了令人警惕的战争升级而被取消了。坎农小姐担心地对特纳太太说："哦，我真的不希望牛津遭到破坏。所有一切都太无情、太可怕，也太难以置信了。"坎农小姐没有一直谈论战争，而是转向了其他一些共同朋友的消息以及一些世俗事物。"我们这边天很冷，但是很澄澈，阳光灿烂，空气清爽。天气令人心旷神怡，我感觉'精神矍铄'。"她在结尾写着"一遍又一遍地爱你的A. J. C."。

坎农小姐继续工作，并感觉良好，直到3月中旬，她的健康状况急转直下。几周后，她病得更厉害了，并被送进了剑桥市医院，复活节那个星期天，坎农小姐在医院里与世长辞。

塞西莉亚·佩恩－加波施金在《科学》杂志上报道说："1941年4月13日，安妮·J.坎农小姐的去世，让世界失去了一位伟大的科学家和一位伟大的女性，让天文学界失去了一位杰出的贡献者，让无数的人们失去了一位亲爱的朋友。"

塞西莉亚还记得不久前的一天，她和谢尔盖邀请全体工作人员到列克星敦，如果不是因为赶上暴雨如注，本来会是个花园派对。只见安妮飘然而至，兴高采烈，身穿鲜艳的花裙，说是希望她的装束"可以起到抵消恶劣天气的作用"。尽管坎农小姐活了八十好几，还是可以说她"英年早逝"。

沙普利在他1941年的年度报告中哀叹："在过去的一年里，哈佛天文台因为安妮·江普·坎农小姐的去世而遭到了重创。坎农小姐77岁时还在对恒星光谱进行分类，她是这个领域的先驱，而且一干就是40多年。在此期间，她对大约50万颗恒星的光谱进行了详细审查。除了在亨利·德雷伯星表和亨利·德雷伯星表补编中发表的结果之外，她还对大约10万颗恒星进行了分类，却未能在生前发表这部分结果。"

"这位高贵女士的亲切忠告、热情和坚韧，迷倒了也鼓舞了每一位遇见她的人。为了纪念她的生平与工作，哈佛天文台计划举行一系列的纪念活动。《哈佛天文台纪事》很快将出版一卷纪念专号，其中包含 10 万条未发表的光谱。这卷专号的出版费用，已经由她的朋友、哈佛大学阿拉伯语荣休教授詹姆斯·R. 朱伊特慷慨解囊。哈佛天文台考虑设立两项捐资奖学金，作为进一步的纪念。它们将继续为有兴趣从事天文研究事业的年轻男女，提供以坎农小姐为榜样的激励。其中一项将专门留给坎农小姐的母校韦尔斯利学院，并优先颁发给来自她家乡特拉华州的学生。坎农小姐生前工作过的办公室，将被辟为纪念室，很快会进行适当的重新装修。她做过的工作，将在这个房间和她使用过的其他房间里继续开展。"

第十五章

恒星的一生

在20世纪40年代的战争岁月里，哈佛天文台几乎只剩下塞西莉亚和谢尔盖·加波施金夫妇了。他们经常带着孩子去上班，让他们从天文台山那陡峭的斜坡上滑下去，或者在大折射望远镜下方布满灰尘的地下室里玩捉迷藏。他们夫妇如今已有了第三个孩子彼得，他出生于1940年4月5日。除了列克星敦树荫街（Shade Street）上的房屋之外，他们还在靠近汤森（Townsend）的地方拥有一座小农场，由一位邻居在那里帮他们饲养猪和家禽，在当地市场售卖。作为归化的美国公民，他们将农场劳动视作尽爱国义务。他们用马匹和轻便马车运送肉类和禽蛋，以节省分得的汽油配额。1942年，当西海岸的日裔美国人被迫要进入集中营时，加波施金家接纳了卡斯珀·堀越牧师（Reverend Casper Horikoshi）一家——这家的儿子和女儿与爱德华和凯瑟琳是玩伴。

为了增进他们自己和其他人对全球危机的认识，加波施金夫妇建立了一个名叫国际问题论坛的讨论小组。他们每两周在天文台图书馆里聚会一个晚上，沙普利对此表示了衷心的赞同。演讲

者来自哈佛大学各个科系，以及波士顿和剑桥的一些社区。加波
施金太太说，作为主席，她尽量保持中立，尤其是在参与者"以
无节制的热情力推他们的观点"时。有时，她都担心台上的争论

会引发身体暴力。

从剑桥市到橡树岭再到布隆方丹，年轻人都分散到军队的各
个部门去了。沙普利注意到，天文台的员工们惊讶地发现，他们
在天文学领域的训练和实践，让他们能非常好地"在战争中进行
有效的配合"。毕竟，水手需要靠恒星的指引来掌舵驾船，而天
文学家的透镜、反射镜和摄影技术，都很容易派上战略性用途。
沙普利台长在1942年秋季，告诉科南特校长：他的下属中有25
人参与了11种不同的军事研究，其中有些密级太高，不便做出
评价。沙普利太太在为海军计算弹道曲线。一位年轻一代的计算
员弗朗西丝·赖特（Frances Wright），几乎将全部的精力都投入
了天文导航课的教学工作，巴尔特·博克也在做同样的工作。沙
普利经常被请去处理与流亡学者相关的事务，比如"去纽约参加
委员会会议，以募集资金，从希特勒的魔爪中救人"。科南特校
长担任了新的国防研究委员会（National Defense Research Com-
mittee）的主任，负责与核裂变相关的一些项目。他偶尔会从哈佛
校长办公室中消失，去访问中西部和西南部一些未公开的地方。

尽管橡树岭一半的望远镜，因为缺乏操控它们的研究生而被
关停，布隆方丹的博伊登观测站继续处于巅峰活跃状态。新建的
60英寸反射式望远镜，与旧的8英寸贝奇望远镜、13英寸博伊
登望远镜以及大型的布鲁斯照相望远镜一样，一直在投入使用。
1942年7月和8月，南非在冬季罕见地出现了一段晴好天气，这

使得帕拉斯夫妇打破了所有他们以前的工作记录。但是，他们不得不将大多数的照相底片堆放在本地，等待海洋运输重新变得安全起来。

加波施金夫妇没有分配到与战争相关的任务，他们继续开展变星方面的研究。他们从过去50年夜间全天照相观测（all-sky photography）所发现的2万颗变星中，挑出了2 000颗至少一度比10星等亮的变星。然后，他们在1899年以来拍到的底片上追踪目标变星，确定每一颗的光变曲线，并对它表现出来的变化类型进行分类。他们还回过头去查验了一些"新生星"（new stars），看它们作为新星爆发之后，情况变得怎样了。比如，他们发现天蝎座U星（U Scorpii），最早作为1863年的天蝎座新星引起了人们的注意，在1906年和1936年再次闪耀——这些爆发使得天蝎座U星成了第一颗已知的"再发新星"（recurrent nova）。底片库为1906年的这则新闻保守了几十年的秘密，1936年发生的这次事件，在此之前也没有人注意过。像神谕所（oracle）一样，这个伟大的玻璃宝库中也充满了知识，但是只有在祈愿人提出特定的问题时，才能将它揭示出来。

这对夫妻在长期的合作中，将变星王国大致地一分为二。塞西莉亚专攻造父变星和其他"内因变星"（intrinsic variable），它们会自行交替地变亮和变暗，而谢尔盖则查看会周期性地将其部分或全部光亮隐藏在一颗伴星后面的变星。他有能找出令人惊讶的星对（star pairs）的"神奇鼻子"。比如，谢尔盖表明，仙王VV型巨星，不仅会像典型的造父变星那样改变光亮，而且每过20年会被一颗小伴星部分地遮蔽，造成星偏食。还没有其他

250

人在它的变化模式中注意到那一点额外的变化。沙普利称赞谢尔盖说:"他要么是运气好得惊人,要么是受到了本能的指引,竟然揪下来如此不同寻常的食变星。"加波施金在自己的描述中,没怎么提将它们揪下来,而是说在玻璃底片的海洋中"去垂钓星星"。

* * *

在辛辛那提举行的美国天文学会1943年冬季会议上,执行委员会转而将第四届安妮·江普·坎农奖,颁给了坎农小姐的老朋友和同事安东尼娅·莫里。77岁高龄的莫里小姐,早在1889年就参与发现分光双星,在之后的这些年里,她一直对此类变星抱有兴趣。莫里小姐还通过哈佛这几十年拍摄的数百幅光谱图,对她最心爱的变星——奇怪的天琴座 β 星,进行了追踪。1933年,在莫里小姐退休前两年,她看到她的《天琴座 β 星的光谱变化》发表在《哈佛天文台纪事》上。但是,直至1943年,她还继续访问哈佛天文台,来查看包含了天琴座 β 星的新底片,因为其行为特性依然是个谜。

莫里小姐的姨妈安东尼娅·德雷伯·狄克逊(Antonia Draper
251 Dixon)在1923年去世,她留给外甥女一枚曾属于安娜·帕尔默·德雷伯的钻戒。哈得孙河畔黑斯廷斯的家族庄园,也交由美国风景与历史保护协会(American Scenic and Historic Preservation Society)托管了。莫里小姐住在她外公建造的老天文台小屋里,她想将这10英亩土地中的一部分,开辟为植物园。她邀请邻居家的孩子们，在"德雷伯公园"里随意游玩，或者让他们在陪她散步时，学习辨认她从小就喜欢的所有那些植物、鸟类、昆虫和岩石。在沙普利的指导下，莫里小姐购买了一架二手的6英寸阿尔万·克拉克望远镜——不只是供她个人使用，还用于吸引当地的居民，她还给他们提供了免费的公开讲座，讲授她专长范围内的知识。黑斯廷斯业余天文学协会的会员们，在1932年给这架望远镜建了一个水泥平台，市长办公室下属的一个委员会募集了资金，想给它搭建一个棚屋，进行保护。但是，这个棚屋一直没有完工，安东尼娅·莫里的宏伟计划也没有实现。

最近，莫里小姐投入了保护西海岸红杉林的事业之中。战时对木材的需求，致使这种树木被大量砍伐，人们丝毫也没有考虑要对它们进行保护；她想尽力改变这种状况。她与加波施金太太谈起了这件事，她对同样喜欢植物学的后者视如己出。她们大部分时候都在谈论星星和光谱，但是也谈了许多其他事物，这让加波施金太太有充分的理由，将莫里小姐称作"梦想家和诗人，总是激烈地谴责非正义，永远为有益的（经常也是注定失败的）事业奋斗"。

1943年，当叶凯士天文台的天文学家们，提议对亨利·德雷伯星表进行完善时，莫里小姐最初的恒星分类方案获得了新的认可。以威廉·摩根（William Morgan）、菲利普·基南（Philip Keenan）和伊迪丝·凯尔曼（Edith Kellman）命名的"MKK"新分类系统，保留了坎农小姐的字母类别和大家已习惯的次序，并用0到9的数字下标，对处于中间态的光谱特性（intermediate spectral identity）进行了分级。MKK分类系统最主要的创新点

在于，加入了罗马数字 I 到 V，表示每颗星星的光度，即内禀亮

252　度——莫里小姐曾试图用她的 a、b 和 c 类划分对此进行表征。摩根本人向莫里小姐表达了最崇高的敬意，觉得她作为恒星分类人，手段比已故的坎农小姐还要高明。

献给坎农小姐的天文台《纪事》纪念专号，在战争期间，因为缺乏资金和工作人员，陷入了停顿状态。1944 年，全职承担战争相关工作的天文台员工人数，从 25 人增加到了 32 人。与此同时，布隆方丹的好天气还在继续，但库存的玻璃底片数量，给存储空间造成了压力。沙普利渴望看到南半球最近两年的劳动成果。考虑到新英格兰与非洲间邮件和补给的运送相对可靠，再加上国际船运的保险费突然降低，他让帕拉斯基沃普洛斯博士将部分照相底片运回美国。大约 1 500 张底片——占全部库存的十分之一，随同其他货物一起，登上了"小精灵"号（*Robin Goodfellow*），从开普敦起航前往纽约。1944 年 7 月 25 日，这艘船在南大西洋被鱼雷击中并沉没，船上所有人员全部遇难。

＊ ＊ ＊

战后，一切都显得不同了——武装冲突中通常会出现的暴行，因为一类可以一举消灭几十万人的新式武器的出现而相形见绌。人们开始说科学"犯了知善恶罪"（having known sin）。

尽管沙普利预计哈佛天文台昔日的好运还会恢复，但看到的景象还是让他感到畏缩不前。他在 1946 年给科南特校长的报告中连声问道："在这个原子弹的时代，我们还应不应该在市区规

划新建大型建筑呢？天文台的员工们还应不应该利用自己的经验和专业知识，帮助建立国际科学组织，作为其对国际理性贡献的一部分呢？我们在弹道学、火箭问题和光学方面的专家，应不应该满怀希望地远离科学的战时应用呢？我们应不应该制订一个计划，将我们最好的照片、记录和出版物埋藏起来，留待几千年后的高等动物，在社会愚昧不那么盛行时，再将它们发掘出来，加以利用呢？"

253

这样一些评论，加上沙普利台长的自由主义政治倾向，以及对移民过来的外国科学家的帮助，都引起了众议院非美活动委员会（House Un-American Activities Committee）的猜忌。1946年11月，他被这个委员会传讯到华盛顿，参加了一次非公开的听证会，但是他没有因为此事而受到处罚。后来，当参议员约瑟夫·麦卡锡（Joseph McCarthy）指控他与共产主义组织有联系时，他反诉这位参议员"在4句话中说了6次谎，在撒谎方面也许创造了室内记录"。

战争让天文学家们明白了他们适合开展国防工作，它也让政府明白了，对天文学某些领域的基础研究进行支持，具有很高的价值。比如，现在他们知道太阳会对传播无线电波的地球大气电离层产生影响。1941年，哈佛天文台在靠近科罗拉多州克莱马克斯（Climax）处，设立了用于监测太阳行为的高海拔观测站，它也成了海军研究办公室（Office of Naval Research）心目中的宠儿。在战争期间，大规模的军事行动依靠无线电通信，武装攻击都要根据太阳活动的时间表来安排。日地关系这个新领域中的进展，也为战后商业航运和空运带来了直接的利益。在克莱马克斯观测点，和平时期对流星进行拍摄的哈佛项目，给出了大家急需的大气温度、大气密度和大气阻力等信息。

但是，政府机构觉得探索变星或银河系的结构以及它在其他星系中的位置，没什么实际用处。因此，沙普利在重振自己感兴趣的研究领域方面遭遇到了困难。他亟须雇用一些新的计算员，但是这类职位的低薪水在战后显得更低了，因为通货膨胀让物价上涨了，而新兴工业又能支付更高的工资。沙普利意识到，非军方的机构需要加强基础研究，于是帮助建立了美国国家自然科学基金会（National Science Foundation in the United States），并参与创建了联合国教科文组织。

1946 年，哈佛管理层对沙普利的左翼政治活动做出了回应——他们改组了天文台的管理架构。沙普利保留了台长头衔，但是控制权被交给了一个新的天文台理事会，其成员包括巴尔特·博克、唐纳德·门泽尔、塞西莉亚·佩恩-加波施金，以及1931 年就入职的流星与彗星专家弗雷德·惠普尔（Fred Whipple）。博克已被提拔为正教授、副台长，负责橡树岭工作的监督。门泽尔被任命为天文学系主任兼负责太阳相关工作的副台长。加波施金太太保留了菲利普斯天文学家的头衔。

天文台原来的一些雇员，在战后还愿意回来从事她们以前那种低薪工作。埃伦·多丽特·霍夫莱特（Ellen Dorrit Hoffleit）是这些人中的一位，出于对天文学的热爱，她在 1948 年回来工作，而工资只有在军队时的一半。霍夫莱特博士是拉德克利夫学院 1928 年的毕业生，她毕业后直接进入了哈佛天文台。她一开始研究变星，但是很快就转去研究流星，再后来是根据谱线的宽度确定恒星亮度。她的战时工作，让她从麻省理工学院的辐射实验室，转到位于马里兰州的陆军阿伯丁试验场（Aberdeen Proving Ground）弹道研究实验室，再转到位于新墨西哥州的白沙导弹靶场（White Sands Missile Range）。她进行过各种计算，从海军加农炮的射表（firing table），到被缴获的V-2火箭的速度，不一而足。因为她要重新开始观测天空原本固有的天体，她在分析恒星分布数据时，用从IBM租来的设备协助计算。人类计算员存在的日子已屈指可数——她们将被用0和1进行运算的机器代替。

* * *

前皮克林研究员海伦·索耶·霍格完全不能从容自若地面对自己获得安妮·江普·坎农奖的消息，在快乐中还混杂着过去几个月一直纠缠不休的焦虑和无精打采。她在1949年7月25日，给沙普利写信说："整个春季我都感到很悲伤。"6月，当美国天文学会在她生活的加拿大安大略省开会时，她刚与他见过面。"我离开渥太华会议时的心情，比去参会时更低落了。我回来之后一直在系统地进行夜间观测，这反而让我更加确信，在家庭责任这么繁重的情况下，我不适合开展夜间工作了。也就是说，我似乎已经精疲力竭了。"1931年，海伦和她的加拿大籍丈夫弗兰克搬回了英属哥伦比亚省维多利亚市，在自治领天体物理天文台工作。只有弗兰克在那里有职位，但海伦也以志愿者身份参加了全职工作，她是第一位获准使用72英寸反射式望远镜的女

255

性。1932年，当霍格家的女儿萨莉（Sally）出生后，海伦将萨莉放在身边的摇篮里，继续进行观测工作。约翰·斯坦利·普拉斯基特台长对霍格太太的处境大表同情，给她发了200美元的补助金，让她请一位管家照顾孩子。1935年，弗兰克的母校多伦多大学给他提供了一个教授职位，于是他们全家又搬回了东部。1936年，海伦也在多伦多找到了工作，她成了天文学系和大学附属戴维·邓拉普天文台（David Dunlap Observatory）的科研人员，也是在这一年，她儿子戴维·霍格出生了。1937年，霍格家又迎来一个男孩，名叫詹姆斯。1939年，海伦发表了《球状星团中1 116颗变星星表》（Catalogue of 1 116 Variable Stars in Globular Clusters）。大战的爆发，让她于1941年获得了在多伦多大学教天文学课程的机会，从那以后，她就一直在教书。"我已经请弗兰克让我无限期地请假，离开我在大学中的职位，但是他对此感到非常不安。"安妮·江普·坎农奖似乎为她增加了新的义务和负担。"在我看来，将这个奖授予我这个年纪的人，是附带有一定的责任的（她44岁了）。也就是说，领过这个奖之后就停止工作，看起来不太像话！"她心情矛盾，还没有给美国天文学会秘书长C. M. 赫弗（C. M. Huffer）回信，而后者觉得她肯定会接受的。"他也许从来没有想到，我所处的环境会让我最好还是不要领这个奖。"

　　沙普利本人目前也因远离活跃的研究而感到心灰意懒，但他还是像从前一样，可以为原来的学生鼓舞斗志，尤其是为这个与他一样长期投入球状星团研究的人。他在1949年7月29日回信说："毫无疑问，在这个关键阶段，你为撑持家庭付出了太多，同时还没有丢下所有这些事情。休假离开一下大学工作，显然是个好主意，但是不应该舍弃一间里面有天文学文献、星团照片和计算机器的书房，哪怕是将它安置在家里某个房间的一个角落里也好。也许还应该针对那些老书①做点有意思且不太累人的写作工作，只为让自己在等待时间和精力变得不那么稀缺时，不对专业变得太生疏。至于那个奖项——别犯糊涂了，尽管天气很热。那个奖是为过去的成就而颁发的，没有附带要求关于未来活动的义务。设想一下，会不会就因为我已经蜕变成了一个空头台长、个性平抚者以及鼓动其他人干活的人，而让我将以前获得过的奖章一一交回去呢。让我们两个人都振作起来吧。这样的决心还有个特别的原因：在哈佛暑期学校教了一二十堂天体演化学（cosmogony）的课之后，我确信这无疑是我所知道的最佳宇宙。"

1935年，沙普利首次开设了天文学与天体物理学的研究生暑期班。它在战争期间一度停开，但是后来又恢复了，目前有十来个学生在班里学习。正如皮克林让人们一提到哈佛天文台就联想起光度测量和天文摄影，沙普利也将哈佛天文台的英名，与研究生教育牢牢地联系在一起。他培育了一代哈佛天文学家。

1950年6月，在布卢明顿印第安纳大学（University of Indiana in Bloomington）召开的美国天文学会大会上，霍格太太接受了安妮·江普·坎农奖。不久，在1951年元旦那天，她丈夫、时年46岁的戴维·邓拉普天文台台长因心脏病突发而去世。她

256

---

① "老书"（old books）是海伦对历史星表与其他天文文献的称呼，她在《加拿大皇家天文学会期刊》（*Journal of the Royal Astronomical Society of Canada*）上有一个专栏"源自老书"（"Out of Old Books"）讨论这些材料。

担负起了他的许多工作职责，包括讲授他教的课程，每周为《多伦多星报》（Toronto Star）撰写天文学专栏，但是不包括履行天文台台长之职，这个职位由别人接任。

1951年8月，沙普利发出通知，他在来年年底将从哈佛天文台台长位子上退休，那将在他67岁生日的前夕。令他感到懊丧的是，哈佛大学对任命谁当他的接班人犹豫不决，不知该从天文台内部提拔，还是该从外部引进。几个月的时间过去了，员工们感到越来越没有安全感。与此同时，没有指定新的领导，也削弱了哈佛天文台在所有想来深造的学生和天文学家眼中的地位。1952年3月，科南特校长任命了一个专门的委员会，由他战时的同事J. 罗伯特·奥本海默（J. Robert Oppenheimer）担任主任，对整个哈佛天文学项目进行了评估。就在沙普利准备退下去的那个8月，哈佛天文台理事会的唐纳德·门泽尔被任命为临时代理台长。

门泽尔带领哈佛天文台度过了随后那段动荡的岁月。在接下来的两年里，旧的木结构建筑被拆除，在大折射望远镜的侧面盖起了砖砌办公楼，美国变星观测者协会被赶出了哈佛天文台，南非的博伊登观测站也被废弃了。1954年1月，门泽尔被正式任命为第六任台长。1955年，哈佛学院天文台和从华盛顿特区迁来剑桥市的史密松天体物理台（Smithsonian Astrophysical Observatory），组建了一个有益的新联合体。橡树岭观测点已被重新命名为阿加西观测站，以纪念其赞助人乔治·R. 阿加西；那里建起了一架新的大型望远镜，它标志着哈佛进入了射电天文学这门新兴科学的领域。这个曾经由60英寸反射式光学望远镜占主导地位的地方，如今拥有了一套直径为60英尺的天线，从深空收集微弱的无线电信号。

塞西莉亚·佩恩–加波施金在1956年评上了正教授；在哈佛历史上，这是首位被提拔到这个职位上的女性。她给天文学系所有女学生发了手写的邀请函，请她们来天文台图书馆，与她一起庆祝。她在那里让自己站得笔直，挺起宽阔的肩膀，目光熠熠地说："我发觉自己要扮演门楔子这一角色了，但不是瘦弱的那种。"

作为正教授，她有资格担任系主任，第二年秋天她就被抬上了这个位子。尽管她早就渴望那个职位的威望，但是处理公务要么让她感到厌烦，要么让她感到如履薄冰。更糟糕的是，它们还会挤占她从事研究的时间。

1958年，内森·M.普西（Nathan M. Pusey）校长任期下的哈佛董事会，终于将塞西莉亚·佩恩–加波施金选拔为菲利普斯天文学讲座教授。甚至到了那个时候，她的年薪也只有14 000美元，尽管比她丈夫的高，但还是远远低于同样职位的男性同事。

258

* * *

凯瑟琳·沃尔夫·布鲁斯在人生的晚期才对天文学进行投资，她关于宇宙的疑问都没来得及得到解答。但是，她捐资设立的奖章如今还在继续将她的大名，与她"认养"的这门科学中每一项重大进展联系在一起。在一百多位因终身成就而获得布鲁斯金质奖章的人中，阿瑟·斯坦利·爱丁顿破解了恒星内部结构之谜，认识到了恒星诞生时的质量，决定了其最终的命运；亨利·诺里斯·罗素描绘了恒星演化的进程，表明恒星在变老的过程中，确实会从一种颜色变成另一种颜色，而汉斯·贝特（Hans Bethe）则阐明了让恒星产生光和热的核聚变过程。除了爱德华·皮克林之外，哈佛学院天文台的布鲁斯奖章获得者还包括哈洛·沙普利、巴尔特·博克和提出了彗星构造"脏雪球理论"模型（"dirty snowball" model）的弗雷德·惠普尔。

到目前为止，只有4位女性获得过布鲁斯奖章。第一位是在1982年获奖的玛格丽特·皮奇·伯比奇（Margaret Peachey Burbidge），她是英格兰人，研究星系的光谱，并与她丈夫杰弗里（Geoffrey）及同事威廉·福勒（William Fowler）和弗雷德·霍伊尔（Fred Hoyle）合作，证明了所有重元素都是在恒星内部创造出来的。1990年的布鲁斯奖章，颁给了夏洛特·穆尔·西特利。1929年，还在普林斯顿大学担任计算员时，她利用亨利·诺里斯·罗素外出度学术假的机会，到加州大学伯克利分校读研究生，并于1931年在那里获得了博士学位，她研究的课题是太阳黑子的光谱。1937年，在返回普林斯顿大学，并与天文学家班克罗夫特·西特利（Bancroft Sitterly）结婚之后，她继续工作，后来还成了美国国家标准局原子光谱学项目的主管。曾因学校与玛丽亚·米切尔有历史渊源而选择在瓦萨学院就读的薇拉·鲁宾（Vera Rubin），于2003年获得了布鲁斯奖章。她获奖的原因是对星系旋转的测量，而这又导致了暗物质的发现。2012年的获奖者桑德拉·穆尔·费伯（Sandra Moore Faber）是在哈佛完成的研究生教育，而其职业生涯是在加州大学的几座天

文台里度过的。她对星系的形成、结构和成团进行了研究，2013
年，她还成了12位美国国家科学奖章获得者之一。

259

　　以布鲁斯小姐的名字命名的望远镜，曾被沙普利称赞为"南
半球伟大的星系猎手"，于1950年退役。它在布隆方丹的底座，
被用于安装一架30英寸的新望远镜，后者可在更短的曝光时间
里拍到更好的照片。原封未动的布鲁斯镜头和镜筒，在非洲闲置
了几年之后被运回了美国，并在橡树岭继续闲置。布鲁斯望远镜
在阿雷基帕的旧圆顶室，被改建为一座小教堂。①

　　按照布鲁斯小姐生前预先安排的那样，她被安葬在纽约布鲁
克林的绿林公墓——她那个年代纽约市最富有、最有名的市民
最后的长眠之地。亨利·德雷伯博士夫妇也合葬在那里，墓碑是
五边形的，上面刻有仿制的国会奖章，该奖章是对德雷伯博士在
1874年金星凌日观测中所发挥作用的嘉奖。

　　德雷伯奖章也和布鲁斯奖章一样，继续表彰天文学家的终
身成就。同时获得过德雷伯奖章和布鲁斯奖章的研究者有爱德
华·皮克林、乔治·埃勒里·海尔、阿瑟·斯坦利·爱丁顿、哈
洛·沙普利和汉斯·贝特。没有女性同时获得过这两种奖章。在
坎农小姐被授予德雷伯奖章之后，只有另一位女性——康奈尔大
学的射电天文学家玛莎·P. 海恩斯（Martha P. Haynes）获得过
该奖章，她与里卡尔多·焦瓦内利（Riccardo Giovanelli）由于
联合测绘了星系的大尺度分布于1989年分享了这项荣誉。

---

① 位于今天阿雷基帕旧城以北的观景点 Mirdor de Carmen Alto，在这里可以欣赏附近
的三座火山。——编者注

　　与它们类似，安妮·江普·坎农奖也一直在颁发。它于1958年授予坎农小姐以前的记录员玛格丽特·沃尔顿·梅奥尔，1961年授予楠塔基特天文台台长玛格丽特·哈伍德。从2006年开始，颁奖的频度增加了，美国天文学会每年都会挑选出一名新的获奖者。如今，每年的奖金超过了1 000美元（等于坎农小姐原来捐出的金额），但是不再配发手工挂饰。2016年，俄亥俄州立大学的劳拉·A. 洛佩斯（Laura A. Lopez），因在射电天文学和X射线天文学领域所从事的恒星生命周期研究而获得了坎农奖。

　　如今，哈佛史密松天体物理中心（Harvard-Smithsonian Center for Astrophysics，CfA），作为原哈佛天文台和史密松天体物理台的成功联合，屹立在马萨诸塞州剑桥市的天文台山上。该天体物理中心聘请了300位科学家，从事大学和政府支持的研究工作，其研究范围涵盖了天文学的所有领域。该中心约有三分之一的员工是女性。

* * *

　　被称为亨利·德雷伯星表与星表补编的恒星分类，是一项不朽的工作。它始于19世纪80年代，由威廉明娜·弗莱明启动，一直持续到20世纪40年代，由安妮·江普·坎农完工。如今，它仍然在正常使用。每一位天文学的学生都通过记忆"哦，做个好姑娘（小伙），吻我"（Oh, Be A Fine Girl/Guy, Kiss Me），来学习恒星的温度排序。有好几年，哈佛大学的天文学入门课程的课堂上举办了竞赛，看谁能想出更聪明、不那么性别歧视的助记句，但是由佚名者原创的这句话还是保住了它的效用和首要地位。由女性计算员赋予恒星的数千个亨利·德雷伯识别号，也仍然在发挥作用。比如说，HD 209458 号恒星是飞马座中的一颗变星，当现代探测方法找到一颗围绕它运行的行星时，它还成了新闻热点。

安东尼娅·莫里的分类系统有 22 种光谱型和好几种次型，让她的同时代人觉得太复杂，因此缺乏吸引力。但是，在同一个大类中分辨具有不同光度和年龄的恒星时，它的一些区分被证明非常关键。埃纳尔·赫茨普龙于 1908 年，首次对莫里小姐的明智做法表示激赏之后，德雷伯分类在 1922 年也采纳了她的一种记号，革新的 MKK 分类系统又在 1943 年包含了更多的莫里型分级。1978 年，在莫里小姐去世 25 年之后，威廉·摩根与他的新合著者赫尔穆特·阿布特（Helmut Abt）和 J. W. 塔普斯科特（J. W. Tapscott），发表了《适用于比太阳更古老的恒星的修订版 MK 光谱图册》（*Revised MK Spectral Atlas for Stars Earlier Than the Sun*），让莫里小姐的体系进一步得到了证明。摩根将它"献给恒星光谱的形态学大师安东尼娅·C. 莫里（1866—1952）"。

亨丽埃塔·莱维特没有参与恒星分类工作，但是她的变星研究以及她在造父变星中发现的周光关系对天文学的进展产生了同样大甚至更大的影响。一经校准，并应用于太空中的距离测量问题后，莱维特小姐的周光关系让哈洛·沙普利得以拓展银河系的边界。同样是通过造父变星，并采用了同样的分析技术，埃德温·哈勃得以察觉地球到旋涡星云的巨大距离。1924 年，哈勃

261

还用造父变星证明了银河系不是宇宙中唯一的星系。后来，他又根据越远的河外星系外逃的速度越快，表明宇宙正在膨胀到日益巨大的规模。然而，对于宇宙距离，造父变星还有更多的内幕要揭示。从1931年开始就在威尔逊山工作的一位德国移民沃尔特·巴德（Walter Baade），在第二次世界大战期间，充分利用了大面积停电让夜空变得更为黑暗的机会。巴德对仙女星系中的恒星进行了细致的研究，将造父变星分成了两个子群。他对距离尺度相应地进行了重新校准，得出的宇宙的整体大小，比哈勃的估计值大一倍。如今，天文学家还利用周光关系，来测量宇宙目前的膨胀速度。

哈勃在星云中所看到的红移与距离间的关系，后来被称作哈勃定律。出于同样的原因，有些科学家主张，为哈勃的发现奠定了基础的周光关系，也应该名正言顺地被重新命名为莱维特定律（Leavitt Law）。2009年1月，美国天文学会执行委员会一致通过了一项决议支持这种变更，从那以后，越来越多的人都认识到了被提议的这个术语。那次刚好是纪念"亨丽埃塔·莱维特首次提出造父变星的周光关系，这一对天文学持续产生巨大影响的开创性发现"一百周年。尽管执行委员会的委员们承认，美国天文学会"无权确定天文命名"，但是他们也说，他们从个人角度"会很高兴"看到"莱维特定律"这个名称被广泛使用。

当今天的人们谈起哈佛学院天文台的女性计算员时，往往将她们描绘成血汗工厂中报酬过低、价值被低估的牺牲品。皮克林遭受了指控，说是给她们安排了没有哪个男人愿意屈尊去干的枯燥的杂活，但这与真实情况相去甚远。19世纪与20世纪之

262

交，在天文学演变为天体物理学之前，投身于这门科学之中的男人和这些为数不多的女人，都是自愿受日常工作"奴役"。在温洛克和皮克林交接班期间担任过代理台长的阿瑟·瑟尔，曾试图对一位有意描述激动人心的天文台生活的记者，讲述这种实际情况。瑟尔告诫《波士顿先驱报》（*Boston Herald*）的托马斯·柯万（Thomas Kirwan）："为了公允起见，我得提醒您，您所提议的这篇文章不可能既真实又具有娱乐性。天文学家的工作与非常类似的簿记员一样枯燥。甚至连天文学工作得出的结果，也远没有簿记的结果那么有趣，尽管与之相关的主题与日常事务相比更加崇高。至少对普通读者是如此——除非这些结果被幻想重重包裹，以致与科学没什么关系。"

　　尽管对每晚操纵光度计逐渐获得的成果感到入迷，皮克林还是开辟了一个摄影术与光谱学的新时代，并改变了哈佛天文台的面貌。他在就任台长时，已经有几位女性助理在天文台工作了，他招收了更多女性，并将恒星分类交给她们去判定。在变星观测方面，他也得到了女子学院的一些校友和女教授的帮助。他对待女性的方式，被广泛认为再公平不过，也因此吸引到研究员经费，进一步提高了女性在天文学中的参与度。当哈洛·沙普利来到哈佛时，他得以将这份研究员经费转而用于研究生培养计划，它最初必然倾向于女性申请者。塞西莉亚·佩恩获得了哈佛的第一个天文学博士学位，在此过程中，她还对宇宙的结构本身提出了疑问，而这要直接追溯到皮克林的"娘子军"和哈佛天文台独特的玻璃底片收藏。

* * *

如今，天文学家在工作时不再使用玻璃底片对宇宙进行拍摄。电荷耦合器件（charge-coupled devices，CCD）从20世纪 263 70年代开始取代照相胶片；而在过去20年里，几乎所有的天体图像都是以数字方式进行拍摄和存储的。但是，不管现代巡天观测对外层空间进行了多广或多深的探测，它们都无法看到在1885年至1992年之间任何一天中天空看起来是什么样子的。保留在哈佛底片收藏中那一百多年的星空记录，依然是独特的、无价的，也是不可替代的。

那50万张玻璃底片存放在扩建后的砖砌建筑里。它们立在长边之上，略微倾斜地向左或向右倚靠在众多金属柜子中的架子上。有些早期的照片还装在原来的纸套里，那上面满是很久以前的保存者手写的注释。无论新旧，每一个封套上都贴了一张包含其存取信息的条形码，以帮助如今的管理员在将它们摆放在底片架上时，不至于放乱。到访的研究人员鱼贯而入，又鱼贯而出。历史学家们珍视这些照相底片，因为它们以玻璃与卤化银-明胶感光乳剂的古老结合，将星星定格于其中，并提供了标有日期的信息。天体物理学家们查询这些底片，并通过"时域天文学"（time domain astronomy），来丰富和阐释最新的发现。在皮克林开始巡天观测时，他做梦也没想到过的天空居民——脉冲星、类星体、黑洞、超新星和X射线双星——都在这些底片上留下了它们的身影。

当计算工作还要人工完成时，计算员们用肉眼仔细观察这些照片，在上面尽可能多地找出感兴趣的天体。利用这个底片库的"读片员"，一直严重不足，离满足皮克林或沙普利的需求相差甚远。他们手下这些有条不紊的工作人员，哪怕是最积极肯干的人，在面对一张包含多达10万颗恒星的图像时，可以做出的发现也只能到如今这个程度。甚至时至今日，这个底片库所包含的信息大部分也尚未开发。

为了用现代计算机算法提取所有有待发掘的数据，哈佛史密松天体物理中心在2005年启动了一个由美国国家科学基金会支持的数字化项目。正在实现的目标是，对每一张底片进行清洁、扫描和分析，以便实现"以数字形式获取哈佛一个世纪的天空资料"（Digital Access to a Sky Century at Harvard，DASC@H）。十多年过去了，这项工作已完成了四分之一左右。

用于DASC@H（读音与"dash"相同）的所有流程和仪器，都必须在现场创制和装配，从类似洗碗机的底片清洁机器，到可以同时容纳8英寸×10英寸标准底片和14英寸×17英寸布鲁斯底片的特制高速扫描仪，概莫能外。在这项活动的每一个阶段，馆藏方面的忧虑都要与科学方面的要求竞争。比如，底片清洁过程，是扫描出清晰、洁净图像必不可少的前期准备工作，但是也会自动地擦除掉亨丽埃塔·莱维特和安妮·坎农等重要人物在玻璃上随手留下的任何印记。折中的解决办法是，在清洁前，对每张带标记的照片进行拍照——对每张带标记的纸套也进行拍照，以便将所有的标记都记录下来。某些被认为具有极高历史价值、不容毁损的底片，则被永久性地存档。这些底片中有一张，上面的星场图像，是在人们还在对旋涡星云的性质进行激烈争辩时拍摄的。在底片上，有人将一团小到不用放大镜就看不清楚的旋涡物质圈了起来。在墨水笔画的圆圈旁边，还用墨水笔提出了一个疑问：星系？

列出了每张照片的拍摄望远镜、天空坐标、拍摄日期和曝光时间的索引卡与日志簿，也将陆续上线。这得益于志愿服务的个人，他们每天花几个小时，通过史密森学会（Smithsonian Institution）的众包平台，对它们进行转录。公众科学家们（citizen scientists）在自己的电脑屏幕前开展工作，利用每本日志100个页面的高分辨率相片，其中每一页上都写满了多达20张底片的统计数据和附注。

从一开始，DASC@H小组成员就为他们这个长期项目列出了除数据挖掘之外的一些理由。他们想让这些底片便于全世界的人使用，保护它们免受感兴趣的借阅者不经意地损坏，保存内容，使其不受可预计的变质（比如乳胶分解）的影响。在进行处理的过程中，一个出乎意料的事件让这项工作有了更充足的理由。

2016年1月18日（星期一）的早上，哈佛史密松天体物理中心官方地址——花园街60号一个庭院下面的主水管爆裂了。这条水管给附近的4座建筑物供水，其中包括了最初的砖砌建筑以及分别在1902年和1931年扩建的部分。破裂的水管在地下汩汩流淌出来的水，具有足够大的冲力，透过基础墙，将储存底片的地下室最下面一截泡在水中。大约61 000张底片被水淹没。来自校内韦斯曼保护中心（Weissman Preservation Center）的专家们，对这一紧急事件做出了响应，并认定浸水造成的最坏后果是发霉。定殖在底片上的孢子也许会构建起自己的新生物"星座"。尽管皮克林有先见之明，创建并保护了这份藏品。他从来没有料想到，对它的完整性的威胁竟然不是来自火，而是来自水。

文献保护专家指示，马上将这些底片转移到一个干燥的地方，并将它们保存在0℃之下——这样寒冷时，霉菌不会生长。当时主要的天气条件晴好，且温度在冰点以下，因此室外就成了临时的避难所。几十位志愿者赶来帮助抢救这份藏品，周一晚上和周二全天，他们在储藏室进进出出，将一抱抱的脆弱底片搬到干燥的地方。搬运过程中没有打破一片玻璃。

到星期三，这些抢救出来的底片被装上卡车，运到北安多弗（North Andover）市的多边形文献修复服务公司（Polygon Document Restoration Services）。在那里用真空冷冻干燥法对它们进行了处理，然后再一张张地解冻和清洁。

就像夜幕降临时星星会一颗接一颗地显现，这些被水淹过、满身泥污的底片，也一张接一张地恢复了它们在感光时所印上去的生动的天空景观。它们将再次显现出恒星光谱、变星、星团、旋涡星系和所有其他发光的景象——最初，它们曾将这些景象呈现给一小群专心致志的女性。

266

致　谢

我要最诚挚地感谢：

芝加哥大学天文学与天体物理学系的约翰与玛丽昂·沙利文夫妇大学讲席教授温迪·弗里德曼（Wendy Freedman），她在20多年前就让我产生了写作本书的想法。

墨水池管理公司（InkWell Management）的迈克尔·卡莱尔（Michael Carlisle），他帮我将这个项目整理成形，并和维京（Viking）出版社的凯瑟琳·考特（Kathryn Court）一道，帮我为本书找到了理想的出版机构。

艾莉森·多恩（Alison Doane）、乔纳森·格林德利（Jonathan Grindlay）和林赛·史密斯（Lindsay Smith），允许我探访哈佛底片库中的玻璃宇宙。

哈佛史密松天体物理中心约翰·G. 沃尔巴克（John G. Wolbach）图书馆的克里斯托弗·埃德曼（Christopher Erdmann）、玛丽亚·麦凯克伦（Maria McEachern）、埃米·科恩（Amy Cohen）、路易丝·鲁宾（Louise Rubin）、凯蒂·弗雷（Katie Frey）和代娜·布坎（Daina Bouquin），他们将我当成自己人。

哈佛大学档案馆（Harvard University Archives）的罗宾·麦克

尔赫尼（Robin McElheny）、蒂姆·德里斯科尔（Tim Driscoll）、帕梅拉·霍普金斯（Pamela Hopkins）、罗宾·卡劳（Robin Carlaw）、芭芭拉·梅洛尼（Barbara Meloni）、埃德·哥本哈根（Ed Copenhagen）、卡罗琳·坦斯基（Caroline Tanski）、塞缪尔·鲍尔（Samuel Bauer）、米歇尔·加切特（Michelle Gachette）和珍妮弗·佩洛斯（Jennifer Pelose），为我打开了坎农小姐的日记和其他珍藏的文献。

施莱辛格图书馆（Schlesinger Library）的苏珊·韦尔（Susan Ware）、萨拉·哈琴（Sarah Hutcheon）和简·卡缅斯基（Jane Kamensky）为我说明了多位哈佛女士出身于拉德克利夫学院的背景。

史密斯学院的学生和教职员工，为我提供了写作女性历史的理想环境。

267

威廉·阿什沃思（William Ashworth）、芭芭拉·贝克尔（Barbara Becker）、戴维·德沃尔金（David DeVorkin）、苏珊·爱德华兹（Suzan Edwards）、欧文·金格里奇（Owen Gingerich）、阿莉莎·古德曼（Alyssa Goodman）、凯瑟琳·哈拉蒙达尼斯（Katherine Haramundanis）、道格·奥芬哈茨（Doug Offenhartz）、杰伊和娜奥米·帕萨乔夫（Jay and Naomi Pasachoff）、威廉·希恩（William Sheehan）、约瑟夫·滕（Joseph Tenn）以及芭芭拉·韦尔特（Barbara Welther），阅读了本书的早期书稿并给出了评阅意见。

托马斯·法恩（Thomas Fine）和莉亚·哈罗兰（Lia Halloran）帮助为这个故事绘画。

艾萨克·克莱因（Isaac Klein）、斯蒂芬·索贝尔（Stephen

Sobel）、阿方索·特里贾尼（Alfonso Triggiani）、巴里·格鲁伯（Barry Gruber）和加里·赖斯维格（Gary Reiswig）不断地鼓励我。

谢里尔·赫勒（Sheryl Heller）和纽约州萨格港（Sag Harbor）电子产品商店GeekHampton的技术人员，在计算机①的使用方面为我提供了宝贵的帮助。

268

---

① 据作者解释，她在写作本书的过程中，先后用了两台笔记本电脑。——译者注

资料来源

第一章　德雷伯夫人的意图

安娜·帕尔默·德雷伯和爱德华·皮克林间来往的书信，如今与哈佛天文台的其他书信一起，保存在哈佛大学档案馆里。这里所做的引用得到了授权许可。

皮克林征招变星观测女性助理的公告，刊登在《哈佛学院天文台在1877—1882年间所完成工作的声明》（*Statement of Work Done at the Harvard College Observatory During the Years 1877–1882*）上，也发行过单独的广告册《一项保障变星观测的计划》（A Plan for Securing Observations of the Variable Stars）。

天文台所有出版物的纸本，比如《纪事》和年度报告，都保存在剑桥市哈佛史密松天体物理中心的约翰·G. 沃尔巴克图书馆里。这些材料大部分已经数字化，可以在线阅读：http://adsabs.harvard.edu/historical.html。

第二章　莫里小姐看到的东西

安东尼娅·莫里给她的德雷伯家亲戚的信件，都保存在美国国会图书馆，此处所做节选得到了她家人的许可。

所有有关哈佛学院天文台博伊登观测站的通信，都保存在哈佛大学档案馆。

第三章　布鲁斯小姐的慷慨捐赠

凯瑟琳·沃尔夫·布鲁斯以及她妹妹玛蒂尔达给爱德华·皮克林的信

件，都保存在哈佛大学档案馆。

天文学家西蒙·纽康那篇激怒了布鲁斯小姐的文章，标题是"天文学在科学中的地位"（The Place of Astronomy Among the Sciences），它发表在1888年的《星际信使》上。

威廉明娜·弗莱明为芝加哥大会准备的演讲稿，以"女性从事天文学工作的一个领域"（A Field for Woman's Work in Astronomy）为题，发表在1893年的《天文学与天体物理学》上。

第四章　新　星

爱德华·皮克林在《天文学与天体物理学》上，通过《矩尺座的一颗新星》（A New Star in Norma）这篇论文，报告了弗莱明太太发现的首颗新星。

皮克林与安东尼娅·莫里以及米顿·莫里牧师的通信，都保存在哈佛大学档案馆。

第五章　贝利在秘鲁拍摄的照片

安妮·江普·坎农终生都记日记，也写了大量的书信。她的日记、草稿本和其他纸质材料，包括她所收藏的曾欣赏过的多部歌剧脚本，都保存在哈佛大学档案馆。

安东尼娅·莫里在1896年写作的《瓦萨圆顶室诗篇》，发表在1923年的《大众天文学》上。

埃德蒙·哈雷号召天文学家们观测金星凌日现象的通告，《确定太阳视差的一种新方法》（A New Method of Determining the Parallax of the Sun），以拉丁文发表在1716年的《英国皇家学会哲学汇刊》（*Philosophical Transactions of the Royal Society*）上。

第六章　弗莱明太太的头衔

手写的威廉明娜·佩顿·弗莱明日记（Journal of Williamina Paton Fleming），作为哈佛"1900年宝箱"的一部分，保存在哈佛大学档案馆，可以在线阅读：http://pds.lib.harvard.edu/pds/view/3007384。

爱德华·B. 克诺贝尔会长在给爱德华·皮克林颁发第二枚金质奖章时所做的评论，刊登在 1901 年 2 月的《皇家天文学会月刊》上。

第七章　皮克林的"娘子军"

安德鲁·卡内基与爱德华·皮克林之间的通信，以及路易丝·卡内基与威廉明娜·弗莱明来往的信件，保存在哈佛大学档案馆。

第八章　共同语言

赫伯特·霍尔·特纳在为威廉明娜·弗莱明写的讣告里，对她"奇迹般的"成就所做的评论，刊登在 1911 年的《皇家天文学会月刊》上。

爱德华·皮克林前往帕萨迪纳参加 1910 年太阳联盟大会的旅途日记，保存在哈佛大学档案馆，历史学家霍华德·普洛特金（Howard Plotkin）抄录后，将它发表在《南加州季刊》（*Southern California Quarterly*）上。

第九章　勒维特小姐的关系

阿勒格尼天文台的弗兰克·施莱辛格，对 1910 年帕萨迪纳大会后天文学家在问卷调查中所做的回应进行了整理，并将他们的评论以"有关恒星光谱分类的通信"（Correspondence Concerning the Classification of Stellar Spectra）为题，刊登在《天体物理学报》上。

第十章　皮克林研究员

哈洛·沙普利在一本轻松愉快的回忆录中，回顾了自己的人生经历。这本书是 1969 年出版的《走过通向星辰的崎岖道路》（*Through Rugged Ways to the Stars*）。他在题献中写下："纪念亨利·诺里斯·罗素"。

玛格丽特·哈伍德写给安妮·江普·坎农、爱德华·皮克林和哈洛·沙普利的书信，以及其他与哈佛天文台有关的材料一起，保存在哈佛大学档案馆，但是她大部分的私人文件和照片，收藏在剑桥市拉德克利夫高等研究院

270

（Radcliffe Institute for Advanced Study）的施莱辛格美国女性历史图书馆。

第十一章 沙普利的"千女"小时

作为天文学研究员奖金评选委员会的主任，安妮·江普·坎农在她撰写的楠塔基特玛丽亚·米切尔协会年度报告中，对当前的和过往的皮克林研究员的活动按时间顺序进行了记述。拜史密松天体物理台／美国国家航空航天局天体物理数据系统（NASA Astrophysics Data System）所赐，这些内容可以在线阅读：http://www.adsabs.harvard.edu。

第十二章 佩恩小姐的学位论文

塞西莉亚·佩恩在一篇名叫"染匠之手"（The Dyer's Hand）的专文中，回顾了自己的人生经历。这篇专文，以及她几位同事对她表示仰慕的文章，都收在她女儿凯瑟琳·哈拉蒙达尼斯编著的《塞西莉亚·佩恩–加波施金：自传和其他回忆文章》（*Cecilia Payne-Gaposchkin: An Autobiography and Other Recollections*）中，出版于1984年。

第十三章 《天文台围裙》

海伦·索耶·霍格在1986年8月25日至29日于剑桥市举行的一个纪念研讨会上发言，回顾了对她的天文学职业生涯起到决定性影响的一些事件。这次会议的讨论后来被乔纳森·E.格林德利和A. G.戴维斯·菲利普（A. G. Davis Philip）编集成了一本书——《关于星系中球状星团的哈洛·沙普利研讨会》（*The Harlow Shapley Symposium on Globular Cluster Systems in Galaxies*）。

为纪念塞西莉亚·佩恩百年诞辰而在2000年召开的另一次研讨会的会议记录，被A. G.戴维斯·菲利普和丽贝卡·A.科普曼（Rébecca A. Koopmann）编集成了《星光璀璨的宇宙：塞西莉亚·佩恩–加波施金百年诞辰纪念》（*The Starry Universe: The Cecilia Payne-Gaposchkin Centenary*）。这本书收录了《天文台围裙》中"约瑟芬"（Josephine）和其他角色的唱词。

第十四章　坎农小姐设立的奖金

拉德克利夫学院教务长伯尼斯·V. 布朗和英国皇家天文学家弗兰克·戴森爵士，在1932年国际天文学联合会大会开幕式上的发言，刊登在《国际天文学联合会会刊》（*Transactions of the International Astronomical Union*）第4卷上。

第十五章　恒星的一生

美国天文学会执行委员会关于对亨丽埃塔·莱维特进行表彰的决议，包括高层们希望看到造父变星周光关系被重新命名为莱维特定律之事，刊登在2009年5月／6月号的《美国天文学会简报》（*AAS Newsletter*）上。2008年，在哈佛史密松天体物理中心为庆祝莱维特小姐做出这个发现100周年举行的一次会议上，最早有人提出了这个新术语。[①]

271

---

① 这次会议指的是2008年11月6日举办的名为"感谢亨丽埃塔·莱维特"（Thanks to Henrietta Leavitt）的纪念研讨会。——编者注

哈佛学院天文台
历史上的一些大事

1839年　哈佛董事会在达纳楼（Dana House）创立哈佛学院天文台。

威廉·克兰奇·邦德被任命为天文观测员。

1843年　受大彗星到访地球的启迪，波士顿及周边地区的民众捐资，为天文台购买了一架大型望远镜。

1844年　天文台迁往萨默豪斯山，在那里为新添的这架15英寸望远镜建了个合适的基座。

1845年　第一届哈佛学院天文台客座委员会成立，由约翰·昆西·亚当斯（John Quincy Adams）担任主任。

1846年　乔治·菲利普斯·邦德被任命为助理观测员。

发布第一份年度报告。

1847年　"大折射望远镜"——镜头在慕尼黑制作的一架15英寸望远镜，被安装在新天文台建筑中。

1848年　邦德父子发现了土星的第八颗卫星，并给它命名为许珀里翁（土卫七）。

爱德华·布罗姆菲尔德·菲利普斯为天文台捐赠10万美元，用于支付员工的工资和所有运行费用。

1849年　大学章程规定天文台为哈佛大学的一个部门，并将老邦德的头衔改为台长。

1850年　乔治·菲利普斯·邦德和约翰·亚当斯·惠普尔（John Adams

Whipple）为织女星拍摄了第一张恒星照片。

珍妮·林德（Jenny Lind）通过大折射望远镜看到了一颗火流星。

1856年　第一卷《哈佛学院天文台纪事》（*Annals of the Astronomical Observatory at Harvard College*）出版。

1859年　威廉·克兰奇·邦德去世后，乔治·菲利普斯·邦德成为第二任台长。

1866年　约瑟夫·温洛克被任命为第三任台长。

1868年　阿瑟·瑟尔入台担任助理。

1870年　温洛克在伦敦订制了一个子午环（meridian circle）——用于确定恒星位置的一种仪器，并将它安装在哈佛。

273

威廉·罗杰斯负责用于天体测量学（恒星位置）的中天观测（meridian observation）。

1875年　约瑟夫·温洛克去世后，他女儿安娜加入了计算员队伍。

罗达·G. 桑德斯（Rhoda G. Saunders）小姐是在天文台家属之外受雇的第一位女性计算员。

1876年　阿瑟·瑟尔担任临时台长。

1877年　爱德华·查尔斯·皮克林就任第四任台长，并启动了他的恒星测光计划。

1879年　威廉明娜·弗莱明受雇在皮克林家当女佣。

爱德华·皮克林引入中天光度计，用于判断恒星的亮度。

1880年　爱德华·皮克林发表了他的5种变星分类。

1881年　威廉明娜·弗莱明成了天文台的正式员工。

1882年　爱德华·皮克林和他在麻省理工学院工作的弟弟威廉，试验用镜头拍摄夜空。

皮克林发出呼吁，征召志愿者尤其是女性志愿者，来观测变星，并与哈佛分享他们的观测结果。

1883年　哈佛天文台成了指定的彗星和其他发现的信息发布中心，将各地观测者的发现用电报发送给各地天文台。

1884年　第一次测光研究的结果发表在第14卷天文台《纪事》上。

爱德华·皮克林将整个天空划分为48个均等的区域，被称为哈佛标准选区（Harvard Standard Regions）。

1885年　贝奇基金提供了皮克林夜空拍摄项目所需要的一架8英寸望远镜。

威廉明娜·弗莱明开始根据照片测量和计算恒星光度。

1886年　安娜·帕尔默·德雷伯为恒星光谱拍摄提供资助，以实现她已故丈夫亨利·德雷伯博士未实现的梦想。

爱德华·皮克林被授予英国皇家天文学会的金质奖章，以表彰他的哈佛测光星表工作。

1887年　哈佛获得了建立高海拔天文台的博伊登基金。

威廉·皮克林加入天文台。

爱德华·皮克林被任命为佩因实用天文学讲席教授，阿瑟·瑟尔获得菲利普斯讲席教授的头衔。

1888年　安东尼娅·莫里加入女性计算员队伍，开始研究明亮北天恒星的光谱。

1889年　索伦·贝利在他妻子露丝·E. 波尔特·贝利（Ruth E. Poulter Bailey）的协助下，开始在秘鲁进行观测。

凯瑟琳·沃尔夫·布鲁斯捐出5万美金，用于制造一架24英寸的天体照相望远镜。

爱德华·皮克林发现第一组分光双星，[①]安东尼娅·莫里发现了第二组。

1890年　《德雷伯恒星光谱星表》（The Draper Catalogue of Stellar Spectra）发表在第27卷《纪事》上，威廉明娜·弗莱明完成了其中的分类。

索伦·贝利在阿雷基帕建立了哈佛博伊登观测站。

1891年　威廉·皮克林在阿雷基帕接管博伊登观测站，担任站长。

---

① 皮克林最早在1887年的照片上观察到它们的双重K谱线，但于1889年确认，详见正文44页。——编者注

阿瑟·瑟尔开始给女性讲授天文学。

1893年　索伦·贝利重新开始负责秘鲁的博伊登观测站。

玻璃底片被转移到具有防火功能的新砖砌建筑里面。

威廉明娜·弗莱明为在芝加哥举办的哥伦布博览会准备演讲《女性从事天文学工作的一个领域》；她在阿雷基帕拍摄的玻璃底片上，发现了第一颗新星。

布鲁斯望远镜在剑桥市进行了第一次试测。

1895年　爱德华·皮克林创办了《哈佛学院天文台简报》（*Harvard College Observatory Circular*），来发布天文台的新闻；第一期发布了威廉明娜·弗莱明从阿雷基帕拍摄的照片中发现的船底座新星（她发现的第二颗新星）。几个月后，她又发现了第三颗——半人马座新星。

亨丽埃塔·斯旺·莱维特在天文台担任志愿者。

索伦·贝利在南半球的一些星团里发现了许多变星。

1896年　安妮·江普·坎农加入天文台，担任研究助理，开始研究明亮南天恒星的光谱。

布鲁斯望远镜运抵阿雷基帕。

1897年　安东尼娅·莫里在第28卷《纪事》上发表《明亮恒星的光谱》，并在标题页被承认为该文作者。

1898年　在哈佛举行的一次会议上，创建了全国天文学家专业组织（后来被命名为美国天文与天体物理学会）。

爱德华·皮克林引入《哈佛学院天文台公报》（*Harvard College Observatory Bulletins*），以邮件形式发送，为电报通告增加了细节。

275

1899年　威廉明娜·弗莱明被授予天文照片馆馆长的哈佛头衔。

威廉·皮克林发现了土星的第九颗卫星福柏（土卫九）。

1900年　哈佛"1900年宝箱"时间胶囊项目邀请爱德华·皮克林和威廉明娜·弗莱明按时间次序记录他们的日常活动。

凯瑟琳·沃尔夫·布鲁斯去世。

1901年 爱德华·皮克林因为在变星研究和天体摄影中取得的进展,获得他
的第二枚英国皇家天文学会金质奖章。

安妮·坎农在第28卷《纪事》上,发表了明亮南天恒星星表。

1903年 安妮·坎农在第48卷《纪事》上,发表了她的《变星暂行星表》。

亨丽埃塔·莱维特在离开数年后,返回天文台全职工作。

爱德华·皮克林发表《全天照相星图》(Photographic Map of the
Entire Sky)。

1905年 亨丽埃塔·莱维特在麦哲伦云中注意到大量变星。

爱德华·皮克林当选美国天文与天体物理学会会长。

1906年 爱德华·皮克林和亨丽埃塔·莱维特开始大规模地确定照相星等。

威廉明娜·弗莱明当选为英国皇家天文学会荣誉会员。

1907年 安妮·坎农在第55卷《纪事》上,发表了她的《变星第二星表》。

威廉明娜·弗莱明在第47卷《纪事》上,发表了《变星的一种照
相研究法》。

玛格丽特·哈伍德加入天文台。

1908年 爱德华·皮克林在第50卷和第54卷《纪事》上,发表了《哈佛测
光星表修订版》。

索伦·贝利在第60卷《纪事》上,汇编了全天263个明亮星团和星
云的目录。

亨丽埃塔·莱维特在第60卷《纪事》上,以《麦哲伦云中的1 777
颗变星》这篇文章发表了她的发现。

爱德华·皮克林获得了凯瑟琳·沃尔夫·布鲁斯金质奖章。

276 1909年 索伦·贝利在南非为可能的新天文台勘测选址。

1910年 外国天文学家们参加了在哈佛举行的美国天文与天体物理学会
大会。

国际太阳研究合作联盟在帕萨迪纳举行会议,采纳了安妮·坎农制
订的哈佛德雷伯分类系统。

1911年　威廉明娜·弗莱明去世。

皮克林的一位志愿观测者威廉·泰勒·奥尔科特创建了美国变星观测者协会。

1912年　《哈佛天文台公报》从手写油印改成了打字印刷。

爱德华·皮克林和安妮·坎农展示了B类恒星的亮度。

亨丽埃塔·莱维特发表了她的"周光关系"。

玛格丽特·哈伍德成了首位楠塔基特玛丽亚·米切尔协会天文学研究员。

美国天文与天体物理学会改名为美国天文学会（AAS）。

安妮·坎农当选为美国天文学会的司库，成为它的首位女性管理人员。

1913年　亨利·诺里斯·罗素和埃纳尔·赫茨普龙，独立地得出了绝对星等和光谱类型间意义重大的关系，后来被命名为赫罗图（Hertzsprung-Russell diagram）。

1914年　安妮·坎农成为英国皇家天文学会的荣誉会员。

玛格丽特·哈伍德研究小行星爱神星的光变曲线。

安娜·帕尔默·德雷伯去世。

1915年　玛格丽特·哈伍德被任命为楠塔基特岛玛丽亚·米切尔天文台的台长。

1916年　楠塔基特玛丽亚·米切尔协会设立爱德华·C.皮克林女性天文学研究员奖金。

索伦·贝利在第76卷《纪事》上，发表了76个球状星团的暂行目录。

1918年　大为扩充后的亨利·德雷伯星表开始发表，9卷中的第1卷刊登在第91卷《纪事》上。

1919年　爱德华·皮克林去世。

索伦·贝利担任临时台长。

1920年　哈洛·沙普利和希伯·柯蒂斯就宇宙的尺度进行辩论。

1921年　哈洛·沙普利被任命为第五任台长。

　　　　亨丽埃塔·莱维特去世。

　　　　哈洛·沙普利和安妮·坎农探索光谱类型与光度间的关系。

1922年　国际天文学联合会采纳了哈佛德雷伯恒星光谱分类，体现了威廉明娜·弗莱明、安东尼娅·莫里以及特别是安妮·江普·坎农的工作。

1923年　阿德莱德·艾姆斯入学，成为哈佛的首位天文学研究生。

　　　　塞西莉亚·佩恩从英格兰来到哈佛，成为第二位天文学研究生。

　　　　哈佛重印（Harvard Reprints）系列创始，旨在传播员工们在专业期刊上发表的论文。

1924年　哈洛·沙普利发表系列论文中的第一篇，详细描述麦哲伦云的距离、大小和结构。

　　　　亨利·德雷伯纪念项目第9卷发表在第99卷《纪事》上。

1925年　哈洛·沙普利开创了一个新的图书出版系列——哈佛天文台专著，第一本是塞西莉亚·佩恩的博士论文《恒星大气》。

1926年　《哈佛天文台公报》变成月刊，每期包含好几项关注的内容。

　　　　哈洛·沙普利引入了哈佛天文台通告卡片（Harvard Announcement Cards），用于在各期《公报》间发布彗星、新星和小行星的消息。

1927年　已知变星的数量达到了5 000颗，其中的4 000多颗是哈佛天文台在玻璃底片上发现的。

　　　　哈洛·沙普利和海伦·索耶完成了新的球状星团目录，其中包含的球状星团的数量增长至95。

　　　　博伊登观测站从南美搬迁至南非。

1929年　普丽西拉·费尔菲尔德与巴尔特·博克结婚。

1930年　海伦·索耶与弗兰克·霍格结婚。

1931年　索伦·贝利在6月去世，爱德华·金在9月去世。

　　　　安妮·坎农获得美国国家科学院颁发的德雷伯奖章。

1932年　阿德莱德·艾姆斯去世。

　　　　国际天文学联合会在哈佛召开大会。

1933年	安东尼娅·莫里在第84卷《纪事》上，发表《天琴座 β 星的光谱变化》。
	数架哈佛望远镜搬到位于橡树岭的乡村观测点。
1934年	塞西莉亚·佩恩和谢尔盖·加波施金私订终身。
	塞西莉亚·佩恩–加波施金荣获安妮·江普·坎农奖。
1935年	哈洛·沙普利开设天文学与天体物理学研究生暑期班。
1939年	安妮·坎农发现了哈佛的第一万颗变星。
1941年	安妮·坎农去世。
1943年	安东尼娅·莫里获得安妮·江普·坎农奖。
1946年	天文台成立了一个理事会，对台长的政策和计划进行建议。理事会成员包括巴尔特·博克、唐纳德·门泽尔和塞西莉亚·佩恩–加波施金。
1949年	玛格丽特·沃尔顿·梅奥尔完成了亨利·德雷伯星表补编，并以安妮·J.坎农纪念专号，发表在第112卷《纪事》上。
1950年	海伦·索耶·霍格荣获安妮·江普·坎农奖。
1952年	安东尼娅·莫里去世。
	哈洛·沙普利退休。
	唐纳德·门泽尔成为代理台长。
1954年	唐纳德·门泽尔被正式任命为哈佛天文台第六任台长。
1955年	史密松天体物理台从华盛顿特区迁至剑桥市，与哈佛学院天文台合作。
1956年	塞西莉亚·佩恩–加波施金成了首位被哈佛提拔到正教授职位上的女性，她还被任命为天文系主任。
1973年	哈佛史密松天体物理中心成立，这将两家天文台统一在同一位台长的管理之下。
1979年	塞西莉亚·佩恩–加波施金去世。
2005年	开始启动一个玻璃底片数字化项目——"以数字形式获取哈佛一个世纪的天空资料"（DASC@H）。

278

279

词汇表

美国天文学会（American Astronomical Society） 美国天文学家的第一个全国性专业学会，1898年创立，原名美国天文与天体物理学会。

天文单位（astronomical unit） 地球与太阳间的平均距离。

德国天文学会（Astronomische Gesellschaft） 第二古老的天文学会（仅次于伦敦的英国皇家天文学会），1863年创立于海德堡。

双星（binary star） 一对绕着同一个引力中心旋转的恒星。

亮度（brightness） 参见星等（magnitude）。

造父变星（Cepheid） 一种脉动变星，它以特定的可预料的周期改变亮度，因而可用在宇宙距离估算中。

色差（chromatic aberration） 因为几种颜色的光在距离镜头不一样远的地方聚焦，而造成的模糊或朦胧。

拱极星（circumpolar star） 一颗既不升起也不落下，而是环绕天极旋转的恒星。

转仪钟（clock drive） 一种让望远镜以抵消地球自转影响的方式运动的机械或电子设备，可以让望远镜一直聚焦于某个特定的天体。

星团（cluster） 一组相互之间存在物理联系的恒星。

天体演化学（cosmogony） 一种关于宇宙的起源与演化的理论。

赤纬（declination） 对天空的纬度测量，即一个天体在天赤道（地球赤道在天空中的投影）之上或之下的角距离。

双合透镜（doublet） 一对组合在一起以产生期望效果的透镜。

食双星（eclipsing binary）或**食变星**（eclipsing variable）　一对绕着同一个引力中心旋转的存在物理联系的恒星，它们在旋转过程中会在观测者视线上依次挡在对方前面。

电磁波谱（electromagnetic spectrum）　全波段的恒星辐射，从波长最长的无线电波到最短的 γ 射线。

星历表（ephemeris）　列出行星、卫星或彗星之类的天体的预测位置的表格。

历元（epoch）　为天文观测选定的参考时间。

闪光光谱（flash spectrum）　在日全食即将发生前和紧接着发生之后，太阳光谱谱线从暗到亮的突然变化。

夫琅和费谱线（Fraunhofer line）　在连续（彩虹色）光谱中的暗吸收线（absorption line）。

星系（galaxy）　由几十亿颗恒星和大量尘埃与气体组成的一个系统。

球状星团（globular cluster）　数千颗相互之间存在物理联系的恒星组成的一个中心集聚度很高的星团。

正离子（positive ion）　失去了一个或多个电子、带正电荷的原子或原子团。

岛宇宙（island universe）　最早由伊曼努尔·康德（1724—1804）提出的一个术语，用于表示一个与我们银河系类似且独立的星系。

K谱线（K line）　在太阳光谱和许多其他恒星光谱中看得到的一条暗吸收线；它表明出现了钙离子。

光变曲线（light curve）　变星（或其他天体）亮度随时间变化的图形表示。

光度（luminosity）　恒星的内禀亮度（intrinsic brightness），或者它单位时间里辐射的总能量。

麦哲伦云（Magellanic Clouds）　在南半球可看到的两团稠密的恒星聚集体或星云，如今被公认为银河系的伴星系。

星等（magnitude）　多个世纪以来，以各种标准评判的天体亮度。其数值越高，天体看起来越黯淡。天文学家区分了"视"星等，即天体在地球观测者眼中的亮度，它取决于其到地球的距离；以及"绝对"星等，即它的内禀亮度。

梅西叶编号（Messier numbers，M-31等）　由彗星猎人查尔斯·梅西叶
（Charles Messier，1730—1817）引入的一种识别标号；他当时需要一种
记录彗星之外的星云状天体的方法。

金属（metals）　天文学家用此术语表示宇宙中比氢和氦重的所有元素。

流星（meteor）　一种颗粒物，通常是跟沙子差不多大的彗星尘埃——在进
入地球大气后，因为摩擦而燃烧，看起来像是"发射出的"星星。

银河（Milky Way）　在天空中伸展的一条明亮的星光带。对于古往今来的天
文爱好者，它有多重含义——从赫拉女神洒落的乳汁到我们太阳系所在
星系的名称。

星云（nebula）　在本书所讲的故事开始时，曾指的是太空中所有的模糊天
体。如今，指的是电离气体组成的巨大星际云。

282

北极星序（North Polar Sequence）　被选作精确测定照相星等的比较标准
的46颗恒星（后来增加到96颗）。

物端透镜（objective lens）　望远镜中在目镜另一端、用于收集光线的透镜。

疏散星团（open cluster）　一组相互之间存在物理关系的几百颗恒星。

猎户星云（Orion Nebula）　在猎户座"宝剑"上的明亮天体，其编号为
M-42。

视差（parallax）　从两个不同的位置观测时，一个天体的视位置相对于背景
出现的位移或偏差。天文学家利用视差测量，来估计离太阳超过几百光年
的距离。

周期（period）　一颗变星遍历其所有亮度变化的时长。

人差（personal equation）　天文学家的反应时间。

自行（proper motion）　天体在与视线垂直方向上的运动。

视向速度（radial velocity）　天体沿着视线方向前进或后退的速度。

射电天文学（radio astronomy）　光学天文学的一个补充，研究比可见光波
长长许多的电磁辐射。

红移（redshift）　已知谱线的观测波长向光谱红端频移，是由天体远离观测

者的运动造成的。

赤经（right ascension） 经度在天球上的对应物，用于指明星星的位置。

皇家天文学会（Royal Astronomical Society） 世界上第一个天文学家组织，创立于1820年，原名伦敦天文学会。

视宁度（seeing） 观测条件的质量，最理想的是天空中万里无云，空气极少流动。天文学家对视宁度的评价尺度是从1（很差）到10（完美）。

光谱（spectrum） 在可见光中包含的彩虹颜色（以及夫琅和费谱线）。

旋涡星云（spiral nebula） 旋涡星系（spiral galaxy）的早期叫法。

可见光（visible light） 介于红外线与紫外线之间的一小部分电磁波谱。

283

哈佛天文学家、
助理与相关人士一览表

乔治·拉塞尔·阿加西（George Russell Agassiz，1862年7月21日—1951年2月5日），与他著名的父亲和祖父一样，在哈佛比较动物学博物馆担任教职。他成了哈佛天文台客座委员会一名颇具影响力与慷慨的成员。在他去世后，他妻子梅布尔·辛普金斯·阿加西（Mabel Simpkins Agassiz）继续对天文台慷慨解囊。

阿德莱德·艾姆斯（Adelaide Ames，1900年6月3日—1932年6月26日），瓦萨学院校友，是哈佛天文台首位天文学研究生，1924年获得拉德克利夫学院硕士学位。她与哈洛·沙普利台长合作，对星系进行编目。

索伦·欧文·贝利（Solon Irving Bailey，1854年12月29日—1931年6月5日），通过为高海拔卫星站勘测优良站址，让哈佛天文台的触角，先是延伸到南美，后来又延伸到了南非。他识别并研究了球状星团中的变星，他称之为"星团变星"。

巴托洛梅乌斯·扬·博克（Bartholomeus Jan Bok，1906年4月28日—1983年8月5日），还在莱顿上学时，选择了银河系的结构与演化为研究课题，到哈佛后继续从事这方面的研究。他怀疑是恒星诞生地的暗星云结，如今被称作博克球状体（Bok globules）。

乔治·菲利普斯·邦德（George Phillips Bond，1825年5月20日—1865年2月17日），哈佛天文台创始台长威廉·克兰奇·邦德的儿子，在1859年他自己接任台长之前，协助了他父亲的所有发现。他开展了早期的恒星摄影实验，是第一位荣获英国皇家天文学会金质奖章的美国天文学家。　285

塞利娜·克兰奇·邦德（Selina Cranch Bond，1831年12月4日—1920年11月25日），乔治的妹妹，威廉·克兰奇·邦德的第6个孩子，十几岁就开始在哈佛天文台工作，后来受雇为计算员，并且终生从事这个职业。

威廉·克兰奇·邦德（William Cranch Bond，1789年9月9日—1859年1月29日），在成为哈佛天文台创始台长之前，是一位成功的航海经线仪制造商。他设立了天文台的时间服务，（与儿子乔治一起）发现了土星的内环和第八颗卫星（土卫七），并在1850年协助拍摄了一颗恒星（织女星）最早的照片。

凯瑟琳·沃尔夫·布鲁斯（Catherine Wolfe Bruce，1816年1月22日—1900年3月13日），一位在晚年成为天文爱好者的纽约女继承人。她在哈佛天文台台长爱德华·皮克林的指导下，资助了众多研究项目、期刊和仪器，并且还捐资设立了一个著名的终身成就奖——布鲁斯奖章。

利昂·坎贝尔（Leon Campbell，1881年1月20日—1951年5月10日），对变星的光变曲线进行追踪，并向他人传授这些技术。他在多年里，帮美国变星观测者协会收集、整理和发表报告。

安妮·江普·坎农（Annie Jump Cannon，1863年12月11日—1941年4月13日），对数十万颗恒星的光谱进行了分类，编纂9卷亨利·德雷伯星表及其补编。她的分类系统所采用的光谱分类次序是"OBAFGKM"，该系统在1922年被全世界采纳，至今仍在使用。

塞思·卡洛·钱德勒（Seth Carlo Chandler，1846年9月16日—1913年12月31日），尽管只在哈佛天文台短期任职，但是与哈佛保持了30年密切的合作。他是一位保险精算师，在业余时间研究变星，并且设计了一套编码用于通过电报发送天文通告。

安娜·帕尔默·德雷伯（Anna Palmer Draper，1839年9月19日—1914年12月8日），曾与丈夫亨利·德雷伯博士合作制造望远镜和拍摄天体照片。在他英年早逝之后，她为了延续他的遗志，资助哈佛继续他的工作，最终

286　　促成了以他的名字命名的一种分类系统。

亨利·德雷伯医学博士（Henry Draper, M.D.，1837年3月7日—1882年11月20日），追随他父亲约翰·威廉·德雷伯博士的脚步，涉足了医学、天文学和摄影。他在1872年，成为首位在底片上捕捉到恒星光谱的人，在这一壮举后，又在1882年拍摄到了猎户星云中的黯淡恒星。

阿瑟·斯坦利·爱丁顿爵士（Sir Arthur Stanley Eddington，1882年12月28日—1944年11月22日），最早理解爱因斯坦相对论的人之一，远征到非洲西海岸边的普林西比岛，观测了1919年的日全食，并带回了证实广义相对论的证据。作为描述恒星内部结构工作的领军人物，爱丁顿在1930年被封爵。

普丽西拉·费尔菲尔德（后随夫姓博克）[Priscilla Fairfield（later Bok），1896年4月14日—1975年11月19日]，在史密斯学院教天文学，同时在哈佛测量底片上的谱线宽度。她与丈夫巴托洛梅乌斯·博克合著了一本供非专业人士阅读的《银河》（*The Milky Way*）。他们夫妇对初版于1941年的这本书不断进行修订与更新，1974年出了第4版。

威廉明娜·佩顿·史蒂文斯·弗莱明（Williamina Paton Stevens Fleming，1857年5月15日—1911年5月21日），第一位在哈佛大学拥有正式头衔的女性，她建立了一种恒星分类方案，并发现了10颗新星和300多颗变星，所有工作都基于她对玻璃底片上光谱的研究。

卡罗琳·弗内斯（Caroline Furness，1869年6月24日—1936年2月9日），于1900年获得哥伦比亚大学天文学博士学位，是第六位获此学位的人，也是第一位获此学位的女性。她在母校瓦萨学院教了20年天文学，她的学生包括阿德莱德·艾姆斯和哈尔维亚·威尔逊。

鲍里斯·彼得罗维奇·格拉西莫维奇（Boris Petrovič Gerasimovič，1889年3月31日—1937年11月30日），苏联普尔科沃天文台台长，1926年至1929年在哈佛工作，1932年再次访问哈佛。他在苏联国内被控对外国科学表现出"奴性"，在斯大林"大清洗"期间被处决。

威拉德·皮博迪·格里什（Willard Peabody Gerrish，1866年8月31日—

1951年11月11日），哈佛天文台的常驻机械天才，设计了望远镜以及在长时间曝光拍摄时控制望远镜运动的转仪钟。他设计的"格里什码"在1906年取代了塞思·卡洛·钱德勒的电报通告码。

乔治·埃勒里·海尔（George Ellery Hale，1868年6月29日—1938年2月21日），在爱德华·皮克林手下做过一年学徒，后来从事太阳光谱学的研究。他创建了《天体物理学报》，并帮助建立了美国天文学会和国际天文学联合会，以及叶凯士、威尔逊山和帕洛玛（Palomar）等天文台。

玛格丽特·哈伍德（Margaret Harwood，1885年3月19日—1979年2月6日），成为首位楠塔基特玛丽亚·米切尔协会天文学研究员，后来又成为该协会的天文台台长，她在这一职位工作了41年，并对亮度可变的小行星进行了研究。

埃纳尔·赫茨普龙（Ejnar Hertzsprung，1873年10月8日—1967年10月21日），丹麦人，长期在荷兰莱顿天文台任职。他首先利用亨丽埃塔·莱维特的周光关系来测量到小麦哲伦云的距离。他发现了红巨星和红矮星的存在，表明了北极星的变性，并帮助绘制了恒星演化的一般过程。

莉迪娅·斯温·米切尔·欣奇曼（Lydia Swain Mitchell Hinchman，1845年11月4日—1938年12月3日），创建了楠塔基特玛丽亚·米切尔协会，以纪念她著名的堂姐，并推进了它的多项活动，其中最著名的是为从事天文学工作的年轻女性提供研究员奖金。

弗兰克·斯科特·霍格（Frank Scott Hogg，1904年6月26日—1951年1月1日），在1928年成为首位获得哈佛的天文学博士学位的人，之前的塞西莉亚·佩恩在1925年获得的是拉德克利夫学院的博士学位。作为多伦多附近戴维·邓拉普天文台的台长，他编辑多种加拿大天文学期刊，并研究恒星视向速度。

爱德华·斯金纳·金（Edward Skinner King，1861年5月31日—1931年9月10日），在哈佛主管恒星摄影工作达40年。他帮助建立了一种统一的光度标（photometric scale），设计了对照相底片的质量和一致性进行测试的方案，并试图分辨星际尘埃对恒星光度的影响。

亨丽埃塔·斯旺·莱维特（Henrietta Swan Leavitt，1868年7月4日—1921
年12月12日），发现了数千颗变星。她最早注意到某些变星的最大亮度
与其亮度变化周期之间的关系——这种关系被证明在测量太空中的距离
方面具有极高的价值。

珀西瓦尔·洛厄尔（Percival Lowell，1855年3月13日—1916年11月12
日），是哈佛校长阿博特·劳伦斯·洛厄尔和诗人埃米·洛厄尔的哥哥；
他在亚利桑那州弗拉格斯塔夫建了一座天文台，并在那里研究火星和追寻
海王星外的第九颗行星。

安东尼娅·科塔娜·德·派瓦·佩雷拉·莫里（Antonia Coetana de Paiva
Pereira Maury，1866年3月21日—1952年1月8日），是亨利和安娜·德
雷伯的外甥女，她是第一位在哈佛天文台工作的女性大学毕业生。她发现
了一对早期的分光双星，并设计了一种特殊的光谱分类方案，可以将矮星
与巨星区分开来。

唐纳德·H.门泽尔（Donald H. Menzel，1901年4月11日—1976年12月14
日），在观看了1918年的日全食之后，受到了天文学的吸引，并去观看
了比他之前任何人都多的交食。他最先是作为普林斯顿大学亨利·诺里
斯·罗素教授的研究生，在1923年访问了哈佛，后来在1952年接沙普利
的班，担任了哈佛天文台台长。

玛丽亚·米切尔（Maria Mitchell，1818年8月1日—1889年6月28日），在
1847年发现了一颗彗星，成为首位做出此类发现的美国女性。在她家
世交、哈佛的威廉·克兰奇·邦德宣布了她的发现之后，她荣获了丹麦
国王颁发的一枚金质奖章。1865年，马修·瓦萨（Matthew Vassar）邀
请她成为他新建的女子学院的第一位天文学教授，她在那里教过安东尼
娅·莫里。

约翰·斯特凡诺斯·帕拉斯基沃普洛斯（John Stefanos Paraskevopoulos，
1889年6月20日—1951年3月15日），通常被称为"帕拉斯博士"（Dr.
Paras）；他负责将博伊登观测站从秘鲁阿雷基帕搬迁到南非；他和妻子多
萝西·布洛克在南非为哈佛底片库增加了10万片藏品。

塞西莉亚·海伦娜·佩恩（后随夫姓加波施金）[Cecilia Helena Payne（later Gaposchkin），1900年5月10日—1979年12月7日]，是最早获得天文学博士学位的女性之一，也是第一个在哈佛天文台获得这一学位的人。她在开展学位论文研究时，确定了不同类型恒星的温度，并估算出了它们中氢的巨大丰度。

爱德华·布罗姆菲尔德·菲利普斯（Edward Bromfield Phillips，1824年10月5日—1848年6月21日），是乔治·邦德在哈佛的同学，因自杀身亡，为哈佛天文台留下了10万美元的遗产。为纪念他，设立了菲利普斯讲席教授和菲利普斯图书馆。 289

爱德华·查尔斯·皮克林（Edward Charles Pickering，1846年7月19日—1919年2月3日），从1877年到1919年担任哈佛天文台第四任台长，他也是在位时间最长的台长，因为在测光、摄影和光谱学方面的创新，让哈佛天文台声名卓著。他启动了德雷伯光谱分类纪念项目和夜间全天照相观测项目。他于1905年当选为美国天文学会会长，并不断连任，直到去世。

威廉·亨利·皮克林（William Henry Pickering，1858年2月15日—1938年1月16日），是爱德华的弟弟，他将专业摄影技术从麻省理工学院带到哈佛，并担任位于阿雷基帕的博伊登观测站首任站长。他的精力集中于对行星及其卫星的观测，并在1899年发现了土星的一颗卫星土卫九。

威廉·奥古斯塔斯·罗杰斯（William Augustus Rogers，1832年11月13日—1898年3月1日），在长达10年的时间里，通过对每一颗恒星穿越哈佛当地南北子午线时间的观测，确定恒星的位置。他还在妻子丽贝卡·简·蒂茨沃思（née Rebecca Jane Titsworth）的帮助下，进行了20年的计算。

亨利·诺里斯·罗素（Henry Norris Russell，1877年10月25日—1957年2月18日），来自普林斯顿大学，在世时一直被认为是美国天文学界泰斗，曾是哈洛·沙普利和唐纳德·门泽尔读研究生时的导师。他工作勤勉而富有影响力，对恒星构成与演化、光度与分类的关系，以及巨星与矮星的差别等课题进行了研究。

海伦·B. 索耶（后随夫姓霍格）[Helen B. Sawyer（later Hogg），1905 年 8 月 1 日—1993 年 1 月 28 日]，曾与哈洛·沙普利一起研究球状星团。在哈佛完成博士学业后，她与丈夫弗兰克一起回到加拿大，成为在英属哥伦比亚省和安大略省使用大型望远镜进行观测的首位女性。她还通过报纸专栏和其他文章，推广天文学。

阿瑟·瑟尔（Arthur Searle，1837 年 10 月 21 日—1920 年 10 月 23 日），在哈佛天文台工作了 52 年，在约瑟夫·温洛克去世后担任过一段时间代理台长。他协助皮克林开展测光工作，并在拉德克利夫学院教授天文学。

290

哈洛·沙普利（Harlow Shapley，1885 年 11 月 2 日—1972 年 10 月 20 日），从 1921 年到 1952 年担任哈佛天文台第五任台长，为天文台增加了研究生培养的使命。他利用造父变星和周光关系，表明太阳远离银河系中心——与此前的普遍观念相反。

玛莎·贝茨·沙普利（Martha Betz Shapley，1890 年 8 月 3 日—1981 年 1 月 24 日），哈佛天文台"第一夫人"，在密苏里大学获得过 3 个学位（1910 年教育学学士学位，1911 年文学学士学位，1913 年文学硕士学位），随后在布林莫尔学院继续拉丁语的研究与德国哲学的学习。她出色的数学能力，让她胜任从食双星的轨道，到"二战"期间美国海军弹道的各种计算。

温斯洛·厄普顿（Winslow Upton，1853 年 10 月 12 日—1914 年 1 月 8 日），在哈佛仅担任了两年助理，随后任职美国海军天文台、美国信号服务和布朗大学。虽然在天文台任职时间不长，但是他的滑稽剧《天文台围裙》捕捉了 1877 年至 1879 年间哈佛天文台的氛围。

阿维尔·D. 沃克（Arville D. Walker，1883 年 8 月 2 日—1963 年 8 月 5 日），1906 年从拉德克利夫学院毕业后，就加入了哈佛天文台。除了参与研究变星和新星的光变曲线之外，她还担任哈洛·沙普利的秘书，并且是深受哈佛天文台年轻女性信任的顾问。

玛格丽特·沃尔顿（后随夫姓梅奥尔）[Margaret Walton（later Mayall），1902 年 1 月 27 日—1995 年 12 月 6 日]，在恒星分类方面与安妮·坎农密切合作，并且编纂完成了坎农小姐在去世时还没有完工的亨利·德雷伯星表补编。她在"二战"期间参加了麻省理工学院一个特别武器小组，后来担任了美国变星观测者协会的皮克林纪念天文学家（Pickering Memorial Astronomer）。

奥利弗·克林顿·温德尔（Oliver Clinton Wendell，1845年5月7日—1912年11月5日），协助爱德华·皮克林开展测光研究达30多年，特别关注变星亮度的变化。

弗雷德·劳伦斯·惠普尔（Fred Lawrence Whipple，1906年11月5日—2004年8月30日），彗星专家，1931年加入哈佛天文台，1955年成为史密松天体物理台台长。他的贡献包括首个人造卫星跟踪网络以及保护航天器免遭陨石撞坏的惠普尔防护罩（Whipple shield）。

萨拉·弗朗西丝·怀廷（Sarah Frances Whiting，1847年8月23日—1927年9月12日），从爱德华·皮克林那里学到了如何建立一个实用物理学实验室，并在韦尔斯利学院依样建了一个。怀廷在那里给安妮·江普·坎农上课，并启迪了她。

哈尔维亚·黑斯廷斯·威尔逊（Harvia Hastings Wilson，1900年12月23日—1989年5月4日），1923年毕业于瓦萨学院，她因病推迟到1924年开始研究生学习。在哈佛时，她研究麦哲伦云。她在1925年返回瓦萨学院担任物理学教师，1927年嫁给了会计师休伯特·斯坦利·拉塞尔（Hubert Stanley Russell）。

安娜·温洛克（Anna Winlock，1857年9月15日—1904年1月3日），是约瑟夫和伊莎贝拉·温洛克夫妇的第一个孩子。在1869年日全食期间，曾陪伴她父亲前往肯塔基州观看，并在他去世后不久，开启了她长达30年的哈佛计算员职业生涯。

约瑟夫·温洛克（Joseph Winlock，1826年2月6日—1875年6月11日），先是担任《美国天文和航海历》办公室的计算员，后来成为其主管。1866年，被任命为第三任哈佛天文台台长后，他的全部精力都投入了改良现有仪器和获得新仪器上。

弗朗西丝·伍德沃思·赖特（Frances Woodworth Wright，1897年4月30日—1989年7月30日），在埃尔迈拉学院（Elmira College）教了一段时间书之后，于1928年加入哈佛天文台。"二战"期间，她为美国海军军官教授天文导航，并写了一本这方面的书。1958年，她在弗雷德·惠普尔指导下，获得了拉德克利夫学院的天文学博士学位。之后，她继续天文台的工作，直到1971年。

安妮·休厄尔·扬（Anne Sewell Young，1871年1月2日—1961年8月15日），从哥伦比亚大学获得天文学博士学位，在曼荷莲女子学院担任了37年教师。1925年1月，她带领包括海伦·索耶在内的800名史密斯学院和曼荷莲女子学院学生，乘火车去康涅狄格州的温莎（Windsor）观看日全食。

292

注　释

前　言

在早期，哈佛天文台经常被称作"剑桥的天文台"。1849年，它被正式命名为"哈佛学院天文台"（Astronomical Observatory of Harvard College），让它与一家气象观测台区分开来——同时保留了"学院"这个称呼。尽管建校于1636年的哈佛，从1780年开始就已被公认为大学。

哈佛天文台一开始安置在哈佛广场的达纳楼，但在1844年迁到了萨默豪斯山，随后该地地名也逐渐变成天文台山。

哈佛学院天文台的第一批仪器设备是威廉·克兰奇·邦德的私人财产。

第一章　德雷伯夫人的意图

德雷伯夫人完整的名字是玛丽·安娜，但是她在签名时，总是写成"安娜·帕尔默·德雷伯"。

亨利的父亲约翰·威廉·德雷伯医生，在1839年拍摄了月亮的第一张照片，又在1840年利用日光拍摄了最早的肖像照之一。拍摄对象是他姐姐多萝西·凯瑟琳。

1877年，对于亨利·德雷伯博士在太阳光谱中探测到明亮的氧谱线，科学家们反响热烈，但是在那一年，也出现了一些反对的声音，尤其是在诺曼·洛克耶等英国观测者中。德雷伯夫妇在1879年前往英格兰，拜访威廉和玛格丽特·哈金斯夫妇，主要目的是为亨利争取一名皇家天文学会的听众。在那次演说之后，他又开展了更多的研究，来为自己的发现辩护，但是在宣布任何进一步的结果之前就去世了。争论一直持续到1896年，这时德国物理学家卡尔·龙格（Carl Runge）和弗里德里希·帕邢（Friedrich Paschen），通过暗的夫琅和费谱线——而不是德雷伯错误地用作证据的明亮谱线，在太阳光谱中不容置疑地识别出了氧。

北极星后来被证明会（略微）变化。1911年，丹麦天文学家埃纳尔·赫茨普龙在不到4天的时间里，探测到它出现了0.14个星等的变化。如今，北极星已被公认为由3颗子星（一颗巨星和两颗矮星）组成的一个系统。

第二章　莫里小姐看到的东西

293　　随着地球每日一次的自转和每年一次的公转，它的南北向轴线会在几千年里缓慢地摆动，26 000年完成一个完整的摆动周期。因此，作为"极星"的恒星也会随时间变化。我们现在的北极星，在南半球没有对应的恒星。

地球的这种摆动被称作进动（precession），每个世纪，它会让恒星的赤经与赤纬改变1°左右。因此，19世纪的星表，给出了一个特定"历元"日期（比如1875.0）的恒星位置。在非历元年，比如1885年，所做的观测要归算（通过计算纠正）为1880.0或1890.0。

大多数肉眼看得到的恒星，在中世纪时都被阿拉伯天文学家取了单独的名字，比如天鹰座最亮的恒星叫牛郎星（Altair），天琴座最亮的恒星叫织女星（Vega）。[1]17世纪早期，德国天文学家约翰·拜尔（Johann Bayer）引入了一种使用希腊字母的命名体系，这样织女星就被称作天琴座 α 星（Alpha Lyrae），这个星座中亮度仅次于它的同伴是天琴座 β 星（Beta Lyrae），如此等等，在必要时可以沿着希腊字母表一直往下排。尽管阿拉伯恒星名在西方沿用至今，但是巴比伦、印度、中国和其他文化中的名称也是自古就与恒星联系在一起的。

约翰·威廉·德雷伯（1811—1882）在英格兰探亲时，与安东尼娅·科

---

① Atlair 的阿拉伯原意为"飞翔的鹰"，Vega 的阿拉伯原意为"俯冲的兀鹫"。——编者注

塔娜·德·派瓦·佩雷拉·加德纳（Antonia Coetana de Paiva Pereira Gard-
ner，1814—1870）相识并结婚。这对夫妇共育有6个孩子：约翰·克里斯托
弗（1835—1885）、亨利（1837—1882）、弗吉尼娅（1839—1885）、丹尼
尔（1841—1931）、威廉（1845—1853）和安东尼娅（1849—1923）。多萝
西·凯瑟琳·德雷伯（1807—1901）自我牺牲，支持她弟弟上学，因为她弟
媳妇经常生病，也帮忙照顾他的孩子。在多萝西32岁时，她有个很认真的追
求者，但是约翰·威廉反对这桩婚事，她终生未婚。

　　安东尼娅·莫里的全名是安东尼娅·科塔娜·德·派瓦·佩雷拉·莫
里。德·派瓦和佩雷拉家族，都是她外祖母安东尼娅·科塔娜·德·派
瓦·佩雷拉·加德纳（约翰·威廉·德雷伯夫人）的巴西祖先。

　　来自德国的赫尔曼·卡尔·福格尔（1842—1907）与爱德华·皮克林同
时独立地发现了分光双星。福格尔用光谱测量恒星在视线方向的运动时，证
明了大陵五和角宿一各有一个隐身的伴星。

　　大熊座 ζ 星又叫北斗六（开阳），它因望远镜观测而被分成了两颗星，
开阳A和开阳B，并在1857年被乔治·邦德拍摄下来。1889年，爱德华·皮
克林发现开阳A本身也是一组双星——这是用光谱学方法发现的第一组双
星。后来，开阳B也被证明是一组双星。

第三章　布鲁斯小姐的慷慨捐赠

　　布鲁斯小姐捐赠的5万美元，按当前的货币衡量，远远超过了100万美
元的价值。

　　据我所知，布鲁斯小姐没有留下肖像。在搜寻过程中，我们能看到一张
漂亮的全身肖像，画上是一位身穿毛皮镶边黄色礼服的女士，但那是她表妹
凯瑟琳·洛里亚尔·沃尔夫（Catharine Lorillard Wolfe）。后者也是一位女
继承人，是纽约大都会艺术博物馆的一位慷慨的资助者。

　　哈佛天文台历届台长的肖像都挂在哈佛的墙上——唯有乔治·菲利普
斯·邦德除外。尽管他是一位摄影先驱，但从来没有给自己拍过照，也没请
人画过像。

294

第四章　新　星

新星（nova）长期被认为是"新的恒星"，但按现在的理解，是一个双星系统中一颗古老恒星的闪耀。老恒星耗尽了自己的燃料，却又从伴星那里抢夺氢气。当表面上聚集了足够多的氢之后，失控的聚变会引发爆炸，使得这颗天体突然变得可见。在恒星的生命周期中，这种事情可能会发生多次。第谷、伽利略和开普勒观察到的那些天体，如今被归类为超新星，即比我们太阳大许多的恒星在终末期发生的灾难性爆炸。因为这种事件会摧毁恒星，所以超新星现象不会重复出现。

安东尼娅·莫里的妹妹卡洛塔（1874—1938）就读过拉德克利夫学院、康奈尔大学和哥伦比亚大学，并在1902年从康奈尔大学获得了地质学博士学位。作为古生物学家，她游历广泛，曾多次到巴西、委内瑞拉、南非和好几个加勒比海岛上进行勘查。她另一个妹妹萨拉出生于1869年，但未成年就去世了。她们的兄弟约翰·威廉·德雷伯·莫里（1871—1931），年轻时叫德雷伯，曾就读于哈佛大学，并成了一名内科医生。他后来从名字中抹去了"莫里"这个姓。

第五章　贝利在秘鲁拍摄的照片

1889年2月创立的太平洋天文学会，是前一个月发生的日食的直接结果。利克天文台的员工以及加州的业余天文学家和摄影师，都享受到了极佳的观测条件，获得了很好的观测结果。他们创建了一个由意气相投的专业人士和业余爱好者组成的组织，会员人数从40人增长到了6 000人。学会在1892年接受了第一位女性会员——罗丝·奥哈洛伦（Rose O'Halloran）。

一开始，美国天文学家的全国性专业组织没有名称。海尔很想让"天体物理学"成为这个组织的特征之一，于是它在1899年成了美国天文与天体物理学会。随着时间的流逝，这个名字似乎显得太烦琐，尤其是在天体物理学已经主宰了整个天文学后，于是它在1914年改称为美国天文学会。

阿利斯塔克缺乏良好的观测仪器，低估了地球到太阳和月亮的距离。日地距离比月地距离不是远20倍，而是整整远了400倍。

第六章　弗莱明太太的头衔

爱德华·皮克林也为"1900年宝箱"写了稿件，详细记述了他在天文台的日常活动，以及他的业余爱好。他说，在夏天，他喜欢骑自行车长途旅行，每次骑二三十英里，每星期骑两三次。因为骑自行车是他唯一的锻炼，他承认因为冬天不经常骑车，他挺难受的。在多云的夜晚，皮克林夫人经常读小说给他听。他们夫妻俩还喜欢一起下棋。

1902年收到的匿名捐赠，来自标准石油公司（Standard Oil）的亨利·H. 罗杰斯（Henry H. Rogers）。

小行星爱神星在1975年又引发了一次全球性的观测浪潮。如今已经众所周知的是，这颗土豆状的天体每5个小时自转一圈，而且它表面具有不同的成分，因此其亮度会改变。

第七章　皮克林的"娘子军"

威廉·H. 皮克林在1905年4月宣称，发现了土星的第十颗卫星，并将它命名为忒弥斯（Themis），但是它至今还没有得到确认。

第八章　共同语言

天文学家弗里德里希·威廉·贝塞尔（Friedrich Wilhelm Bessel）在1838年宣布，对天鹅座61①（61 Cygni）进行了对恒星的首次成功的距离测量。他之所以选择这颗恒星，是因为它的自行较大，这表明了它靠得比较近。他随后沿着两条不同的视线，对它进行了观测。正如举在面前的一根手指，先用一只眼睛看，再用另一只眼睛看时，看起来好像相对背景物体跳动了一样；一颗相对靠近的恒星，在相隔6个月的时间里，从地球轨道相对的位置上（基线长为2个天文单位）进行观测时，也会相对背景恒星出现位移。贝塞尔测量了这颗恒星的角位移，即所谓的视差，并用天文单位表示出

---

① 中国传统名称为天津增廿九。——译者注

了这颗恒星的距离，可转换为10光年左右。这是一个令人欢欣鼓舞的成就。但是因为恒星视差角太小，这种方法在测量恒星距离方面也只能到这个程度了——到太阳的距离不能大于几百光年。

第九章 莱维特小姐的关系

正如安妮·江普·坎农、安东尼娅·莫里、亨利·诺里斯·罗素和其他人猜想的那样，德雷伯分类中的不同颜色类别，确实与恒星生命的特定阶段联系在一起。如今，天文学家都知道，只有最大的大质量恒星才以明亮的蓝色或白色开始生命周期。因为它们燃烧得如此明亮，与太阳之类的小质量恒星相比，也会以快得多的速度燃烧完。我们的太阳是G型星，已存在了50亿年左右，闪耀着黄色光芒，表明其表面温度为6 000℉左右。再过几十亿年，当太阳将它大部分的氢转变成氦，它的直径会增大，但是表面温度会降低，成为一颗M型红巨星。其他一些变化将使其最终成为一颗不发光的"白矮星"。

第十章 皮克林研究员

对造父变星的研究，还影响了天体物理学中除宇宙距离之外的一些领域。阿瑟·斯坦利·爱丁顿和其他一些人在解释什么因素造成一颗恒星脉动时所进行的各种尝试，最终导致了对恒星结构、特性和寿命的一般性理解。

296

第十一章 沙普利的"千女"小时

楠塔基特玛丽亚·米切尔协会选择了菲亚梅塔·威尔逊（Fiammetta Wilson），为1920—1921年度的爱德华·C.皮克林研究员。但是她还没来得及得知获奖的消息就病倒了，并在1920年7月去世，于是协会就转而选择了她的同事A.格雷丝·库克。

恒星名字中开头的两个大写字母，比如"SW Andromedae"（仙女座SW）中的SW，表明这颗恒星是一颗变星。在没人表明其变性前就被命名的恒星，还是保留它们原来的名字，比如仙王座δ星（Delta Cephei）。

第十二章　佩恩小姐的学位论文

首位在天文学专业深造的女性是多罗西娅·克隆普克（Dorothea Klumpke）。她是一位开展土星环研究的旧金山人，于1893年获得巴黎大学的科学博士学位。她毕业后留在欧洲，就职于法国测量局（French Bureau of Measurements），并与英国天文爱好者艾萨克·罗伯茨（Isaac Roberts）结了婚。

在美国，首位获得天文学博士学位的女性是玛格丽塔·帕尔默（Margaretta Palmer，1862—1924），她于1894年在耶鲁大学获得该学位。她是安东尼娅·莫里在瓦萨学院的同班同学，她的学位论文是关于她的教授玛丽亚·米切尔发现的彗星1847-Ⅵ的轨道。帕尔默博士先在耶鲁大学担任了一段时间的计算员，然后才开始研究生学习，之后一直在那里工作，直到去世。

在1925年至1936年之间，分6次发表的亨利·德雷伯星表补编，在原来9卷亨利·德雷伯星表的25万颗恒星的基础上，又加入了大约5万颗黯淡恒星的光谱分类。

第十三章　《天文台围裙》

2000年10月26日，哈佛-拉德克利夫吉尔伯特与沙利文剧团，在位于剑桥市的美国艺术与科学院，表演了一场经过删节的《天文台围裙》歌剧。这是纪念塞西莉亚·佩恩-加波施金百年诞辰的活动之一。

罗伯特·特朗普勒的研究中展示的所谓"暗物质"是星际尘埃，不要将它和现代天文学家用同样的名字命名的不可见的神秘物质混同起来，现代天文学家相信暗物质是让星系聚在一起的东西。

第十四章　坎农小姐设立的奖金

在哈洛·沙普利宣布了塞西莉亚·佩恩和谢尔盖·加波施金结婚的消息后，坎农小姐在她的日记的合适页面上，记了一笔。这本特别的日记涵盖了5年时间，每天只留有写一个段落的空间。她已经在那个框内记录了，从后墙涌进来的水，将地下室淹了好几英寸深（尽管她没有写明被淹的是她家里

还是天文台）。她还提到正在教一门关于天文台早期历史的课。然后，在3月
5日这些事件旁边的右侧空白处，用斜体补充了这条新闻："C. H. P. 和 S. G.
在纽约市政厅结婚了。"

第十五章 恒星的一生

2008年，天琴座 β 星的轨道参数，首次被完整而成功地计算出来。它
的子星靠得太近，所以这项任务到这时才完成。如今，已知的天琴 β 型变星
有将近1 000颗了。

哈佛天文台许多曾经的员工都安葬在剑桥市奥本山公墓。这是一个美
丽的地方，既是植物园，又是墓地。因为天文学家们的墓分散在整片墓地各
处，公墓办公室提供了一张地图，在图上用星星标识相关地点。邦德家在奥
本山团聚了，金家团聚了，贝利家也团聚了——包括索伦和露丝的二儿子切
斯特·罗马尼亚·贝利（Chester Romaña Bailey），他在1892年8月夭折时
才3个月大。贝利夫妇当时刚完成第一次秘鲁任务，返回新英格兰，这个孩
子的中间名是为了纪念他们在阿雷基帕交的几个好朋友。

爱德华和莉齐·皮克林夫妇的一对墓碑，肩并肩地立着。她的墓碑上写
明了，她是爱德华·查尔斯·皮克林的妻子和贾里德·斯帕克斯的女儿。他
的墓碑上，除了他的生卒日期之外，只有一个词"死亡冥想"（Thanatop-
sis），这是威廉·卡伦·布赖恩特（William Cullen Bryant）一首关于死亡的
诗歌的题目。威廉明娜·佩顿·弗莱明的墓碑上也只刻了一个词——"天文
学家"——这是她生前对自己的描述。

参考文献 [①]

Abir-Am, Pnina G., and Dorinda Outram, eds. *Uneasy Careers and Intimate Lives: Women in Science, 1789–1979.* New Brunswick, CT: Rutgers University Press, 1989.

Adams, Walter S. "The History of the International Astronomical Union." *Publications of the Astronomical Society of the Pacific* 61 (1949): 5–12.

Albers, Henry, ed. *Maria Mitchell: A Life in Journals and Letters.* Clinton Corners, NY: College Avenue Press, 2001.

Bailey, Solon I. "The Arequipa Station of the Harvard Observatory." *Popular Science Monthly* 64 (1904): 510–22.

_____. "Conditions in South Africa for Astronomical Observations." *Scientific Monthly* 21 (1925): 225–44.

_____. "Edward Charles Pickering, 1846–1919." *Astrophysical Journal* 50 (1919): 233–44.

_____. *The History and Work of Harvard Observatory, 1839 to 1927.* New York: McGraw Hill, 1931.

_____. "ω Centauri." *Astronomy and Astro-Physics* 12 (1893): 689–92.

_____. "The Study of Variable Stars." *Popular Science Monthly* 69 (1906): 175–85.

Baker, Daniel W. "History of the Harvard College Observatory During the Period 1840–1890" (pamphlet, reprinted from the six-article series in the Boston *Evening Traveller*). Cambridge, MA, 1890.

Bartusiak, Marcia, ed. *Archives of the Universe: 100 Discoveries That Transformed Our Understanding of the Cosmos.* New York: Pantheon, 2004.

_____. *The Day We Found the Universe.* New York: Pantheon, 2009.

Becker, Barbara J. *Unravelling Starlight: William and Margaret Huggins and the Rise of the New Astronomy.* Cambridge: Cambridge University Press, 2011.

Bergland, Renée. *Maria Mitchell and the Sexing of Science: An Astronomer Among the American Romantics.* Boston: Beacon, 2008.

[①] 参考文献中的重要内容在"资料来源"部分已有介绍，且绝大部分参考文献都没有对应的中译本，因此此处只是列出原文，未予翻译，特此说明。——译者注

Blaauw, Adriaan. *History of the IAU: The Birth and First Half-Century of the International Astronomical Union.* Dordrecht, Netherlands: Springer, 2012.

Boyd, Sylvia L. *Portrait of a Binary: The Lives of Cecilia Payne and Sergei Gaposchkin.* Rockland, ME: Penobscot Press, 2014.

Cahill, Maria J. "The Stars Belong to Everyone: Astronomer and Science Writer Helen Sawyer Hogg (1905–1993)." *Journal of the American Association of Variable Star Observers* 40 (2012): 31–43.

Chandler, S. C. "On the Observations of Variable Stars with the Meridian-Photometer of the Harvard College Observatory." *Astronomische Nachrichten* 134 (1894): 355–60.

Christianson, Gale E. *Edwin Hubble: Mariner of the Nebulae.* New York: Farrar, Straus and Giroux, 1995.

Clerke, Agnes M. *A Popular History of Astronomy During the Nineteenth Century.* Edinburgh: Adam & Charles Black; New York: Macmillan, 1887.

Coles, Peter. "Einstein, Eddington and the 1919 Eclipse." arXiv:astro-ph/0102462 (2001).

Collins, J. R. "The Royal Astronomical Society of Canada's Expedition to Observe the Total Eclipse of the Sun, August 31, 1932." *Journal of the Royal Astronomical Society of Canada* 26 (1932): 425–36.

Conway, Jill K. *The Female Experience in 18th and 19th Century America: A Guide to the History of American Women.* New York: Garland, 1982.

Des Jardins, Julie. *The Madame Curie Complex: The Hidden History of Women in Science.* New York: Feminist Press, 2010.

DeVorkin, David H. "Community and Spectral Classification in Astrophysics: The Acceptance of E. C. Pickering's System in 1910." *Isis* 72 (1981): 29–49.

_____. *Henry Norris Russell: Dean of American Astronomers.* Princeton, NJ: Princeton University Press, 2000.

DeVorkin, David H., and Ralph Kenat. "Quantum Physics and the Stars (III): Henry Norris Russell and the Search for a Rational Theory of Stellar Spectra." *Journal for the History of Astronomy* 21 (1990): 157–86.

Dick, Steven J. *Sky and Ocean Joined: The U.S. Naval Observatory, 1830–2000.* Cambridge: Cambridge University Press, 2003.

Dobson, Andrea K., and Katherine Bracher. "A Historical Introduction to Women in Astronomy." *Mercury* 21 (1992): 4–15.

Draper, Henry. *On the Construction of a Silvered Glass Telescope, Fifteen and a Half Inches in Aperture, and Its Uses in Celestial Photography.* Washington, DC: Smithsonian Institution, 1864.

_____. "Researches upon the Photography of Planetary and Stellar Spectra." *Proceedings of the American Academy of Arts and Sciences* 19 (1884): 231–61.

Fernie, J. D. "The Historical Quest for the Nature of the Spiral Nebulae." *Publications of the Astronomical Society of the Pacific* 82 (1970): 1189–230.

_____. "The Period-Luminosity Relation: A Historical Review." *Publications of the*

Astronomical Society of the Pacific 81 (1969): 707–31.

Frost, Edwin B. "A Desideratum in Spectrology." *Astrophysical Journal* 20 (1904): 342–45.

Gingerich, Owen. "How Shapley Came to Harvard, or, Snatching the Prize from the Jaws of Debate." *Journal for the History of Astronomy* 19 (1988): 201–7.

Gingrich, C. H. "The Fifth Conference of the International Union for Co-operation in Solar Research." *Popular Astronomy* 21 (1913): 457–68.

Glass, I. S. *Revolutionaries of the Cosmos: The Astro-Physicists.* Oxford: Oxford University Press, 2006.

Grindlay, Jonathan E., and A. G. Davis Philip, eds. *The Harlow Shapley Symposium on Globular Cluster Systems in Galaxies.* Dordrecht, Netherlands: Kluwer, 1988.

Hale, George Ellery. *The New Heavens.* New York: Charles Scribner's Sons, 1922.

Hall, G. Harper. "The Total Eclipse of 1932." *Journal of the Royal Astronomical Society of Canada* 26: 337–44.

Haramundanis, Katherine, ed. *Cecilia Payne-Gaposchkin: An Autobiography and Other Recollections.* 2nd ed. Cambridge: Cambridge University Press, 1996.

Hearnshaw, John B. *The Analysis of Starlight: Two Centuries of Astronomical Spectroscopy.* 2nd ed. New York: Cambridge University Press, 2014.

_____. *The Measurement of Starlight: Two Centuries of Astronomical Photometry.* Cambridge: Cambridge University Press, 1996.

Henden, Arne A., and Ronald H. Kaitchuck. *Astronomical Photometry: A Text and Handbook for the Advanced Amateur and Professional Astronomer.* New York: Van Nostrand Reinhold, 1982.

Hirshfeld, Alan W. *Parallax: The Race to Measure the Cosmos.* New York: W. H. Freeman, 2001.

_____. *Starlight Detectives: How Astronomers, Inventors, and Eccentrics Discovered the Modern Universe.* New York: Bellevue Literary Press, 2014.

Hoar, Roger Sherman. "The Pickering Polaris Attachment." *Journal of the United States Artillery* 50 (1919): 230–36.

Hoffleit, Dorrit. "E. C. Pickering in the History of Variable Star Astronomy." *Journal of the American Association of Variable Star Observers* 1 (1972): 3–8.

_____. *Maria Mitchell's Famous Students.* Cambridge, MA: American Association of Variable Star Observers, 1983.

_____. *Misfortunes as Blessings in Disguise.* Cambridge, MA: American Association of Variable Star Observers, 2002.

_____. *Women in the History of Variable Star Astronomy.* Cambridge, MA: American Association of Variable Star Observers, 1993.

Hoskin, M. A. "The 'Great Debate': What Really Happened." *Journal for the History of Astronomy* 7 (1976): 169–82.

_____. *Stellar Astronomy: Historical Studies.* Chalfont St. Giles, Bucks, UK: Science History Publications, 1982.

Hughes, Patrick. *A Century of Weather Service: A History of the Birth and Growth*

of the National Weather Service, 1870–
1970. New York: Gordon and Breach,
1970.

James, Edward T., Janet Wilson James, and
Paul S. Boyer, eds. Notable American
Women, 1607–1950: A Biographical
Dictionary. 3 vols. Cambridge, MA:
Belknap Press of Harvard University
Press, 1971.

Johnson, George. Miss Leavitt's Stars: The
Untold Story of the Woman Who Discov-
ered How to Measure the Universe. New
York: Norton, 2005.

Jones, Bessie Zaban, and Lyle Gifford
Boyd. The Harvard College Obser-
vatory: The First Four Directorships,
1839–1919.Cambridge, MA: Belknap
Press of Harvard University Press, 1971.

Kass-Simon, G., and Patricia Farnes,
eds. Women of Science: Righting the Re-
cord. Bloomington: Indiana University
Press, 1990.

Kennefick, Daniel. "Testing Relativity
from the 1919 Eclipse: A Question of
Bias." Physics Today, March 2009,
37–42.

Lafortune, Keith R. "Women at the Har-
vard College Observatory, 1877–1919:
'Women's Work,' the 'New' Sociality of
Astronomy, and Scientific Labor." Mas-
ter's thesis, University of Notre Dame,
2001.

Langley, Samuel P. The New Astrono-
my. Boston: Ticknor, 1888.

Lankford, John. American Astronomy:
Community, Careers and Power, 1859–
1940. Chicago: University of Chicago
Press, 1997.

Levy, David H. The Man Who Sold the

Milky Way: A Biography of Bart
Bok. Tucson: University of Arizona
Press, 1993.

Lockyer, J. Norman. Elementary Lessons in
Astronomy. London: Macmillan, 1889.

Mack, Pamela Etter. "Women in Astronomy
in the United States 1875–1920." Bach-
elor's thesis, Harvard University, April
1977.

McLaughlin, Dean B. "The Fifty-third
Meeting of the American Astronomical
Society." Popular Astronomy 43 (1935):
75–78.

Mozans, H. J. (anagrammatized pen name
of the Reverend John A. Zahm). Woman
in Science. New York: Appleton, 1913.

Newcomb, Simon. "The Place of Astron-
omy Among the Sciences." Sidereal
Messenger 7 (1888): 65–73.

North, John. The Norton History of Astron-
omy and Cosmology. New York: Norton,
1994.

Ogilvie, Marilyn Bailey. Women in Science:
Antiquity Through the Nineteenth Cen-
tury; A Biographical Dictionary with
Annotated Bibliography. Cambridge,
MA: MIT Press, 1990.

Pasachoff, Jay M., and Terri-Ann Suer.
"The Origin and Diffusion of the H and
K Notation." Journal of Astronomical
History and Heritage13 (2010): 120–26.

Payne, Cecilia Helena. Stellar Atmo-
spheres: A Contribution to the Observa-
tional Study of High Temperature in the
Reversing Layers of Stars. Cambridge,
MA: Harvard College Observatory,
1925.

Payne-Gaposchkin, Cecilia. "The Dy-
er's Hand: An Autobiography." 1979.

Published posthumously in *Cecilia Payne-Gaposchkin: An Autobiography and Other Recollections*, 2nd ed., edited by Katherine Haramundanis, 69–238. Cambridge: Cambridge University Press, 1996.

_____. *Introduction to Astronomy*. New York: Prentice-Hall, 1954.

_____. *Stars in the Making*. Cambridge, MA: Harvard University Press, 1952.

Peed, Dorothy Myers. *America Is People and Ideas: Library Researching for the Space Age*. New York: Exposition, 1966.

Philip, A. G. Davis, and Rebecca A. Koopmann, eds. *The Starry Universe: The Cecilia Payne-Gaposchkin Centenary*. Proceedings of a symposium held at the Harvard-Smithsonian Center for Astrophysics, Cambridge, Massachusetts, October 26–27, 2000. Schenectady, NY: L. Davis, 2001.

Pickering, Edward C. "A New Star in Norma." *Astronomy and Astro-Physics* 13 (1893): 40–41.

_____. "On the Spectrum of Zeta Ursae Majoris." *American Journal of Science*, 3rd ser., 39 (1890): 46–47.

_____. *Statement of Work Done at the Harvard College Observatory During the Years 1877–1882*. Cambridge, MA: John Wilson & Son University Press, 1882.

Pickering, William H. "Mars." *Astronomy and Astro-Physics* 11 (1892): 668–75.

Plaskett, J. S. "The Astronomical and Astrophysical Society of America." *Journal of the Royal Astronomical Society of Canada* 4 (1910): 373–78.

_____. "The Solar Union." *Journal of the Royal Astronomical Society of Canada* 7 (1913): 420–37.

Plotkin, Harold. "Edward Charles Pickering." *Journal for the History of Astronomy* 21 (1990): 47–58.

_____. "Edward Charles Pickering's Diary of a Trip to Pasadena to Attend Meeting of Solar Union, August 1910." *Southern California Quarterly* 60 (1978): 29–44.

_____. "Edward C. Pickering and the Endowment of Scientific Research in America, 1877–1918." *Isis* 69 (1978): 44–57.

_____. "Edward C. Pickering, the Henry Draper Memorial, and the Beginnings of Astrophysics in America." *Annals of Science* 35 (1978): 365–77.

_____. "Harvard College Observatory's Boyden Station in Peru: Origin and Formative Years, 1879–1898." In *Mundialización de la ciencia y cultura nacional: Actas del Congreso Internacional "Ciencia, Descubrimento y Mondo Colonial,"* edited by A. Lafuente, A. Elena, and M. L. Ortega, 689–705. Madrid: Doce Calles, 1993.

_____. "Henry Draper, the Discovery of Oxygen in the Sun, and the Dilemma of Interpreting the Solar Spectrum." *Journal for the History of Astronomy* 8 (1977): 44–51.

_____. "William H. Pickering in Jamaica: The Founding of Woodlawn and Studies of Mars." *Journal for the History of Astronomy* 24 (1993): 101–22.

Putnam, William Lowell. *The Explorers of Mars Hill: A Centennial History of Lowell Observatory, 1894–1994*. West Kennebunk, ME: Phoenix, 1994.

Rossiter, Margaret W. *Women Scientists in America: Struggles and Strategies to 1940.* Baltimore: Johns Hopkins University Press, 1982.

Rubin, Vera. *Bright Galaxies, Dark Matters.* New York: Springer-Verlag, 1996.

Sadler, Philip M. "William Pickering's Search for a Planet Beyond Neptune." *Journal for the History of Astronomy* 21 (1990): 59–64.

Schechner, Sara J., and David H. Sliski. "The Scientific and Historical Value of Annotations on Astronomical Photographic Plates." *Journal for the History of Astronomy* 47 (2016): 3–29.

Schlesinger, Frank. "The Astronomical and Astrophysical Society of America." *Science* 32 (1910): 874–87.

Shapley, Harlow. "On the Nature and Cause of Cepheid Variation." *Astrophysical Journal* 40 (1914): 448–65.

_____. *Through Rugged Ways to the Stars.* New York: Charles Scribner's Sons, 1969.

Shapley, Harlow, and Cecilia H. Payne, eds. *The Universe of Stars.* Cambridge, MA: Harvard Observatory, 1929.

Smith, Horace A. "Bailey, Shapley, and Variable Stars in Globular Clusters." *Journal for the History of Astronomy* 31 (2000): 185–201.

Smith, Robert W. *The Expanding Universe: Astronomy's "Great Debate," 1900–1931.* Cambridge: Cambridge University Press, 1982.

Spradley, Joseph L. "Women and the Stars." *Physics Teacher* 28 (Sept. 1990): 372–77.

Stanley, Matthew. "The Development of Early Pulsation Theory, or, How Cepheids Are Like Steam Engines." *Journal of the American Association of Variable Star Observers* 40 (2012): 100–108.

Strauss, David. *Percival Lowell: The Culture and Science of a Boston Brahmin.* Cambridge, MA: Harvard University Press, 2001.

Tenn, Joseph S. "A Brief History of the Bruce Medal of the A.S.P." *Mercury* 15 (1986): 103–11.

Wayman, Patrick. "Cecilia Payne-Gaposchkin: Astronomer Extraordinaire." *Astronomy & Geophysics* 43 (2002): 1.27–1.29.

Williams, Thomas R., and Michael Saladyga. *Advancing Variable Star Astronomy.* Cambridge: Cambridge University Press, 2011.

Wilson, H. C. "The Fourth Conference of the International Union for Co-operation in Solar Research." *Popular Astronomy* 18 (1910): 489–503.

Young, Charles A. "The Great Comet of 1882." *Popular Science Monthly* 22 (Jan. 1883): 289–300.

Zerwick, Chloe. *A Short History of Glass.* New York: Abrams, 1990.

索 引 ①

A

AAS. See American Astronomical Society 参见 美国天文学会

AAVSO. See American Association of Variable Star Observers 参见 美国变星观测者协会

Abbot, Charles Greeley 查尔斯·格里利·阿博特, 185

absolute magnitude 绝对星等, 127, 277, 282

See also luminosity; period-luminosity relation 另参见 光度；周光关系

Abt, Helmut 赫尔穆特·阿布特, 261

Adams, Charles Francis 查尔斯·弗朗西斯·亚当斯, 238

Adams, Walter Sydney 沃尔特·西德尼·亚当斯, 139–40

Agassiz, George Russell 乔治·拉塞尔·阿加西, 182, 186, 195, 202, 218, 219, 258, 285

Agassiz, Mabel Simpkins 梅布尔·辛普金斯·阿加西, 285

Agassiz Research Fellowship 阿加西研究奖学金, 218, 226

Agassiz Station 阿加西观测站, 258

See also Oak Ridge observatory 另参见 橡树岭天文台

Algol 大陵五（英仙座 β）, 112–13, 294

Allen, Leah 利亚·艾伦, 149

Allen, Mary 玛丽·艾伦, 233

American Association of Variable Star Observers (AAVSO) 美国变星观测者协会, 149, 171, 189, 258, 277

American Astronomical Society (AAS) 美国天文学会, 156, 180, 226, 235, 262, 277, 281, 295

See also Astronomical and Astrophysical Society of America; Cannon Prize 另参见 美国天文与天体物理学会；坎农奖

Ames, Adelaide: background and studies 阿德莱德·艾姆斯：背景与研究, 197–98, 203, 278, 285

death of 之死, 233–34, 238–39

and IAU 与国际天文学联合会, 224

and Miss Payne 与佩恩小姐, 200, 238–39

work of 之工作, 198, 203, 217, 219, 233, 285

Andromeda Galaxy (Andromeda Nebula)

① 索引中的数字对应的是英文版原书中的页码，请参见页边码。——编者注

仙女星系（仙女星云），160, 204-5, 262

Annals of the Astronomical Observatory at Harvard College《哈佛学院天文台纪事》, 14, 20, 37, 38, 42, 60, 61, 79, 80, 101-2, 111, 128, 144, 145, 150, 162, 171-72, 181, 212, 251, 273

Annie Jump Cannon Memorial Volume 安妮·江普·坎农纪念专号, 247-48, 253, 279

time line of published papers 论文发表年表, 273-79

See also Draper Catalogue; Draper Extension; Harvard College Observatory publications; other specific papers 另参见 德雷伯星表；德雷伯星表补编；哈佛学院天文台出版物；其他具体的论文

Annie Jump Cannon Prize. See Cannon Prize 安妮·江普·坎农奖 参见 坎农奖

ants and ant research 蚂蚁与蚂蚁研究, 169-70, 196, 236, 237

Arequipa observatory. See Boyden Station (Arequipa, Peru) 阿雷基帕天文台 参见 博伊登观测站（秘鲁阿雷基帕）

Argelander, Friedrich Wilhelm 弗里德里希·威廉·阿格兰德, 109, 157

Aristarchus 阿里斯塔克, 83, 295

Arizona Astronomical Expedition 亚利桑那天文远征活动, 62, 65

Association to Aid Scientific Research by Women 女性科学研究援助协会, 234-35

A stars A型星, 91, 101, 142, 207

Asteroids 小行星, 76, 81-82, 106, 115

Eros 爱神星, 81-83, 84-85, 99-100, 277, 296

Astronomical and Astrophysical Society of America 美国天文与天体物理学会,

134-35, 275, 276, 295

meetings of 大会, 80-81, 134-35, 277

renaming of 改名, 156, 277, 295

Astronomical Society of the Pacific 太平洋天文学会, 77, 229, 295

Astronomische Gesellschaft 德国天文学会, 9, 156, 223, 240, 281

astronomy graduate degree programs 天文学研究生学位项目, 216-17, 297

Harvard/Radcliffe programs 哈佛/拉德克利夫计划, 196-97, 217-18, 237-38, 257, 263, 278, 279

atomic physics, astronomy and 天文学与原子物理学, 200-201, 206-7, 213

atomic weapons 核武器, 253

B

Baade, Walter 沃尔特·巴德, 262

Bache Fund telescope 贝奇基金望远镜, 21, 34, 45, 250, 274

Backlund, Oskar 奥斯卡·巴克隆德, 134, 136

Bailey, Helen Harwood 海伦·哈伍德·贝利, 192

Bailey, Hinman 欣曼·贝利, 59, 66

Bailey, Irving 欧文·贝利, 33, 66, 69, 92, 192

Bailey, Marshall 马歇尔·贝利, 32-33, 34, 59

Bailey, Ruth Poulter 露丝·波尔特·贝利, 33, 34, 44, 66, 69, 92-93, 192, 201-2

as her husband's assistant 担任她丈夫的助手, 59, 67, 275

Bailey, Solon 索伦·贝利, 285

Boyden Station establishment and directorship 建立博伊登观测站并担任站长, 32-34, 50-51, 58, 59, 62-63, 66, 275

and Bruce telescope's shipping 与布鲁

斯望远镜的运送, 69–70

and Cambridge directorship 与剑桥台长职位, 71, 182–83, 192, 277

death of 之死, 229, 278

election to AAVSO 入选美国变星观测者协会, 171

later career and retirement 后期的职业生涯与退休, 196, 210, 245, 276, 277

on Miss Leavitt and her work 论莱维特小姐和她的工作, 118–19, 125, 160

and Miss Sawyer 与索耶小姐, 220–21

and Mrs. Fleming's nova discovery 与弗莱明太太的新星发现, 56–57

1922 return to Boyden Station 1922年重返博伊登观测站, 192–93, 201–2

Peruvian observations and discoveries 在秘鲁的观测与发现, 33–34, 58–59, 67, 78, 92, 111, 150, 160, 275

Pickering obituary 皮克林讣告, 174

and Shapley 与沙普利, 160–61, 168

South African reconnaissance expedition 南非勘察远征, 131–32, 276

and William Pickering 与威廉·皮克林, 191

Baker, Daniel 丹尼尔·贝克, 52–53

Barker, George 乔治·贝克, 8, 36

Bayer, Johann 约翰·拜尔, 294

Bessel, Friedrich 弗里德里希·贝塞尔, 296

Beta Aurigae 御夫座 β 星 (五车三), 36, 37, 49

Beta Lyrae 天琴座 β 星, 48–49, 50, 130, 251, 278, 298

Bethe, Hans 汉斯·贝特, 259

Bigelow, Harriet 哈丽雅特·比奇洛, 166, 224

"Big Galaxy" theory "大星系" 理论, 184–88, 189–90, 204–6

binary stars 双星, 34–37, 39, 48–49, 108, 130–31, 180, 275

See also eclipsing binaries; spectroscopic binaries 另参见 食双星；分光双星

Blackman, Marjorie 玛乔丽·布莱克曼, 242

Blanchard, L. C. L. C. 布兰查德, 193

Block, Dorothy (later Paraskevopoulos) 多萝西·布洛克 (后来随夫姓帕拉斯基沃普洛斯), 179–80, 202, 218–20, 250, 253

Bloemfontein observatory. See Boyden Station (Bloemfontein, South Africa) 布隆方丹天文台参见 博伊登观测站 (南非布隆方丹)

Bohr, Niels 尼尔斯·玻尔, 200–201

Bok, Bartholomeus (Bart) 巴托洛梅乌斯 (巴尔特)·博克, 239, 259, 285

background and studies 背景与学习, 224, 285

at Harvard 在哈佛, 226, 250, 255, 279, 285, 287

and Miss Fairfield 与费尔菲尔德小姐, 224, 226, 278, 287

Bok, Priscilla Fairfield 普丽西拉·费尔菲尔德·博克, 217, 223–24, 226, 239, 278, 287

Bond, Catherine 凯瑟琳·邦德, 121–22

Bond, Elizabeth Lidstone 伊丽莎白·利德斯通·邦德, 120–22

Bond, George Phillips 乔治·菲利普斯·邦德, 9, 95, 113, 121, 245, 273, 285, 294, 295

Bond, Selina Cranch 塞莉娜·克兰奇·邦德, 9, 120–22, 286

Bond, William Cranch 威廉·克兰奇·邦德, 9, 95, 121, 273, 286, 293

Boyden, Uriah 尤赖亚·博伊登, 28–29

Boyden Station (Arequipa, Peru): the Baileys' and Miss Cannon's 1922 visit 博

伊登观测站（秘鲁阿雷基帕）：贝利一家与坎农小姐1922年到访, 192–93, 201–2

Bailey's directorship 贝利担任站长, 50–51, 59, 62–63, 66

Campbell's directorship 坎贝尔担任站长, 148

Chilean telescope site 智利望远镜的位置, 202

and 1896 earthquake 与1896年的地震, 70

establishment of 的建立, 34, 275

funding for 为之提供资助, 28–29

meteorological station 气象站, 59, 63, 66

Miss Harwood at 哈伍德小姐在此地, 201

Paraskevopoulos's directorship 帕拉斯基沃普洛斯担任站长, 202

political situation and 政治形势与, 62–63, 66–67

reconnaissance expeditions 勘察远征, 29, 31–33

star charts produced by 绘制的星图, 77–78

time line 年表, 274–78

viewing conditions 观测条件, 45, 131, 132–33, 202, 219–20

William Pickering's directorship 威廉·皮克林担任站长, 44–45, 50–52, 275

World War I and 第一次世界大战与, 192–93

See also Bailey, Solon; Bruce telescope 另参见 索伦·贝利；布鲁斯望远镜

Boyden Station (Bloemfontein, South Africa): abandonment of 博伊登观测站（南非布隆方丹）的废弃, 258

Bailey's reconnaissance expedition 贝利的勘察远征, 131–32, 276

establishment and early activities 建立与早期活动, 218–20, 278

funding for 为之提供资助, 133, 202, 218

during World War II 二战期间的, 250, 253

Brahe, Tycho 第谷·布拉赫, 56

Brashear, John 约翰·布拉希尔, 62

Breslin, Sarah 莎拉·布雷斯林, 150

brightness of stars. See magnitude; stellar photometry 恒星的亮度 参见 星等；恒星测光

British Association for the Advancement of Science 英国科学促进会, 209

British Astronomical Association 英国天文协会, 148, 195

Brooks, Grace 格雷丝·布鲁克斯, 171

Brown, Bernice 伯尼斯·布朗, 237–38

Bruce, Catherine Wolfe 凯瑟琳·沃尔夫·布鲁斯, 40–44, 52, 82, 259, 286, 294

death and grave of 之死与墓地, 85, 97, 260

research grants 研究基金, 43–44, 76–77, 85, 97

Bruce Gold Medal 布鲁斯金质奖章, 77, 128, 259, 276

Mrs. Fleming and 弗莱明太太与, 97–98, 100, 128, 145

Bruce telescope: arrival in Peru 布鲁斯望远镜：抵达秘鲁, 69

decommissioning of 退役, 260

funding, preparation, and testing 资助、准备与测试, 40–41, 42, 44, 46–47, 50, 52, 55, 66, 67, 275

Miss Cannon on, 坎农小姐论, 193

relocated to South Africa 搬迁至南非, 218, 250

See also Boyden Station entries 另参见

博伊登观测站各条目

Brucia 布鲁斯（小行星），76, 81, 85

B stars B型星，37, 91, 101, 143, 182, 207, 277

Bunsen, Robert 罗伯特·本生，24

Burbidge, Geoffrey 杰弗里·伯比奇，259

Burbidge, Margaret Peachey 玛格丽塔·皮奇·伯比奇，259

Byrd, Mary Emma 玛丽·艾玛·伯德，72

C

California, 1888–1889 reconnaissance expedition to 1888—1889年前往加利福尼亚的勘察远征，31–32

Cambridge University 剑桥大学，198–99, 200–201, 213–14

Campbell, Leon 利昂·坎贝尔，110, 148, 149, 171, 286

Cannon, Annie Jump 安妮·江普·坎农，87, 286

　as AAS treasurer 担任美国天文学会的司库，156, 277

　and Annie Jump Cannon Prize 与安妮·江普·坎农奖，235–36, 242, 246

　arrival at Harvard；抵达哈佛，72, 74–75, 275

　background and studies 的背景与学习，71, 72, 74, 90, 91

　death of 之死，247, 279

　honors and awards 荣誉与奖励，159–60, 171, 183, 213–14, 230–31, 234–35, 278

　and international astronomy community 与国际天文学界，155–58, 194, 213–14

　and Miss Harwood's job offer 与哈伍德小姐的工作机会，166, 167

　and Miss Payne 与佩恩小姐，199–200

　obituary notices by 撰写的讣告，146–47, 163, 174–75, 229

　observations and reminiscences by 的观测与回忆，74–75, 167–68, 187, 191, 198, 228–29, 234, 242, 243, 297–98

　and observatory directorship 与天文台台长之职位，183

　personal life 私人生活，90, 124, 183, 215–16, 224–25, 246

　and Pickering fellowships 与皮克林研究员奖金，180–81, 183–84, 188, 244

　and Shapley 与沙普利，160, 188

　travel 的旅行，155–56, 192–93, 213–14

　work of: curatorial and bibliographic duties 的工作：馆藏与文献方面，97, 147, 243–44, 244–45; and Draper classification as international standard 作为国际标准的德雷伯分类，142, 144–45, 158, 194; Draper classification modifications 德雷伯分类的修正，76, 91, 93, 101, 128–29, 138, 147–48, 159; Draper Extension work 德雷伯星表补编工作，225, 243; early variable star photometry 早期变星测光，74, 75; later career 晚期职业生涯，243, 247; lecturing 演讲，153; spectral classifications and reclassifications 光谱分类与重新分类，75–76, 90–91, 128, 145, 147–48, 155, 171; spectral type distribution analysis 光谱类型分布分析，189; supervisory duties 管理工作，150; time line 年表，275–79; variable star catalogue and discoveries 变星星表与发现，109–10, 111–13, 119, 123, 124–25, 243–44, 276, 279; workdays and methods 工作日与方法，93, 94, 96–97, 109–10, 189, 225, 243

Cannon, Mary Elizabeth 玛丽·伊丽莎白·坎农，74–75

Cannon (Annie Jump) Prize安妮·江普·坎农奖, 235–36, 245–46, 260
  recipients of获奖人, 242–43, 246, 251, 255–56, 257, 260
Carnegie, Andrew安德鲁·卡内基, 105–7, 116, 117
Carnegie, Louise Whitfield路易丝·惠特菲尔德·卡内基, 116–18
Carnegie, Margaret玛格丽特·卡内基, 117
Carnegie Institution grant卡内基研究所基金, 105–6, 113
Carpenter, Alta阿尔塔·卡彭特, 171
Cepheid variables造父变星, 160, 170–71, 281, 296
  Hubble's discoveries哈勃的发现, 204–5
  Miss Leavitt's work莱维特小姐的工作, 160, 170, 261–62
  Mrs. Payne-Gaposchkin's work佩恩－加波施金太太的工作, 251
  Mrs. Shapley's work沙普利太太的工作, 216
  Shapley's work沙普利的工作, 161, 168, 216, 223
  See also period-luminosity relation; variable star entries 另参见 周光关系; 变星各条目
Chandler, Seth塞思·钱德勒, 59–61, 82, 83, 111, 286
Charlois, Auguste奥古斯特·沙卢瓦, 81–82
chemical composition of stars. See stellar composition 恒星的化学组成 参见 恒星的组成
"Chest of 1900" time-capsule project "1900年宝箱" 时光胶囊计划, 276, 295–96
  Mrs. Fleming's journal for弗莱明太太的日记, 89–94, 95–96, 97

Choate, Joseph约瑟夫·乔特, 100
circumpolar stars拱极星, 281, 293–94
Clark, George乔治·克拉克, 20, 42
Clark & Sons克拉克父子公司, 5, 12, 20, 55
cleveite gas钇铀矿气, 68
clusters and cluster variables星团与星团变星, 92, 111, 275, 281, 285
  Trumpler's work特朗普勒的工作, 227–28
  Types类型, 282, 283
  See also Bailey, Solon; Cepheid variables; Sawyer, Helen; Shapley, Harlow; variable star entries 另参见 索伦·贝利; 造父变星; 海伦·索耶; 哈洛·沙普利; 变星各条目
Clymer, William威廉·克莱默, 78
Colorado, Pickering brothers' trip to皮克林兄弟前往科罗拉多州的旅行, 29
Columbian Exposition (Chicago, 1893) 哥伦布世界博览会（芝加哥, 1893年）, 53, 54–55
comets and comet research彗星与彗星研究, 59–60, 74, 80, 154, 188, 218, 259, 297
Committee of 100 on Research科研百人委员会, 162, 168
Committee on Photographic Magnitudes of the Astrographic Chart Conference照相星图大会照相星等委员会, 135–36
Committee on Stellar Classification/Committee on the Classification of Stellar Spectra 恒星分类委员会/恒星光谱分类委员会, 139–40, 141–44, 157–58, 194
Common, Andrew安德鲁·康芒, 128, 218
Conant, James詹姆斯·科南特, 244, 245, 250, 258
Confessions of a Thug (Taylor)《一个恶棍的自白》（泰勒）, 98

Congress of Astronomy and Astro-Physics (Chicago, 1893) 天文学和天体物理学大会（芝加哥，1893年），53–54, 55, 80

Cook, A. Grace A. 格雷丝·库克，187, 297

Copernicus, Nicolaus 尼古拉斯·哥白尼，83

Crane, Eliza 伊丽莎·克兰，13

C stars C型星，91

Curie, Marie 玛丽·居里，211

Curtis, Heber 希伯·柯蒂斯，185, 186, 187, 205–6, 277

Cushing, Florence 弗洛伦丝·库欣，167

Cushman, Florence 弗洛伦丝·库什曼，90, 171, 189, 216, 244

61 Cygni 天鹅座61，296

D

dark matter 暗物质，259, 297

DASC@H. See Digital Access to a Sky Century at Harvard DASC@H 参见 以数字形式获取哈佛一个世纪的天空资料

Delta Cephei 仙王座 δ 星，160

De nova stella (Brahe)《论新星》（第谷·布拉赫），56

De Sitter, Willem 威廉·德西特，223–24

Digital Access to a Sky Century at Harvard (DASC@H) 以数字形式在哈佛获取一个世纪的天空资料（DASC@H），264–65, 279

distance measurements: within solar system 距离测量：太阳系内，83–84, 99, 295
See also stellar distances 另参见 恒星距离

"Distances of Two Hundred and Thirty-three Southern Stars" (Shapley and Ames)《233颗南方恒星的距离》（沙普利与艾姆斯），198, 233

Dixon, Antonia Draper 安东尼娅·德雷伯·狄克逊，251–52

Dodge, J. Cleaves J. 克利夫斯·道奇，46, 47

Donaghe, Harriet Richardson 哈丽雅特·理查森·多纳，80–81

double stars. See binary stars; eclipsing binaries; spectroscopic binaries 双星 参见 双星（binary star）；食双星；分光双星

Draper, Anna Palmer 安娜·帕尔默·德雷伯，3–9, 286, 293
background, marriage, and astronomical work 背景、婚姻与天文学工作，4, 28, 163
and Chandler's criticism of Pickering's work 与钱德勒对皮克林工作的批评，60–61
at Columbian Exposition 在哥伦布博览会上，54–55
death, will, and grave of 之死、遗嘱和墓地，162–63, 260, 277
Draper Memorial establishment and funding 德雷伯纪念项目设立与基金，19–20, 21, 27, 103, 104, 107–9, 133–34, 162–63
early correspondence and collaboration with Pickering 与皮克林的早期通信和合作，5–9, 14–20
friendship and travels with the Pickerings 与皮克林一家的友谊和同游，29, 98–99, 119–20
and the Hugginses 与哈金斯一家，16–17
on Miss Leavitt's work 论莱维特小姐的工作，114–15, 116
and Miss Maury's hiring 与莫里小姐的受雇，30, 31
and the Mizar paper 与开阳论文，36
1900 solar eclipse expedition 1900年的

日食之旅, 98–99

observatory visits 天文台访问, 8–9, 36, 98, 102–3, 116, 120

and Pickering's 1901 RAS medal 与皮克林所获的1901年度皇家天文学会奖章, 100

portrait of 的画像, 172

and published account of Draper's work 与德雷伯工作的发表记录, 15–16, 17

and support for Draper classification 与对德雷伯分类的支持, 144

telescope donations 望远镜捐赠, 20, 27–28, 41–42, 210

Draper, Ann Ludlow, 安·勒德洛·德雷伯, 35

Draper, Daniel 丹尼尔·德雷伯, 35, 63

Draper, Dorothy Catherine 多萝西·凯瑟琳·德雷伯, 7, 38, 79, 293, 294

Draper, Henry 亨利·德雷伯, 25, 30, 287, 294

　illness, death, and grave of 之患病、去世和墓地, 5, 8, 260

　portrait of, in revised Draper catalogue 之画像, 出现在修订版德雷伯星表上, 172

　telescopes of 的望远镜, 20, 27–28, 41–42

　work of 的工作, 3, 4–6, 10, 14–17, 27–28, 84, 287, 293

Draper, John William 约翰·威廉·德雷伯, 7, 293, 294

Draper Catalogue ("Draper Catalogue of Stellar Spectra")《德雷伯星表》(《德雷伯恒星光谱星表》), 22, 189, 261, 297

　Draper Medal recognizing Miss Cannon's work 德雷伯奖章表彰坎农小姐的工作, 230–31

　original publication of 最早的发表, 37, 79, 275

　revisions and expansion of 之修订版与星表补编, 145, 159, 163, 171–72, 181–82, 189

　See also Cannon, Annie Jump; Draper Extension; Fleming, Williamina 另参见 安妮·江普·坎农; 德雷伯星表补编; 威廉明娜·弗莱明

Draper Charts 德雷伯星图, 243

Draper classification 德雷伯分类, 76, 137–38, 261, 277, 278

　color categories 颜色类别, 143, 152, 296

　critiques and modifications of 之批评与修正, 128–29, 142–43, 157–58, 159, 194, 252–53, 261

　illustrated in revised Draper catalogue 在修订版德雷伯星表中阐明的, 172

　as international standard 作为国际标准, 139–40, 141–45, 157–58, 194, 224, 277, 278

　line width indicators in 其中的谱线宽度标示, 101, 144, 157, 194

　Miss Fairfield's work 费尔菲尔德小姐的工作, 217

　Miss Payne's work 佩恩小姐的工作, 206–10

　stellar development and 恒星发展与, 101, 108, 139, 143, 296

　stellar temperature and 恒星温度与, 206–8, 212

　See also Cannon, Annie Jump; Fleming, Williamina; Maury, Antonia 另参见 安妮·江普·坎农; 威廉明娜·弗莱明; 安东尼娅·莫里

Draper Extension 德雷伯星表补编, 213, 243, 279, 297

　Annie Jump Cannon Memorial Volume

安妮·江普·坎农纪念卷, 247–48, 253, 279

Draper Medal 德雷伯奖章, 18, 230–31, 260, 278

Draper Memorial project: establishment of 德雷伯纪念项目：设立, 19–20

funding and finances 资助与资金, 20, 21, 27, 103, 104, 133–34, 162–63, 182

Mrs. Draper's request for an accounting 德雷伯夫人请求作出说明, 107–9

time line 年表, 274–79

See also Draper Catalogue; Draper classification 另参见 德雷伯星表；德雷伯分类

D stars D 型星, 91

Dugan, Raymond 雷蒙德·杜根, 242

dwarf stars 矮星, 152, 194, 288, 289, 290

Dyson, Frank 弗兰克·戴森, 134, 156, 214, 238

E

Earth-Sun distance 日地距离, 83–84, 99, 295

eclipse observations. See solar eclipse observations（交）食观测 参见 日食观测

eclipsing binaries/variables 食双星/变星, 58, 112, 216, 240, 251, 281

Eddington, Arthur Stanley 阿瑟·斯坦利·爱丁顿, 195, 287

honors awarded to 获授的荣誉, 230, 259, 260

and Miss Cannon 与坎农小姐, 159–60, 163, 213

and Miss Payne 与佩恩小姐, 198–99, 209

work of 的工作, 185, 259, 287, 296

Edison, Thomas 托马斯·爱迪生, 3, 168

Einstein, Albert 阿尔伯特·爱因斯坦, 185

Eliot, Charles 查尔斯·埃利奥特, 61, 116, 121, 131, 147, 190

Emerson, Ralph Waldo 拉尔夫·沃尔多·爱默生, 244

Epochs 历元, 281, 294

Eros (asteroid) 爱神星（小行星）, 81–83, 84–85, 99–100, 277, 296

E stars E 型星, 91

Evershed, John 约翰·埃弗谢德, 120

Evershed, Mary Orr 玛丽·奥尔·埃弗谢德, 120

F

Faber, Sandra Moore 桑德拉·穆尔·费伯, 259

Fairfield, Priscilla (later Bok) 普丽西拉·费尔菲尔德（后随夫姓博克）, 217, 223–24, 226, 239, 278, 287

Farrar, Nettie 妮蒂·法勒, 12, 22, 23, 37, 105

Fecker, J. W. J. W. 费克, 218

fellowships. See grants and fellowships; Pickering fellowship 奖金参见 基金与奖金；皮克林研究员奖金

"Field for Woman's Work in Astronomy, A" (Fleming),《女性从事天文学工作的一个领域》（弗莱明）, 275

Fleming, Edward 爱德华·弗莱明, 10, 23, 90, 93, 94, 96, 117, 146

Fleming, Williamina Paton Stevens 威廉明娜·佩顿·史蒂文斯·弗莱明, 47–48, 78, 287

background and arrival at Harvard 背景与抵达哈佛, 9–10, 274

and Bruce Medal 与布鲁斯奖章, 97–98, 100, 128, 145

and the Carnegies 与卡内基一家, 116–18

character and personal life 性格与私人生活, 117–18, 146, 226

death and grave of 去世与墓地, 145–48, 150, 277, 298

on her salary 有关她的工资, 96, 97

honors and recognition 荣誉与表彰, 100–101, 118, 145, 276

and 1900 solar eclipse 与1900年的日食, 95

and 1910 Solar Union activities 与太阳联盟1910年的活动, 137, 138, 142, 144

and Pickering's anniversary fête 与皮克林的周年聚会, 102–3

U.S. citizenship application 美国公民身份申请, 118, 127

work of: binary star discoveries 工作：双星的发现, 36, 48; credit for 得到的认可, 37, 78–79; curatorial duties 馆藏方面的工作, 47, 89, 90; described in her journal 在她的日记中描述的, 89–94, 95–96, 97; Draper classification contributions 对德雷伯分类的贡献, 25–27, 76, 91–92, 159, 278, 287; lectures 演讲, 145–46; location of Eros 爱神星的位置, 82; and Miss Cannon's reclassifications 与坎农小姐的重新分类, 111, 112–13, 145; nova discoveries 新星发现, 48, 56–57, 275, 287; photometric work 测光工作, 22–23, 126–27, 274; presentations to astronomy meetings 在天文学会议上的演讲, 54, 55, 81, 275; publications 发表的论文, 37, 79, 126–27, 276; supervisory and editorial duties 管理与编辑方面的工作, 30, 90–91, 95–96, 101–2, 105, 145; variable star discoveries 变星发现, 48, 56–57, 59, 60–61, 111, 112–13,

125–26, 145, 287; work routines and methods 工作流程与方法, 25–26, 47–48, 89–94, 95–96, 125–27

Forum for International Problems 国际问题论坛, 249

Fowler, Ralph 拉尔夫·福勒, 207

Fowler, William 威廉·福勒, 259

Fraunhofer, Joseph von 约瑟夫·冯·夫琅和费, 23–24, 239

Fraunhofer lines 夫琅和费谱线, 23–25, 34, 282

temperature and 温度与, 206–8

width indicators 宽度参数, 101, 144, 157, 194

See also Draper classification; spectral analysis and classification 另参见 德雷伯分类；光谱分析与分类

Frost, Edwin 埃德温·弗罗斯特, 137, 144, 164

Furness, Caroline 卡罗琳·弗内斯, 149, 166, 198, 287

galaxies and galactic theories 星系与星系理论, 184–88, 189–90, 204–6, 262, 282

Galileo 伽利略, 56

Gaposchkin, Cecilia Payne 塞西莉亚·佩恩·加波施金 See Payne-Gaposchkin, Cecilia 参见 塞西莉亚·佩恩–加波施金

Gaposchkin, Sergei 谢尔盖·加波施金, 240–42, 245, 249, 250–51, 278

general relativity 广义相对论, 185

Gerasimovič, Boris 鲍里斯·格拉西莫维奇, 219, 239, 287

Germany and German astronomers 德国与德国天文学家, 156–57, 163–64, 173, 195, 223–24, 238, 240

See also Astronomische Gesellschaft; specific individuals and observatories 另参见 德国天文学会；具体的个人与观测

Gerrish, Willard Peabody 威拉德·皮博迪·格里什, 42, 69–70, 168, 196, 244, 287

giant stars 巨星, 152, 153, 182, 194, 288

Gill, David 戴维·吉尔, 132

Gill, Edith 伊迪丝·吉尔, 91, 171, 216

Gill, Mabel 梅布尔·吉尔, 150, 171, 216

Giovanelli, Riccardo 里卡尔多·焦瓦内利, 260

globular clusters 球状星团, 282

　　See also clusters 另参见 星团

Goodricke, John 约翰·古德里克, 160

Gould Fund 古尔德基金, 217

grants and fellowships 基金与奖金, 209, 217, 218, 220, 226, 234–35

　　Bruce grants 布鲁斯基金, 43–44, 76–77, 85, 97

　　Maria Mitchell Association fellowship 玛丽亚·米切尔协会学术奖金, 154, 166–67, 179, 183–84, 187–88, 277, 288, 297

　　See also Cannon Prize; Pickering fellowship 另参见 坎农奖；皮克林研究员奖金

G stars G 型星, 37, 296

H

Hale, George Ellery: and astronomy associations and meetings 乔治·埃勒里·海尔：与天文学会和会议, 53–54, 80, 81, 134–35, 138, 288, 295

　　background and career 背景与职业生涯, 53, 76, 80, 174, 287–88

　　honors awarded to 获得的荣誉, 230, 260

　　at Mount Wilson 在威尔逊山, 134, 168, 188, 190, 205

　　on Pickering's influence and legacy 论皮克林的影响与遗产, 173–74

　　spiral nebula debate proposal 旋涡星云辩论的提议, 185

Halley, Edmond 埃德蒙·哈雷, 84

Harpham, Florence 弗洛伦丝·哈珀姆, 153

Harvard College Observatory: Bailey's published history of 哈佛学院天文台：贝利发表的台史, 210, 229

　　Bruce Medal winners associated with 与之相关的布鲁斯奖章获得者, 259

　　current activities and methods 当前的活动与方法, 263–65

　　graduate astronomy program 天文学研究生项目, 196–97, 217–18, 237–38, 257, 263, 278, 279

　　history of 历史, 273–79, 293

　　international role and eminence 国际地位与名望, 195, 274, 275

　　military work at 的军事工作, 168, 250, 253, 254

　　1903 staff expansion 1903 年职工扩招, 105–6

　　1929 *Observatory Pinafore* entertainment 1929 年《天文台围裙》娱乐活动, 226–27

　　during 1940s and 1950s 在 20 世纪 40 年代和 50 年代期间, 249–51, 254–55, 257, 258

　　volunteer observer program 志愿观测者项目, 13–14, 42–43, 110, 148–50, 171

　　World War I and 与第一次世界大战, 162, 163–64, 167–68, 173, 193

　　See also Draper Memorial project; women, as observatory staff; specific directors, staff, and researchers 另参见 德雷伯纪念项目；女性担任天文台职员；具体的台长、职员和研

究人员

Harvard College Observatory funding: Boyden Station relocation and 哈佛学院天文台经费：与博伊登观测站搬迁, 218, 220

Carnegie grant 卡内基基金, 105–7, 113

before Draper Memorial 在德雷伯纪念项目之前, 8, 10, 13, 18, 273

facility improvements and 与设施改善, 51, 103–4, 296

1920s–1930s 20世纪20年代与30年代的, 202, 229–30

Pickering's own donations 皮克林本人的捐赠, 51, 120

post–World War II "二战"后的, 254

telescope purchase grants 望远镜购置基金, 21, 40–41, 55

See also grants and fellowships; specific sites, projects, and publications 另参见 基金与奖金；具体的地点、项目和出版物

Harvard College Observatory plate library: digitization project 哈佛学院天文台玻璃底片库：数字化项目, 264–65, 279

facility and improvements 设施与改进, 52–53, 103–4, 125, 162, 202–3, 296

importance and value of 的重要性与价值, 174, 264

Miss Cannon's curatorial duties 坎农小姐的馆藏工作, 147, 244–45

Mrs. Fleming's curatorial duties 弗莱明太太的馆藏工作, 47, 89, 90

plate storage and access 玻璃底片的存储与获取, 47, 53, 189

Shapley's Hollow Square meetings 沙普利的"中空方块"聚会, 241–42

2016 flood 2016年的淹水, 265–66

use of 的使用, 108, 116, 118, 203, 264

Harvard College Observatory publications:

Miss Payne's editorial duties 哈佛学院天文台的出版物：佩恩小姐的编辑工作, 221

Mrs. Fleming's editorial duties 弗莱明太太的编辑工作, 90–91, 95–96, 101–2, 145

under Shapley's directorship 在沙普利担任台长期间, 219, 220

time line of 的年表, 273–79

See also *Annals of the Astronomical Observatory at Harvard College*; Draper Catalogue; other specific papers and publications 另参见《哈佛学院天文台纪事》；德雷伯星表；其他具体的论文与出版物

Harvard College Observatory site and facilities: Brick Building construction, 哈佛学院天文台地点与设施：砖砌建筑的建造, 52–53

current Cambridge facility 当前位于剑桥的设施, 260–61, 265–66

Draper telescope building 德雷伯望远镜楼, 20, 21

improvements and changes after Pickering's death 在皮克林去世后的改进与改变, 202–3, 230, 241, 258

original location 原来的位置, 293

Pickering's concerns and improvements 皮克林的忧虑与改进, 67–68, 103–4, 125, 162, 296

Pickering's quarters 皮克林的住处, 8, 51, 125

See also Boyden Station entries; Harvard College Observatory plate library; Oak Ridge observatory 另参见 博伊登观测站各条目；哈佛学院天文台玻璃底片库；橡树岭天文台

Harvard College Observatory telescopes: Bache Fund telescope 哈佛学院天文台

的望远镜: 贝奇基金望远镜, 21, 34, 45, 250, 274

Boyden 13-inch telescope 博伊登 13 寸望远镜, 32, 45, 250

Great Refractor 大折射望远镜, 11, 12, 21, 95, 273

lease to Lowell 租借给洛厄尔, 62

meridian photometer 中天光度计, 12, 33–34, 60, 89–90, 274

moved to Oak Ridge 搬迁到橡树岭, 230, 250, 278

Mrs. Draper 's donations 德雷伯夫人的捐赠, 20, 27–28, 41–42, 210

radio telescope 射电望远镜, 258

60-inch reflectors 60 英寸反射式望远镜, 218–19, 250

See also Bruce telescope 另参见 布鲁斯望远镜

Harvard Photometry: Chandler 's criticisms 哈佛测光表: 钱德勒的批评, 59–61, 82

equipment for 所用设备, 12, 33–34, 60, 89–90, 274

publication of 相关的论文发表, 274

Revised Harvard Photometry and its influence 修订版哈佛测光表及其影响, 128–29, 135–36, 276

See also variable star entries; specific observers and analysts 另参见 变星各条目; 具体的观测者与分析人员

Harvard Polaris Attachment 哈佛北极星附连装置, 168

Harvard/Radcliffe astronomy degree program 哈佛/拉德克利夫天文学学位项目, 196–97, 217–18, 237–38, 257, 263, 278, 279

See also specific students 另参见 具体的学生

Harvard-Smithsonian Center for Astrophysics 哈佛史密松天体物理中心, 260–61, 264–65, 279

Harwood, Margaret 玛格丽特·哈伍德, 164–67, 224, 228, 270–71, 288

background and arrival at Harvard 背景与抵达哈佛, 154, 217, 276

Cannon Prize awarded to 获得坎农奖, 260

and Maria Mitchell Association 与玛丽亚·米切尔协会, 154, 164, 166–67, 179, 277

research work 研究工作, 154, 166, 201, 277, 288

Hastings-on-Hudson, Draper property at 德雷伯在哈得孙河畔黑斯廷斯的庄园, 4, 7, 31, 79, 252

Hawes, Marian 玛丽安·霍斯, 171

Haynes, Martha 玛莎·海恩斯, 260

Hegarty, Marie 玛丽·赫加蒂, 90, 96

helium 氦, 68–69, 79, 91, 209, 210, 211

Henry Draper Catalogue. See Draper Catalogue 亨利·德雷伯星表 参见 德雷伯星表

Henry Draper Extension. See Draper Extension 亨利·德雷伯星表补编 参见 德雷伯星表补编

Henry Draper Medal 亨利·德雷伯奖章, 18, 230–31, 260, 278

Henry Draper Memorial. See Draper Memorial project 亨利·德雷伯纪念项目 参见 德雷伯纪念项目

Herschel, Caroline 卡罗琳·赫歇尔, 39, 118

Herschel, John 约翰·赫歇尔, 38–39

Hertzsprung, Ejnar 埃纳尔·赫茨普龙, 219, 224, 288

and Draper classification 与德雷伯分类, 128–29, 142, 152, 157–58, 261

as observatory guest researcher 担任天

文台客座研究员, 219

research and discoveries 研究与发现, 152–53, 161, 277, 288, 293

Hertzsprung-Russell diagram 赫罗图, 277

Hinchman, Charles 查尔斯·欣奇曼, 166–67

Hinchman, Lydia Swain Mitchell 莉迪娅·斯温·米切尔·欣奇曼, 153–54, 166–67, 180, 220, 244, 288

Hinkley, Frank 弗兰克·欣克利, 193

Hipparchus of Nicaea 尼西亚的喜帕恰斯, 22

History and Work of Harvard Observatory, The (Bailey)《哈佛天文台的历史和工作》（贝利）, 210, 229

Hodgdon, Lillian 莉莲·霍奇登, 216, 244

Hoffleit, Ellen Dorrit 埃伦·多丽特·霍夫莱特, 255

Hogg, Frank 弗兰克·霍格, 218, 221, 228, 256, 257, 278, 288

Hogg, Helen Sawyer. See Sawyer, Helen 海伦·索耶·霍格 参见 海伦·索耶

Hoover, Herbert 赫伯特·胡佛, 238

Horikoshi, Casper 卡斯珀·堀越, 249

House Un-American Activities Committee 众议院非美活动委员会, 254

Hoyle, Fred 弗雷德·霍伊尔, 259

Hubble, Edwin 埃德温·哈勃, 204–5, 233, 262

Hubble's law 哈勃定律, 233, 262

Huffer, C. M. C. M. 赫弗, 256

Huggins, Margaret Lindsay 玛格丽特·林赛·哈金斯, 16–17, 118, 160, 163

Huggins, William 威廉·哈金斯, 16–17

hydrogen and hydrogen lines 氢与氢谱线, 25, 48, 64, 295

　Draper classification and 德雷伯分类与, 26, 76, 91, 101, 129, 142

　hydrogen abundance 氢丰度, 209, 210, 211, 212, 225

　and Mrs. Fleming's variable star discoveries 与弗莱明太太的变星发现, 56, 81, 111

　novae and 新星与, 56, 58

Hyperion 土卫七（许珀里翁）, 95, 273

I

International Astronomical Union (IAU): 1920s European meetings 国际天文学联合会（IAU）: 二十世纪20年代在欧洲举行的几次大会, 193–95, 213–14, 223–24

　1932 Cambridge (UK) meeting 1932年在英国剑桥举行的大会, 232–33, 237–38, 239

　1941 Zurich meeting 1941年在苏黎世举行的大会, 246–47

international astronomy community: Chicago Congress (1893) 国际天文学界: 芝加哥大会（1893年）, 53–54, 55, 80, 275

　Harvard observatory's role and eminence 哈佛天文台的地位与名望, 195, 274, 275

　Pickering's influence and legacy 皮克林的影响与遗产, 173–74

　after World War I 在第一次世界大战之后, 173, 193–94, 223–24

　World War I's impact on 第一次世界大战的影响, 162, 163–64, 167–68, 194

　See also International Astronomical Union; International Union for Co-operation in Solar Research; specific observatories and astronomers 另参见 国际天文学联合会; 国际太阳研究合作联盟; 具体的天文台和天文学家

International Union for Cooperation in Solar Research 国际太阳研究合作联盟, 134–35, 277, 278

　Draper Classification discussions and support 德雷伯分类讨论与支持, 139–40, 141–45, 157–58

　meetings of 召开的大会, 134–40, 156–58

interstellar light absorption 星际光吸收, 127, 222, 227–28, 297

intrinsic variables 内因变星, 251

　See also Cepheid variables; variable star entries 另参见 造父变星；变星各条目

island universes 宇宙岛, 151, 184, 190, 204–6, 233, 282

　See also galaxies; nebulae 另参见 星系；星云

J

Jamaica, William Pickering in 威廉·皮克林在牙买加, 155, 183, 191, 210

Jewett, James 詹姆斯·朱伊特, 189

Jewett, Margaret 玛格丽特·朱伊特, 189

K

Kant, Immanuel 伊曼努尔·康德, 282

Keenan, Philip 菲利普·基南, 252

Kellman, Edith 伊迪丝·凯尔曼, 252

Kepler, Johannes 约翰内斯·开普勒, 56, 83

King, Edward Skinner 爱德华·斯金纳·金, 100, 114, 196, 200, 229, 278, 288

King, Helen Dean 海伦·迪安·金, 234–35

Kirchhoff, Gustav 古斯塔夫·基尔霍夫, 24

K lines K 谱线, 34–36, 282

Klumpke, Dorothea 多罗西娅·克隆普克, 297

Knobel, Edward 爱德华·克诺贝尔, 100

Kovalevskaya, Sofia 索菲娅·柯瓦列夫斯卡娅, 211

L

Lacaille, Nicolas Louis de 尼古拉斯·路易斯·德·拉卡伊, 57

League of Women Voters 女性选民联盟, 213

Leavitt, Erasmus Darwin 伊拉斯谟·达尔文·莱维特, 134, 183

Leavitt, George 乔治·莱维特, 73, 150

Leavitt, Henrietta Swan 亨丽埃塔·斯旺·莱维特, 288–89

　background and arrival at Harvard 背景及抵达哈佛, 72–74, 275

　death of 之死, 191, 277

　Harvard comings and goings 来到和离开哈佛, 72, 75, 113–15, 275, 276

　honors and tributes 荣誉与颂词, 171, 210–11

　and observatory directorship 与天文台台长职位, 183

　personal life 私人生活, 131, 134, 150, 170, 183

　work of: Orion Nebula and Magellanic Clouds research 工作：猎户星云与麦哲伦云研究, 113–15, 125, 149–53, 276; period-luminosity relation discovery 周光关系的发现, 130–31, 151–52, 170–71, 210–11, 261–62, 277, 288–89; photometric work 测光工作, 72–73, 114, 128, 134, 153, 276; supervisory duties 管理工作, 160; variable star discoveries 变星发现, 114–15, 118–19, 123, 125, 130, 276, 288

Leavitt Law 莱维特定律, 262

Leib, Grace Burke 格雷丝·伯克·莱布, 205

Leland, Evelyn 伊夫琳·利兰, 91, 119, 123, 216

Lick Observatory 利克天文台, 164, 295

light curves and light curve research光变曲线与光变曲线研究, 75, 99–100, 179–80, 250, 277, 282

See also variable star entries另参见 变星各条目

Locke, Hannah汉娜·洛克, 171

Lockyer, Norman诺曼·洛克耶, 68, 142, 293

Lopez, Laura劳拉·洛佩斯, 260

Lowell, Abbott Lawrence阿博特·劳伦斯·洛厄尔, 147, 162, 167, 182, 183, 190, 202

and official appointments for female staff与女性职员的正式任命, 147, 221–22

Lowell, Percival珀西瓦尔·洛厄尔, 62, 65, 98, 137, 183, 289

Lowell Observatory洛厄尔天文台, 98, 137, 139, 164

luminosity光度, 282

luminosity indicators光度示距物, 252–53

See also absolute magnitude; period-luminosity relation另参见 绝对星等；周光关系

M

M-42. See Orion Nebula M–42星云 参见 猎户星云

McAteer, Charles查尔斯·麦卡蒂尔, 149

McCarthy, Joseph约瑟夫·麦卡锡, 254

Mackie, Joan琼·麦凯, 171

Magellanic Clouds麦哲伦云, 150–51, 153, 282

variable star discoveries in在其中发现的变星, 114–15, 125, 130–31, 149–53, 276

See also Cepheid variables另参见 造父变星

magnitude (of stars)（恒星的）星等, 11, 282

interstellar light absorption and星际光吸收与, 222, 227–28

and spectral type与光谱类型, 277, 278

stellar distances and恒星距离与, 127, 128–29, 152–53, 211, 222

See also period-luminosity relation; stellar photometry; variable stars 另参见 周光关系；恒星测光；变星

Mandeville observatory (Jamaica) 曼德维尔天文台（牙买加）, 155, 183, 191, 210

Mantois (Paris glassmaker) 曼托瓦（巴黎玻璃制造商）, 44, 46–47, 55

Maria Mitchell Association and Observatory玛丽亚·米切尔协会与天文台, 153–54, 164, 166–67, 277

See also Pickering fellowship另参见 皮克林研究员奖金

Mars火星, 51, 62, 65, 191

Marshall, Ella Cannon埃拉·坎农·马歇尔, 124, 155, 156, 183, 215

Masters, Annie安妮·马斯特斯, 30

Maury, Antonia Coetana de Paiva Pereira 安东尼娅·科塔娜·德·派瓦·佩雷拉·莫里, 289, 294, 295

background and arrival at Harvard背景与抵达哈佛, 30–31, 79–80, 275

death of之死, 279

in Europe在欧洲, 68, 224

Harvard comings and goings来到和离开哈佛, 49–50, 53, 63–65, 79–80, 130, 150

health of的健康, 49–50, 63–64

honors, prizes, and fellowships荣誉，奖励与奖金, 180–81, 251, 279

and Miss Payne与佩恩小姐, 200, 208

and Mrs. Draper 's death与德雷珀夫人之死, 163

and Pickering 与皮克林, 31, 49–50, 53, 63, 64–65, 80, 129–30, 180

retirement, later life, and interests 退休、晚年生活与兴趣, 251–53

and Solar Union questionnaire 与太阳联盟问卷调查, 142

work of: on binary stars 工作：双星方面, 34–37, 39, 48–50, 130–31, 180, 275, 289; credit for 得到的认可, 79; Draper classification contributions 对德雷伯分类的贡献, 37–38, 49, 64, 68–69, 76, 79, 91, 101, 129, 152, 252–53, 261, 289; publications 发表的论文, 79, 251, 275, 278; teaching and lecturing 教学与演讲, 79–81, 129–30, 252

Maury, Carlotta 卡洛塔·莫里, 63, 163, 295

Maury, John William Draper (brother of Miss Maury) 约翰·威廉·德雷伯·莫里（莫里小姐的兄弟）, 31, 163, 295

Maury, Mytton 米顿·莫里, 30, 31, 63–64

Maury, Virginia Draper 弗吉尼亚·德雷伯·莫里, 30–31

Mayall, Margaret Walton 玛格丽特·沃尔顿·梅奥尔, 217, 225, 228, 260, 279, 291

Mayall, R. Newton R. 牛顿·梅奥尔, 228

Mendenhall, Thomas 托马斯·门登霍尔, 18

Menzel, Donald 唐纳德·门泽尔, 208, 255, 258, 279, 289

meteors and meteor research 流星与流星研究, 187–88, 254, 255, 273, 282

Milky Way 银河, 37, 150–51, 282

interstellar absorption in 其中的星际吸收, 227–28

Magellanic Clouds and 麦哲伦云与, 150–51

Shapley's work and related galactic theories 沙普利的工作与相关的星系理论, 182, 184–88, 190, 198, 204–6, 211, 222–23, 228, 233, 262

Milne, Edward Arthur 爱德华·阿瑟·米尔恩, 207, 209

Mitchell, Maria 玛丽亚·米切尔, 1, 79–80, 153, 180, 289, 297

See also Nantucket Maria Mitchell Association 另参见 楠塔基特玛丽亚·米切尔协会

Mittag-Leffler, Gösta 约斯塔·米塔格-莱弗勒, 210–11

Mizar 北斗六（开阳）, 34–37, 49, 294

MKK classification MKK 分类, 252–53, 261

Moon 月亮, 99, 191, 295

Moore, Charlotte (later Sitterly) 夏洛特·穆尔（后随夫姓西特利）, 246, 259

Morales Bermúdez, Francisco 弗朗西斯科·莫拉莱斯·贝穆德斯, 62

Morgan, William 威廉·摩根, 252, 261

Morris, William 威廉·莫里斯, 132

Mount Wilson, William Pickering at 威廉·皮克林在威尔逊山, 32

Mount Wilson Solar Observatory 威尔逊山太阳观测台, 195

Baade's work 巴德的工作, 262

Hale at 海尔在, 134, 168, 188, 190, 205

Hubble at 哈勃在, 204, 205

Miss Harwood's visit 哈伍德小姐访问, 164–65

Russell at 罗素在, 207–8, 212

Shapley at 沙普利在, 161, 164–65, 168–71, 181–82, 204, 205

Solar Union visit to 太阳联盟访问, 138–40

M stars M 型星, 101, 152, 217, 296

Muñiz, Juan 胡安·穆尼斯, 193

N

Nantucket Maria Mitchell Association and Observatory 楠塔基特玛丽亚·米切尔协会与天文台, 153–54, 164, 166–67, 277

　See also Pickering fellowship 另参见 皮克林研究员奖金

National Academy of Sciences 美国国家科学院, 3, 29, 36, 217

　Bache Fund telescope donation 贝奇基金望远镜捐赠, 21, 34, 274

　Draper Medal 德雷伯奖章, 18, 230–31, 260, 278

　1920 spiral nebulae debate 1920 年旋涡星云辩论, 185–86, 188

National American Woman Suffrage Association 美国全国妇女选举权协会, 54

National Bureau of Standards 美国国家标准局, 212, 259

National Defense Research Council 美国国防研究委员会, 250

National Medal of Science 美国国家科学奖章, 259

National Science Foundation 美国国家自然科学基金会, 254

"Nature" (Emerson)《自然》（爱默生）, 244

Nebulae 星云, 143, 282

　Shapley-Ames Catalogue 沙普利–艾姆斯星系表, 219, 233

　Solon Bailey's work 索伦·贝利的工作, 78, 276

　spiral nebulae 旋涡星云, 184–85, 186–87, 190, 203, 283

　See also spiral nebulae; specific nebulae 另参见 旋涡星云；具体的星云

Newcomb, Simon 西蒙·纽康, 41, 43, 77, 80, 81, 84

Newton, Isaac 艾萨克·牛顿, 23, 152

Nobel prizes 诺贝尔奖, 200, 210, 211

North Polar Sequence 北极星序, 128, 134, 153, 160, 179, 283

Nova Aquilae 1918 1918 年出现的天鹰座新星, 179, 180

Nova Carinae 船底座新星, 211, 275

Nova Centaurus 半人马座新星, 275

novae 新星, 48, 56–58, 179, 186, 204, 211, 250–51, 275, 295

Nova Normae 矩尺座新星, 56–57

Nova Scorpii 天蝎座新星, 251

O

Oak Ridge observatory 橡树岭天文台, 230, 250, 255, 258, 260, 278

Observatory Pinafore, The《天文台围裙》演出, 226–27, 297

O'Halloran, Rose 罗丝·奥哈洛伦, 295

"Oh, Be A Fine Girl, Kiss Me . . ." "哦，做个好姑娘，吻我……", 91, 159, 194, 261

Olcott, William Tyler 威廉·泰勒·奥尔科特, 149, 171, 277

Omega Centauri 半人马座 ω, 59

"On the Composition of the Sun's Atmosphere" (Russell)《论太阳大气的组成》（罗素）, 225

Oppenheimer, J. Robert J. 罗伯特·奥本海默, 258

Oppolzer, Egon von, 埃贡·冯·奥波尔策, 99

Orion lines 猎户座谱线, 64, 68–69, 101

Orion Nebula (M-42) 猎户星云（M-42）, 27, 113–14, 143, 283

O stars O 型星, 91, 101, 143, 152, 207, 208

oxygen 氧, 293

P

Paine, Robert Treat 罗伯特·特里特·佩因, 245

Palmer, Margaretta 玛格丽塔·帕尔默, 297

Paraskevopoulos, Dorothy Block 多萝西·布洛克·帕拉斯基沃普洛斯, 179–80, 202, 218–20, 250, 253

Paraskevopoulos, John Stefanos 约翰·斯特凡诺斯·帕拉斯基沃普洛斯, 202, 218–20, 250, 253, 289

Parsons, William 威廉·帕森斯, 184

Paschen, Friedrich 弗里德里希·帕邢, 293

Payne, Emma Pertz 艾玛·佩尔茨·佩恩, 199–200

Payne, William 威廉·佩恩, 85

Payne-Gaposchkin, Cecilia Helena 塞西莉亚·海伦娜·佩恩–加波施金, 177, 217, 229, 247, 252, 289

　awarded Cannon Prize 被授予坎农奖, 242–43, 278

　background and arrival at Harvard 背景和抵达哈佛, 198–201, 278

　death of 之死, 279

　in Europe 在欧洲, 224, 239–41

　graduate degree and postdoctoral work 研究生学位和博士后工作, 203, 208–10, 213, 214, 263, 289

　Harvard duties and positions 哈佛职责与职位, 217, 221–23, 244–45, 255, 258, 279

　as lecturer and educator 作为演讲者和教育工作者, 217, 221–22, 245, 258

　marriage and personal life 婚姻和私人生活, 214, 215, 238–42, 245, 247, 249, 278, 297–98

　and Miss Ames 与艾姆斯小姐, 200, 238–39

　research and publications 研究与论文发表, 199–201, 203, 206–10, 211–13, 250–51, 278, 289

　Stellar Atmospheres《恒星大气》, 212–13, 278

Pendleton, Ellen Fitz 埃伦·菲茨·彭德尔顿, 165, 213

period-luminosity relation 周光关系, 130–31, 151–53, 161, 168, 170–71, 261–62, 277

Peru observatory. See Boyden Station (Arequipa, Peru) 秘鲁天文台 参见 博伊登观测站（秘鲁阿雷基帕）

Phillips, Edward 爱德华·菲利普斯, 245, 273, 289–90

Phoebe 土卫九（福柏）, 94–95, 276

"Photographic Study of Variable Stars, A" (Fleming)《变星的一种照相研究法》（弗莱明）, 126–27, 276

photography. See stellar photography 摄影 参见 恒星摄影

Pickering, Edward 爱德华·皮克林, 290

　astronomical work: binary discovery 天文工作：双星发现, 34–35, 36, 275; Eros research 爱神星研究, 99–100, 155; expansion of variable star research 变星研究的拓展, 119, 123; photometric work 测光工作, 11–14, 22–23, 100, 110–11, 127–28, 276; publication of "Photographic Map of the Entire Sky" 发表《全天照相星图》, 276; the Revised Harvard Photometry and its influence 修订版哈佛测光星表及其影响, 128–29, 135–36, 137, 276

　astronomy society participation 参加天文学会的工作, 53–54, 80–81, 134–40, 141, 144, 157–58, 276

　background 背景, 10–11, 28

　and Bailey 与贝利, 71

　and Boyden Station reconnaissance trips 与博伊登观测站勘测之旅, 29, 34

　Brick Building office 砖砌建筑办公室, 102

career time line 职业生涯年表, 273–79

as chair of Committee of 100 on Research 担任科研百人委员会主任, 162, 168

and Chandler's critique of observatory methods 与钱德勒对天文台方法的批评, 60–61

contribution to "Chest of 1900" 对 "1900年宝箱" 的贡献, 295–96

death and grave of 之死与墓地, 173–75, 277, 298

directorship anniversary celebrations 台长任职周年庆, 102–3, 167

as educator 作为教育家, 10–11, 72, 74

and female staff and assistants 与女职工和助手, 8–10, 262–63; Miss Cannon's curatorial appointment 坎农小姐的馆藏工作任命, 147; Miss Leavitt and her work 莱维特小姐和她的工作, 36, 72, 73–74, 113, 134, 152; Miss Maury 莫里小姐, 36, 49–50, 53, 63, 64–65, 80, 129–30, 180; Mrs. Fleming and her work 弗莱明太太和她的工作, 26–27, 57–58, 96, 97–98, 100, 146

and his brother 与他弟弟, 19, 29, 45, 50–51, 62, 95

and his wife's death 他妻子的逝世, 120, 138

honors 荣誉, 22–23, 100, 128, 171, 230, 260, 274, 276

house fire 房屋失火, 125

as inventor 作为发明家, 11, 12, 168

and Maria Mitchell Association 与玛丽亚·米切尔协会, 153, 154

and Miss Bond 与邦德小姐, 120–22

and Miss Bruce 与布鲁斯小姐, 40–41, 42, 43–44, 76–77

and Mrs. Draper 与德雷伯夫人, 5–9, 14–20, 29, 98–99, 119–20 See also

Draper Memorial 另参见 德雷伯纪念项目

and 1918 Draper Catalogue revision 与1918年德雷伯星表的修订, 171–72

in *Observatory Pinafore* 在《天文台围裙》演出中, 227

and Shapley 与沙普利, 160

and shipping of Bruce telescope 与布鲁斯望远镜的运送, 70

and volunteer observer program 与志愿观测者计划, 13–14, 42–43, 148, 174

wartime activities 战时活动, 162, 168

See also Draper Memorial project; Harvard College Observatory entries 另参见 德雷伯纪念项目；哈佛学院天文台各条目

Pickering, Lizzie Sparks 莉齐·斯帕克斯·皮克林, 8, 9, 15, 29, 69, 295–96

death and grave of 之死和墓地, 119–20, 138, 298

Pickering, William 威廉·皮克林, 19, 29, 32, 274, 290

and Arizona Astronomical Expedition 与亚利桑那天文远征, 62, 65

Boyden Station directorship 博伊登观测站站长职位, 44–45, 50–52, 275

at Chicago Congress of Astronomy and Astro-Physics 在天文学与天体物理学芝加哥大会上, 55

in Jamaica 在牙买加, 155, 183, 191, 210

and 1900 solar eclipse expedition 与1900年日食之旅, 95, 99

Phoebe discovery 土卫九的发现, 94–95, 115, 276

Pickering fellowship (Pickering Astronomical Fellowship for Women) 皮克林奖金（皮克林女性天文学研究员奖金），

167, 183–84, 277

Miss Cannon and坎农小姐与, 180–81, 183–84, 188, 244

recipients of获奖者, 179–81, 187–88, 197–98, 199–201, 203, 209, 218, 297

planets. See solar system; specific planets 行星 参见 太阳系；具体的行星

Plaskett, John Stanley约翰·斯坦利·普拉斯基特, 136, 157, 180, 256

Pleiades昴星团, 143

Pogson magnitude scale波格森等标, 11

Polaris北极星, 11–12, 72–73, 293, 294

Potsdam Observatory波茨坦天文台, 36, 106, 134, 136, 137, 195

Potter, Sarah萨拉·波特, 156

"Provisional Catalogue of Variable Stars" (Cannon)《变星暂行星表》（坎农）, 111–13, 125, 276

Pusey, Nathan内森·普西, 258

R

Radcliffe College拉德克利夫学院, 72, 75, 237

graduate astronomy program天文学研究生项目, 196–97, 217–18, 237–38, 257, 263, 278, 279

Ramsay, William威廉·拉姆齐, 68

redshift红移, 36, 262, 283

relativity相对论, 185

Revised Harvard Photometry哈佛测光星表修订版, 128–29, 135–36, 137, 276

See also Harvard Photometry 另参见 哈佛测光星表

Revised MK Spectral Atlas for Stars Earlier Than the Sun (Morgan, Abt, and Tapscott)《适用于比太阳更古老的恒星的修订版MK光谱图册》（摩根、阿布特和塔普斯科特）, 261

Richards, Ellen Swallow埃伦·斯沃洛·理查兹, 234

Richards Research Prize理查兹研究奖, 234–35

Roberts, Isaac艾萨克·罗伯茨, 297

Robin Goodfellow sinking "小精灵"号的沉没, 253

Rockefeller Foundation洛克菲勒基金会, 218

Rogers, Henry亨利·罗杰斯, 296

Rogers, William威廉·罗杰斯, 9, 274, 290

Royal Astronomical Society (Britain)英国皇家天文学会, 195, 199, 283, 293

medals awarded to Edward Pickering授予爱德华·皮克林的奖章, 22–23, 100, 274, 276

and Miss Cannon与坎农小姐, 156, 159–60, 183–84, 277

Mrs. Fleming's election to弗莱明太太入选, 118, 145, 276

Royal Observatory (Greenwich)皇家天文台（格林尼治）, 156, 214, 236

Royal Observatory (South Africa) 皇家天文台（南非）, 132

Rubin, Vera薇拉·鲁宾, 259

Rugg, Jennie珍妮·鲁格, 30

Runge, Carl卡尔·龙格, 293

Russell, Henry Norris亨利·诺里斯·罗素, 160, 246, 277, 289, 290

and Draper classification与德雷伯分类, 143, 157, 194

first Cannon Prize awarded by颁发第一届坎农奖, 242–43

honors awarded to获得的荣誉, 230, 259

and Miss Payne's work与佩恩小姐的工作, 209, 211, 212, 225

and Mrs. Fleming与弗莱明太太, 146

and observatory directorship与天文台台长职位, 182–83

work of的工作, 153, 207–8, 225, 259,

277, 290

Russia. See Soviet Union 俄罗斯 参见 苏联

Rutherford, Ernest 欧内斯特·卢瑟福, 200

S

Sagittarius 人马座, 161, 170

Saha, Meg Nad 梅格纳德·萨哈, 206–7

Saturn satellites 土星的卫星, 94–95, 115, 273, 276, 296

Saunders, Rhoda 罗达·桑德斯, 274

Sawyer, Helen (later Hogg) 海伦·索耶（后随夫姓霍格）, 225, 228, 290

　awarded Cannon Prize 被授予坎农奖, 255–56, 257, 279

　background and personal life 背景与私人生活, 218, 220, 228, 255–57, 278, 290

　work of 的工作, 218, 219, 220–21, 228, 256–57, 278, 290

Schiaparelli, Giovanni 乔瓦尼·斯基亚帕雷利, 51

Schlesinger, Frank 弗兰克·施莱辛格, 142

Schwarzschild, Karl 卡尔·施瓦西, 134, 136, 137, 157

Searle, Arthur 阿瑟·瑟尔, 81, 154, 227, 290–91

　observatory positions 天文台职位, 71–72, 245, 263, 273, 274, 290–91

　photometric work 测光工作, 12, 72

　as Radcliffe professor 担任拉德克利夫学院教授, 75, 154, 275, 291

Searle, George 乔治·瑟尔, 71

Seaver, Edwin 埃德温·西弗, 120

Secchi, Angelo 安吉洛·西奇, 25, 26, 137, 138, 141, 207

"Second Catalogue of Variable Stars" (Cannon)《变星第二星表》（坎农）, 125

seeing (viewing conditions) 视宁度（观测条件）, 45, 132, 283

Boyden Station conditions 博伊登观测站条件, 45, 131, 132–33, 202, 219–20

　at Cambridge site 在剑桥观测点, 67–68

"1777 Variables in the Magellanic Clouds" (Leavitt)《麦哲伦云中的1777颗变星》（莱维特）, 151, 276

Shapley, Harlow 哈洛·沙普利, 291

　ant studies 蚂蚁研究, 169–70, 196

　astronomy research and theories 天文学研究与理论, 285; catalogue of nebulae 星云表, 219, 233; cluster variable research 星团变星研究, 161, 164–65, 168–69, 170–71, 181–82, 189–90; mono-galaxy theory and debate 单星系理论与辩论, 184–90, 204–6; spectral type distribution analysis 光谱类型分布分析, 189; stellar distances and Milky Way mapping 恒星距离与银河系测绘, 161, 168, 181–82, 189–90, 211, 222–23, 228, 233, 262; time line 年表, 277–78

　astronomy society participation 参加的天文学会活动, 194–95, 213, 223, 232–33

　background and family 背景与家庭, 161, 194–95, 197, 220

　and Bailey 与贝利, 160–61

　and Bart Bok 与巴尔特·博克, 224

　and Boyden Station move 与博伊登观测站搬迁, 202, 218–19

　Cambridge facility concerns 对剑桥设施的忧虑, 202–3

　and female staff and students 与女职工和学生, 189, 197; Miss Ames and her death 艾姆斯小姐与她的逝世, 197–98, 203, 219, 233, 234; Miss Cannon's death 坎农小姐的逝世, 247; Miss Fairfield 费尔菲尔德小姐, 217, 223; Miss Payne and her work 佩恩小姐

和她的工作, 199–201, 203–4, 208, 212–13, 222, 242, 245

and Gaposchkin 与加波施金, 241–42

and graduate degree program 与研究生学位项目, 196–97, 208, 217–18, 220, 257, 263

Harvard directorial position: appointment and first year 哈佛台长职位: 任命与第一年, 188–91, 196–97, 277; consideration as potential director 作为潜在的台长人选纳入考虑, 182, 186, 187; Hollow Square meetings "中空方块" 聚会, 241–42; retirement 退休, 257–58; time line 年表, 277–79

honors 荣誉, 230, 259, 260

at Mount Wilson Observatory 在威尔逊山天文台, 161, 164–65, 168–71, 181–82

and observatory funding 与天文台经费, 220, 229–30

and Pickering 与皮克林, 160

political views 政治观点, 253–55

during and after World War II 在第二次世界大战期间和之后, 249, 250, 253–55, 256, 257

Shapley, Martha Betz 玛莎·贝茨·沙普利, 165, 188, 194–95, 216, 291

Sibylline books 西卜林书, 106

Sidgwick Memorial Fellowship 西奇威克纪念奖学金, 209

silicon 硅, 208, 209

Sitterly, Bancroft 班克罗夫特·西特利, 259

Sitterly, Charlotte Moore 夏洛特·穆尔·西特利, 246, 259

61 Cygni 天鹅座 61, 296

Slipher, Vesto 维斯托·斯里弗, 233

Smith College 史密斯学院, 72, 217, 224, 235

Smithsonian Institution: Harvard-Smithsonian Center for Astrophysics 史密森学会: 哈佛史密松天体物理中心, 260–61, 264–65, 279

Smithsonian Astrophysical Observatory 史密松天体物理台, 258, 279

Sociedad Astronómica de México 墨西哥天文学会, 145

Société Astronomique de France 法国天文学会, 145

solar eclipse observations and expeditions: 1870s–1890s 日食观测与远征: 19世纪70年代到90年代, 3, 32–33, 61–62, 295

1900 1900年的, 95–96, 98–99

solar spectrum 太阳光谱, 24–25, 37, 64, 68, 282, 293, 296

solar system: distances between solar system objects 太阳系: 太阳系天体间的距离, 83–84, 99, 295

Shapley's insight about its location 沙普利对于其位置的洞察, 170

See also specific solar system objects 另参见 具体的太阳系天体

Solar Union. See International Union for Cooperation in Solar Research 太阳联盟 参见 国际太阳研究合作联盟

South Africa observatory. See Boyden Station (Bloemfontein, South Africa) 南非天文台 参见 博伊登观测站 (南非布隆方丹)

South America observatory. See Boyden Station (Arequipa, Peru) 南美天文台 参见 博伊登观测站 (秘鲁阿雷基帕)

Soviet Union, Miss Payne in 佩恩小姐在苏联, 239–40

spectra 光谱, 23–25, 283

of binary stars 双星的, 48–49

chemical composition and 化学组成与, 24–25, 54, 207, 208

in Henry Draper's photographs 在亨利·

德雷伯照片中的, 5–6, 14–17

of novae 新星的, 56, 57, 58

See also Fraunhofer lines; spectral analysis and classification; stellar composition; specific stars, star types, and line types 另参见 夫琅和费谱线；光谱分析与分类；恒星成分；具体的恒星，恒星类型和谱线类型

spectral analysis and classification 光谱分析与分类, 14, 23–25, 137–38

color categories 颜色类型, 143, 152, 296

Lockyer's work 洛克耶的工作, 68, 142

magnitude/spectral type relationships 星等/光谱类型关系, 277, 278

Mrs. Fleming on the work of plate analysis 弗莱明太太在玻璃底片分析方面的工作, 89–94

observatory's equipment and methods for 天文台用于这方面的设备与方法, 14, 16, 22, 25–28, 31, 145

photography as tool for 以摄影作为工具进行的, 14, 16–17, 18–19, 22, 60–61

Pickering's early work on Draper plates 皮克林在德雷伯玻璃底片上开展的早期工作, 14–20

Secchi's classification 西奇的分类, 25, 26, 138, 141

stellar development and 恒星发展与, 296

temperature and 温度与, 206–8, 212

See also Draper Catalogue; Draper classification; Draper Extension; Draper Memorial project; spectra; stellar photography; specific observers and analysts 另参见 德雷伯星表；德雷伯分类；德雷伯星表补编；德雷伯纪念项目；光谱；恒星摄影；具体的观测者和分析人员

"Spectral Changes of Beta Lyrae, The" (Maury)《天琴座 β 星的光谱变化》(莫里), 251, 278

"Spectra of Bright Stars, The" (Maury)《明亮恒星的光谱》(莫里), 79, 275

spectroscopes 分光镜, 14, 16, 19

spectroscopic binaries 分光双星, 36, 37, 48, 130, 180, 251, 275, 294

spectroscopy. See spectral analysis and classification 光谱学 参见 光谱分析与分类

spectrum. See spectra; spectral analysis and classification 光谱 参见 光谱；光谱分析与分类

spiral nebulae 旋涡星云, 184–87, 190, 203, 204–6, 233, 242, 283

See also nebulae 另参见 星云

S stars S 型星, 194

star clusters. See clusters 恒星星团。参见 星团

star names 恒星命名, 294, 297

Stellar Atmospheres (Payne)《恒星大气》(佩恩), 212–13, 278

stellar composition 恒星成分, 24–25, 54, 207, 208

hydrogen and helium abundance 氢与氦丰度, 209, 210, 211, 212, 225

Miss Payne's work 佩恩小姐的工作, 208, 209–10, 211–13

stellar distances 恒星距离, 127, 128–29, 152–53, 296

Hubble's work 哈勃的工作, 233, 262

interstellar absorption and 星际吸收与, 127, 222, 227–28

magnitude and 星等与, 127, 128–29, 152–53, 211, 222

period-luminosity relation and 周光关系与, 152–53, 161, 168, 211

star size determinations and 恒星大小确定与, 152

See also Ames, Adelaide; Shapley, Harlow 另参见 阿德莱德·艾姆斯；哈洛·沙普利

stellar photography 恒星摄影, 19–20, 78–79, 273

  vs. direct observation 相对于直接观测, 60–61

  equipment and techniques for 用于此目的的设备与技术, 16–17, 19, 22, 24, 27–28, 30, 116, 145

  Henry Draper's work and plates 亨利·德雷伯的工作与玻璃底片, 4–6, 10, 14–17

  as observatory's research focus 作为天文台的研究焦点, 18–19, 21–22

  recent and current photographic and analysis methods 最近与当前的摄影与分析方法, 263–65

  as tool for discovery and spectral analysis 作为发现与光谱分析的工具, 14, 16–17, 18–19, 22, 60–61

  See also Draper Memorial project; Harvard College Observatory plate library; spectral analysis and classification; telescopes; specific locations, telescopes, and individuals 另参见 德雷伯纪念项目；哈佛学院天文台玻璃底片库；光谱分析与分类；望远镜；具体的位置、望远镜和个人

stellar photometry 恒星测光, 11

  See also Harvard Photometry; magnitude; variable star entries; specific locations, observers, and analysts 另参见 哈佛测光星表；星等；变星各条目；具体的位置、观测者和分析人员

stellar temperature 恒星温度, 206–8, 209–10

Stevens, Mabel 梅布尔·史蒂文斯, 91

Stevens, Robert 罗伯特·史蒂文斯, 23

Stewart, DeLisle 德莱尔·斯图尔特, 78

Stockwell, Mary 玛丽·斯托克韦尔, 13

Storin, Nellie 内莉·斯托林, 30

Strömgren, Elis 埃利斯·斯特龙根, 173

Sun 太阳, 254

  Earth-Sun distance 日地距离, 83–84, 99, 295

  See also solar entries 另参见 太阳各条目

supernovae 超新星, 295

T

Tapscott, J. W. J. W. 塔普斯科特, 261

Taylor, Philip 菲利普·泰勒, 98

telescopes 望远镜, 22, 24, 46, 62, 281

  at Columbian Exposition 在哥伦布博览会上的, 54–55

  Henry Draper's telescopes 亨利·德雷伯的望远镜, 20, 27–28, 41–42

  at other observatories 其他天文台的, 153–54, 161, 180, 210

  See also Harvard College Observatory telescopes 另参见 哈佛学院天文台的望远镜

temperature of stars 恒星的温度, 206–8, 209–10

Themis 忒弥斯, 115, 296

Thomson, J. J. J. J. 汤姆森, 200

time-capsule project (Chest of 1900) 时间胶囊项目（1900年宝箱）, 89, 276, 295–96

  Mrs. Fleming's journal for 弗莱明太太的日记, 89–94, 95–96, 97

transits of Venus 金星凌日, 83–84

Trumpler, Robert 罗伯特·特朗普勒, 227–28

Turner, Daisy 戴西·特纳, 214, 246

Turner, Herbert 赫伯特·特纳, 126, 136, 137, 157, 159, 183, 188, 214

U

UNESCO联合国教科文组织, 254

Upton, Winslow 温斯洛·厄普顿, 226–27, 291

Urania Observatory 乌拉妮娅天文台, 81

uranium 铀, 68

Uranometria Argentina 阿根廷测天图, 77

U.S. Army Signal Corps 美国陆军通信兵, 29

U Scorpii 天蝎座U星, 251

U.S. War Department 美国战争部, 168

V

Van Maanen, Adriaan 阿德里安·范玛宁, 190, 204, 205

Vann, Mary H. 玛丽·H. 范恩, 179, 180

variable star research: Bailey and 变星研究：贝利与, 92, 111, 118, 125, 150–51, 275

new photographic techniques for 用于此目的的新摄影技术, 115–16

Pickering's 1906–1907 expansion of 皮克林1906–1907年的拓展研究, 118–19, 123–28

volunteer observer program 志愿观测者计划, 13–14, 42–43, 110, 148–50, 171

after World War II 在第二次世界大战后, 254, 255

See also American Association of Variable Star Observers; Cepheid variables; Harvard Photometry; specific stars, observers, and analysts 另参见美国变星观测者协会；造父变星；哈佛测光星表；具体的恒星、观测者和分析人员

variable stars: Chandler's catalogues 变星：钱德勒的星表, 60, 111

Harvard catalogue 哈佛星表, 97, 111

in Magellanic Clouds 麦哲伦云里的, 114–15, 125, 130–31, 149–53, 276

naming conventions 命名规范, 297

novae as 以变星面目出现的新星, 57–58

number known 已知的数目, 48, 278

periods of 的周期, 283

types and classification of 的类型与分类, 57–58, 111–13, 149–50, 250–51, 281

See also clusters; light curves; novae; period-luminosity relation; variable star research; specific stars 另参见星团；光变曲线；新星；周光关系；变星研究；具体的恒星

Vassar College 瓦萨学院, 79–80, 110, 149, 197, 259

Vega 织女星, 27, 31, 273, 294

Venus, transits of 金星凌日, 83–84

Vinter Hansen, Julie 朱莉·温特尔·汉森, 246

Vogel, Hermann 赫尔曼·福格尔, 36, 294

VV Cephei 仙王座VV, 251

W

Walker, Arville 阿维尔·沃克, 189, 244, 291

Walton, Margaret (later Mayall) 玛格丽特·沃尔顿（后随夫姓梅奥尔）, 217, 225, 228, 260, 279, 291

Waterbury, George 乔治·沃特伯里, 63

Wellesley College 韦尔斯利学院, 135, 145–46, 149, 153, 165–66

Miss Cannon and 坎农小姐与, 72, 74, 75, 213

Wells, Louisa 路易莎·韦尔斯, 30, 91, 171, 216

Wendell, Oliver 奥利弗·温德尔, 12, 95, 110–11, 291

Wentworth, Sarah 萨拉·温特沃思, 13

Wheeler, William 威廉·惠勒, 196, 236

Whipple, Fred 弗雷德·惠普尔, 255, 259,

291–92

White, Marion 玛丽昂·怀特, 171

Whiteside, Ida 艾达·怀特塞德, 153

Whiting, Sarah Frances 萨拉·弗朗西丝·怀廷, 72, 74, 75, 145, 149, 166, 213, 292

Whitman, Walt 沃尔特·惠特曼, 81

Whitney, Mary Watson 玛丽·沃森·惠特尼, 110

Willson, Robert 罗伯特·威尔森, 196

Wilson, Fiammetta 菲亚梅塔·威尔逊, 297

Wilson, Harvia Hastings 哈尔维亚·黑斯廷斯·威尔逊, 217, 287, 292

Wilson, Herbert 赫伯特·威尔逊, 149

Winlock, Anna 安娜·温洛克, 9, 30, 90, 105, 274, 292

Winlock, Joseph 约瑟夫·温洛克, 9, 32, 71, 245, 273, 274, 292

Winlock, Louisa 路易莎·温洛克, 30, 90, 105

Winlock, William 威廉·温洛克, 17–18

Witt, Gustav 古斯塔夫·维特, 81–82

Witt's planet (Eros) 维特的行星(爱神星), 81–83, 84–85, 99–100, 277, 296

Wolf, Max 马克斯·沃尔夫, 76, 81, 113, 164

woman suffrage 女性选举权, 187

women, as observatory staff and assistants 担任天文台职工与助手的女性, 8–10, 13–14, 30, 53, 105

  activities time line 活动年表, 274–79

  compensation 补偿, 31, 96, 97, 121, 258

  credited in published work 在发表的工作中得到认可, 37, 78–79, 171–72, 198

  current female staff 当前的女性职工, 261

  impact and legacy of 影响与遗产, 261–63

  marriages of 的婚姻, 22, 105, 226, 228–29, 241–42, 297–98

  1903 staff expansion 1903 年职工的扩充, 105–6, 113

  official Harvard appointments for 哈佛正式任命的, 147, 221–22, 244–45, 258

  Pickering and 皮克林与, 8–10, 262–63

  Shapley and 沙普利与, 189, 197

  singularity of 特殊之处, 156

  See also grants and fellowships; Pickering fellowship; specific women by name 另参见 基金与奖金;皮克林研究员奖金;以姓名标出的具体女性

Woodlawn Observatory (Jamaica) 伍德朗天文台(牙买加), 155, 183, 191, 210

Woods, Ida 艾达·伍兹, 189, 216

World War I 第一次世界大战, 162, 163–64, 167–68, 173, 193, 194

World War II 第二次世界大战, 246–47, 249–53

Wright, Frances 弗朗西丝·赖特, 250, 292

Y

Yerkes Observatory 叶凯士天文台, 54–55, 80, 137, 164, 180, 202, 252

Young, Anne Sewell 安妮·休厄尔·扬, 149, 166, 220, 228, 292

Young, Charles 查尔斯·扬, 15, 42

Z

Zeta Ursae Majoris (Mizar) 大熊座 ζ(北斗六,开阳), 34–37, 49, 294

译后记

一、《经度》《一星一世界》与达娃·索贝尔访华

我在2006年接受了重译《经度》的任务，在互联网上查找惠更斯的一种荷兰语出版物"Kort Onderwys"（使用钟摆确定海上经度的说明书）的意思时，找到了对此有研究的哈佛大学科学史系教授马里奥·比亚焦利（Mario Biagioli）。他不仅解答了我的疑问，还热心地告诉我：他同事欧文·金格里奇教授，可能有《经度》作者的电子邮箱。就这样，我跟达娃·索贝尔女士取得了联系，获得了请她直接答疑的机会。后来，索贝尔女士在《亚洲文学评论》上发表了一篇《互联网上的一段笔墨情缘》，介绍了我们的合作过程。她说："在此之前，无论哪个国家，都没有一位译者试过让我以这种方式介入翻译过程。……明波在互联网的帮助下，'自寻烦恼地'采取行动，改变了这种局面。"

《经度》讲述的是一位十八世纪英国钟表匠——约翰·哈里森的故事，他找到了一种在海上确定位置的方法。索贝尔女士说："它听起来不像是一本引人入胜的书……但是，这本书在1995年秋天出版后，出现了奇迹。"她认为，每个故事都有最合适的表述方式，因此她的每部作品风格各异，素材也极少重复使

用，总能让人耳目一新。她后来又出版了《伽利略的女儿》《一星一世界》和《玻璃底片上的宇宙》等畅销全球的科普著作，并接二连三地获了大奖。

随后，索贝尔女士和出版社的责任编辑一致希望我能继续承担她《一星一世界》的翻译工作。在《一星一世界》这本书中，作者"将科学、太空探索、天文史和个人经历，以一种令人愉快的方式糅合在一起"，不断变换笔法和视角，逐一讲述太阳系大家庭中的每位主要成员，读起来感觉异彩纷呈、趣味盎然，却又在不知不觉中深受教益。该书知识面相当广泛，行文又极富诗意，给翻译带来了不小的难度。索贝尔女士不时通过电子邮件，将一些新近的天文发现和相关信息告知我，使我可以用补遗和脚注的形式，在译文中给出原书出版后该领域的一些新进展。我在翻译的过程中，发现并指出了原书中的几处错误。作为国际知名作家的索贝尔女士丝毫不以为忤，虚心接受，迅速转给自己的编辑做勘误，并多次真诚地向我表示感谢。

我多次鼓动索贝尔女士访问中国——尤其是在北京主办奥运会的2008年，那滋味和逛纽约唐人街肯定会很不一样的。不久之后，我惊喜地得知她受上海文学节和香港文学节的邀请，可以在2008年3月1日来华访问。索贝尔女士访华期间，在上海的最后一项活动是去上海交通大学，做题为"科学与历史写作的挑战"的演讲。当时，《一星一世界》还没有正式上市，但赶制的十本样书已送至交通大学。在给我女儿签名的那本书上，她模仿阿西莫夫的口吻写道："说不定你长大后能生活在月球上。"她觉得汉字很漂亮，希望我在她的那本上用汉字题签，于是我写上了"但愿人长久，千里共婵娟"。我后来将索贝尔女士首次来华访问的有关经过整理成了一篇文章《达娃·索贝尔的中国情缘》，刊登在《深圳特区报》上。

《经度》和《一星一世界》出版后，我陆续收到不少书友的来信，也因此结识了一批天文科普爱好者和翻译工作者。我对天文的兴趣日益浓厚，不仅淘回了大量天文科普书，还买了一架入门级的天文望远镜，不时搬到阳台上与孩子们一起观看行星和月亮。我告诉索贝尔女士："我对宇宙的思索越深入，就越感觉我们人类应当珍惜地球、和平共处。"这样一些感悟让她特别开心，觉得我孺子可教，就不时将中美航空航天方面的突破性进展和一些罕见天文现象预告分享给我。有一天，她告诉我：2009年7月22日上午8点左右，中国长江中下游地区将会上演本世纪持续时间最长的一次日全食，许多地方可长达五六分钟。她将随一个参观团在7月21日抵达上海，观看本次日全食。随后，我们在这次日食之旅重聚。

二、《玻璃底片上的宇宙》

索贝尔女士的日食之旅结束后，我们继续保持着经常性的联系。2016年的一天，她告诉我，*The Glass Universe*已经出版，并半开玩笑地问我，有没有兴趣将这书译成中文？我回答说，若能得到翻译这本书的机会，那将是我的荣幸。不久，索贝尔女士来信说，她已经通过自己的代理向买下版权的公司推荐我来翻译。事也凑巧，因《一星一世界》出版而结识的书友林景明刚好在那几天跟我联系，也提到此书。他不久前在《天文爱好者》杂志上发表了一篇文章《哈佛名镜的前世今生》，讲述了《玻璃底片上的宇宙》中一台重要的11英寸折射望远镜，在走完它在美国的光辉历程后，被哈佛大学捐赠给中山大学天文台（院系调整时又被转移到南京大学天文台），在教学科研上发挥过重要作用，见证了中美天文合作的一段佳话。因为景明对有关历史相当熟悉，又有较好的天文基础，我邀请他和我一起翻译。可惜后来他没精力投入翻译工作，但还是抽空帮忙统一了译名，对部分内容进行了校对，多次帮我查找了有关资料，并提出了一些很好的修改意见。他对本书贡献如此之多，却谦逊地拒绝署名为译者，这里要再次向他表示衷心的感谢！

通过《玻璃底片上的宇宙》，索贝尔女士给我们带来了另一个令人着迷却又鲜为人知的真实故事，再次展示了作者从科技史中发掘绝妙素材的稀世才华和非凡的文字驾驭能力。这个故事生动地还原了一群杰出女性在男性处于绝对主导地位的社会中，充分发挥自己的聪明才智，对天文学新兴领域做出卓越贡献，进而促进社会进入男女更为平等的文明阶段的重要场景。从19世纪中期开始，哈佛大学天文台就已经陆续雇用女性作为"廉价"计算员，来解读男性每晚通过望远镜观测到的发现。起初，这些女性往往是天文学家们的妻子、姐妹、女儿等，但到19世纪80年代，这一群体也包括了新出现的女大学毕业生。由亨利·德雷伯博士率先采用的摄影技术，逐渐改变了天文学的实践活动，展现出显著的优势和辉煌的前景。德雷伯博士遽然离世后，他的遗孀安娜·德雷伯决心继承他的遗志，将这项技术进一步发扬光大。哈佛大学天文台台长皮克林雄才大略，审时度势，争取到了她的关键性支持，使得该天文台不仅收集到了50万张以感光板拍摄的星空底片，而且还能支持女性计算员研究被玻璃感光板逐夜捕捉到的星球，并取得了一批享誉世界的惊人发现。继任台长的沙普利充分发挥底片宝库和女性队伍的潜能，进一步夯实了哈佛大学天文台已取得的崇高国际地位，引领了天文学发展的新潮流。《玻璃底片上的宇宙》把握了一段波澜壮阔的历史，刻画了一群可歌可泣的女性，也反驳了常人一贯认为女性对人类知识发展贡献甚微的荒谬论断。这是一曲女性知识分子解放自我、实现自我、超越自我的颂歌，也是一部科研机构把握机遇、勇立潮头、取得划时代科学突破的奋斗史。

在翻译过程中，我共向索贝尔女士发过5次答疑邮件，合计求教了33个具体的大小问题（约半数是我给出自己的猜想，请她确认是否正确）。索贝尔女士一如既往地为我进行了耐心、详尽而权威的解答。为了避免烦琐，这里仅简单地提两处。

书中写到，邦德父子在1848年共同发现了土星的第8颗已知的卫星，并将它命名为许珀里翁，但是它的中译名是土卫七。因此，我请索贝尔女士确认一下，许珀里翁到底是第7颗还是第8颗已知的卫星。她收到消息后颇为紧张，连忙多方查证，最后如释重负地告诉我，她确定没有写错，并给我提供了原始材料。还说经过三位科学史专家仔细审读之后，如果还存在这么明显的错误是不可思议的——当然其他不那么明显的错误还是可能少量存在的。我将这个消息分享给林景明，他很快就找到了答案："确认的卫星会由国际天文联合会赋予永久命名，包括名称和罗马数字。1900年之前发现的卫星（土卫九除外）以其距离土星的距离编号，而其余的则以其得到永久命名的顺序编号。”

　　有一次，林景明告诉我，2008年出版的《勒维特之星》讲述的故事刚好与《玻璃底片上的宇宙》存在不少重叠。我买回一本，却发现翻译得很不理想。尤其令我吃惊的是，书中写道：“皮克林了解自己的太太威廉姆·帕特·费勒明的才能远不止拖地、洗碗，他便请太太成为他的第一个计算员。”而本书给出的信息是，威廉明娜·佩顿·弗莱明原来是皮克林台长家的女佣！因为找不到《勒维特之星》的英文原版，我决定向索贝尔女士求助。我说，也许是因为弗莱明太太将儿子取名为爱德华·皮克林·弗莱明引起了误解。索贝尔女士得知后也很震惊。她说，弗莱明太太绝对不是皮克林的太太，她书中写明了皮克林夫人是哈佛前校长的女儿，而据她所知，皮克林台长是那种非常老派的人物，不可能跟自己的女佣有私生子。在写作这篇文章时，我终于找到了《勒维特之星》的英文原版 *Miss Leavitt's Stars* 中对应的原文。其中介绍费莱明太太时用了 housekeeper 一词。将house-keeper翻译成太太，要是皮克林台长九泉之下有知，会不会气得要来决斗？也许不会，毕竟“绅士风度十足的皮克林……被激怒时最强烈的诅咒是‘哦，北极星！’”。

　　索贝尔女士曾告诉我，书出版后，有位朋友问她：书名中有“玻璃”一词，是不是影射了“玻璃天花板”这层意思？她回答说，纯属巧合，虽然弗莱明太太和坎农小姐等女子在职业生涯中遭遇了不公平的待遇，确实像是碰到了“玻璃天花板”，但那不过是时代的产物。我也告诉她，皮克林“娘子军”的成就，让我想起了在中国常听到的一种说法：妇女顶起半边天。她觉得这种说法很新颖，也很贴切。

索贝尔女士这两年一直在写作一本关于居里夫人及其团队的新书，中间因为出版商不太喜欢她的切入方式，曾经推倒重写过部分内容，如今全书已完成大半。她问我有没有兴趣继续翻译她的新作。如果真有那么一天，这篇文章就可以再加上一个续集了。圣诞前夕，我收到她的回信，得知她也像我一样，经过三年成功防疫后，还是没能幸免。她说，幸好打过疫苗，症状不太严重。看来我们又同时成了"新冠病友"。遥祝已届75岁高龄的索贝尔女士早日康复，老当益壮，为这个世界留下更多佳作！

2023年1月18日凌晨

于杭州瓢饮斋

哈佛名镜的前世今生^①

林景明

在南京市鼓楼区南秀村南京大学天文系院子的楼上，屹立着三个圆顶，如今内部的设备已经不再用于教学科研活动。这其中的一个圆顶里放置着一台11英寸（焦比13.9）的克拉克折射望远镜，它已经有140多岁"高龄"了。它曾经是哈佛大学天文台的设备，为光谱分类做出过卓越贡献。它是怎么来到中国的？其中发生了什么故事呢？让我们翻阅历史的篇章，回顾那段历史。

19世纪消色差折射望远镜蓬勃发展，然而生产折射镜片的国度却在欧洲，当时美国哈佛大学天文台的15英寸折射望远镜，其镜片是德国制造的。马萨诸塞州剑桥市一个肖像画家阿尔万·克拉克，酷爱天文学。当他得知美国当时还无法制造用于观测的优质折射镜片时，具有爱国情结的他，在时任哈佛大学天文台台长威廉·邦德的许可下，仔细研究哈佛大学那台折射镜后，毅然关闭了画室，潜心研究镜片磨制技术。几年后，他利用自己磨制的镜片组装成望远镜后，分辨出了天狼星的伴星，也为自己

---

① 本文原载于《天文爱好者》2016年7月刊，有改动。——编者注

的产品打出了广告。随后他与儿子阿尔万·格拉汉姆·克拉克和乔治·巴塞特·克拉克在剑桥成立了一家名为Alvan Clark & Sons的公司，陆续制造了很多名镜，如：18.5英寸迪尔波恩折射镜（1864年）；美国海军天文台26英寸折射镜（1873年，美国第一架消色差镜），阿瑟夫·霍尔用其发现了火星卫星；俄罗斯普尔科沃天文台30英寸折射镜（1883年）；麦考密克天文台26英寸折射镜（1885年）；利克天文台36英寸折射镜（1887年）；洛威尔天文台24英寸折射镜（1896年）；叶凯士天文台40英寸折射镜（1897年）。

南京大学这台11英寸折射镜亦是出自克拉克的公司，最初是为里斯本天文台制造的，它配有摄影改正透镜，利于开展新兴的天体摄影工作。这个消息被亨利·德雷伯博士得知后，对天体摄影感兴趣的他用订制的12英寸折射镜替换这台11英寸折射镜，随后这台镜子在1880年被安装在德雷伯设于哈得孙河畔黑斯廷斯的天文台上。德雷伯用它首次拍摄了猎户座大星云的照片，还从事星云光谱方面的工作，这些都是在任何天文台进行天体摄影之前所做的普遍工作。

1882年德雷伯猝然离世，他的遗孀安娜·帕尔默·德雷伯为了纪念他，并传承其在恒星分光上做出的开创性工作，在1886年将德雷伯的11英寸折射镜的附属配件借给哈佛大学天文台，而后则将望远镜捐赠给哈佛大学天文台。

德雷伯的外甥女安东尼娅·莫里加入了哈佛大学天文台台长爱德华·查尔斯·皮克林为天体光谱分类工作而招募的娘子军队伍中，与她的同事一起对11英寸折射镜获得的恒星光谱进行分类和分析。她利用这架望远镜拍下的光谱分出了子类，依据是谱线外形：一般的谱线为 a 类，线形模糊者为 b 类，锐线则归为 c 类，并附有过渡类别。

这台拍摄众多恒星光谱的折射镜还发现了分光双星。莫里在拍下的开阳 A 光谱中发现了双 K 谱线，以 52 天的周期变化。对多普勒效应感兴趣的皮克林给出的解释是，开阳 A 实际上是由两颗亮度相近的恒星组成的双星系统，并在 1889 年 12 月 8 日召开的美国国家科学院会议上宣布了这个发现。随后莫里发现的五车三也是一个类似的分光双星系统，这也为天文学开辟了一个全新的领域。

在 19 世纪 90 年代，爱德华·斯金纳·金利用这台折射镜从事木卫与土卫的掩食摄影观测及恒星的掩星观测。随后，金还用这台设备在天体摄影领域方面做出了重要的贡献。多年后，这台望远镜被威廉·亨利·皮克林带到牙买加用于行星的目视观测。

随着波士顿光害的日趋严重，11 英寸折射望远镜的利用率越来越低，而远在大洋彼岸创立天文系的中山大学拥有极佳的地理位置，却没有良好的大型设备。中山大学在 1927 年创办了天文系，1929 年又在越秀山修建了中山大学天文台。1925 年获法国里昂大学天文学博士学位的张云，于 1927 年回国后任中山大学教授及天文台台长。中山大学天文台最初的两件重要的设备是 6 英寸折射镜与转仪钟。1946 年冬，张云赴美国哈佛大学讲学并从事研究，在翌年的 12 月发现了一颗位于鹿豹座南端的新变星。时任哈佛大学天文台台长的哈洛·沙普利向全世界发布了这一发现。在得知中山大学设备欠缺的情况下，为了支持中国天文教育研究事业的发展，哈佛大学将11英寸克拉克望远镜赠送给了中山大学天文台。沙普利在1947年8月23日晚宣布这台望远镜不久后将运往中国广东。波士顿的华侨捐助筹款，用于拆迁及支付运这台折射镜至中国广东的费用。

张云在1948年7月30日从广东省海关接收了哈佛来的11英寸折射镜及其他图书设备，鉴于这台望远镜的科研价值，张云上书教育部申请给予资金扶持，并在上书函中提及"……请求在该保管委员会内拨发本台建筑圆顶所需材料一批以应急需，否则本台所获哈佛大学赠镜无法安装使用，不特有失国际合作之本意，且有损国际体面也"。时逢货币贬值，物价飞涨，加上政局动荡不安，政府在资金方面的支持非常有限。最终圆顶还是建好了，望远镜也安装妥当，并准备用于教学科研活动。

1949年，张云迁居香港，住在新界荃湾。在港期间，张云依旧念念不忘中山大学天文台的近况及天文研究的进展。在其与沙普利的通信中，他告知对方仪器情况良好，只可惜暂无人组织操作使用，并附上中山大学师生寄来的天文台照片及哈佛所赠仪器照片。此后张云在香港的中专院校任职，潜心天文科普写作，于1958年病逝。

1952年，全国院系调整，南京大学成立数学天文系，中山大学天文系与齐鲁大学天算系并入南京大学。中山大学天文系的师生集体迁往南京大学，其拥有的诸多天文仪器设备、观测数据文件一并转移到南京大学，他们一道主持创办了南京大学天文台。1956年，南京大学天文台落成，这些设备也均被安装在南京大学天文台，用于开展教学科研活动。

随着时代的发展，科学技术的进步，这台来自哈佛的望远镜，已属"太爷爷级"的设备，其性能早已过时，加上南京市中心日益严重的光污染，它现在已被闲置在原先的圆顶中，退出了科学研究的历史舞台。然而笔者由衷地期待这台曾建立不朽功绩的折射镜能够继续发挥余热，或可作为科学史上的文物对外展示，让参观者了解它所做出的贡献，以纪念那些与它打过交道的天文学家们。

本文的撰写参考了张博、刘心需的文章，并得到吕凌峰、谭瀚杰、韦人玮、萧耐园、张明昌、朱永鸿等诸位老师同人的协助，在此深表谢意！

参考文献：

[1] 张博.11英寸克拉克望远镜，兼谈克拉克父子 [EB/OL] .（2007-12-22）[2023-2-2] .http://bzhang.lamost.org/website/archives/11inch_clark/.

[2] 刘心需，吕凌峰.中山大学天文台的创建、发展与历史贡献 [J] .中国科技史杂志，2015，36（1）：13-27.

图书在版编目（CIP）数据

玻璃底片上的宇宙：哈佛天文台与测量星星的女士 /
（美）达娃·索贝尔（Dava Sobel）著；肖明波译. --
杭州：浙江教育出版社，2024. 4
ISBN 978-7-5722-6683-6

Ⅰ.①玻… Ⅱ.①达…②肖… Ⅲ.①天文台－美国
－普及读物 Ⅳ.①P112.712-49

中国国家版本馆CIP数据核字（2023）第197810号

著作权合同登记号 图字：11-2023-353

玻璃底片上的宇宙：哈佛天文台与测量星星的女士
BOLI DIPIAN SHANG DE YUZHOU: HAFO TIANWENTAI YU CELIANG XINGXING DE NÜSHI

[美] 达娃·索贝尔 著 肖明波 译

选题策划：后浪出版公司　　　　　　　　出版统筹：吴兴元
责任编辑：高露露　　　　　　　　　　　特约编辑：魏 潇
美术编辑：韩 波　　　　　　　　　　　责任校对：洪 滔
责任印务：陈 沁　　　　　　　　　　　封面设计：墨白空间·杨和唐
营销推广：ONEBOOK
出版发行：浙江教育出版社（杭州市天目山路40号　电话：0571-85170300-80928）
印刷装订：河北中科印刷科技发展有限公司
开　　本：889mm×1194mm　1/32　　　印　张：13.25
字　　数：275 000　　　　　　　　　　版　次：2024年4月第1版
标准书号：ISBN 978-7-5722-6683-6　　　印　次：2024年4月第1次印刷
定　　价：92.00元

官方微博：@后浪图书　　　　　　　　　读者服务：reader@hinabook.com 188-1142-1266
投稿服务：onebook@hinabook.com 133-6631-2326　直销服务：buy@hinabook.com 133-6657-3072

后浪出版咨询（北京）有限责任公司　版权所有，侵权必究
投诉信箱：editor@hinabook.com　fawu@hinabook.com
未经许可，不得以任何方式复制或者抄袭本书部分或全部内容
本书若有印、装质量问题，请与本公司联系调换，电话 010-64072833